CAMBRIDGE LIBRARY COLLECTION

Books of enduring scholarly value

Mathematical Sciences

From its pre-historic roots in simple counting to the algorithms powering modern desktop computers, from the genius of Archimedes to the genius of Einstein, advances in mathematical understanding and numerical techniques have been directly responsible for creating the modern world as we know it. This series will provide a library of the most influential publications and writers on mathematics in its broadest sense. As such, it will show not only the deep roots from which modern science and technology have grown, but also the astonishing breadth of application of mathematical techniques in the humanities and social sciences, and in everyday life.

Exposition du système du monde

The work of the Marquis de Laplace (1749–1827) was enormously influential on the development of mathematical physics, astronomy and statistics. His Exposition du système du monde (first published in 1796) is often regarded as the most important book on mechanics after Newton's Principia Mathematica, and the elegance and clarity of its style won Laplace a seat in the Académie Française. The book, which was translated into English in 1809, was intended to 'offer a complete solution of the great mechanical problem presented by the solar system'. It was in this work that Laplace offered his nebular hypothesis, which proposed that the solar system originated from the contraction and cooling of a cloud of incandescent gas. The book, here in its second edition of 1799, is an introduction to Laplace's multi-volume masterpiece, the Traité de Mécanique Céleste, of which Mary Somerville's English version is also reissued in this series.

Cambridge University Press has long been a pioneer in the reissuing of out-of-print titles from its own backlist, producing digital reprints of books that are still sought after by scholars and students but could not be reprinted economically using traditional technology. The Cambridge Library Collection extends this activity to a wider range of books which are still of importance to researchers and professionals, either for the source material they contain, or as landmarks in the history of their academic discipline.

Drawing from the world-renowned collections in the Cambridge University Library, and guided by the advice of experts in each subject area, Cambridge University Press is using state-of-the-art scanning machines in its own Printing House to capture the content of each book selected for inclusion. The files are processed to give a consistently clear, crisp image, and the books finished to the high quality standard for which the Press is recognised around the world. The latest print-on-demand technology ensures that the books will remain available indefinitely, and that orders for single or multiple copies can quickly be supplied.

The Cambridge Library Collection will bring back to life books of enduring scholarly value across a wide range of disciplines in the humanities and social sciences and in science and technology.

Exposition du système du monde

PIERRE-SIMON, MARQUIS DE LAPLACE

CAMBRIDGE UNIVERSITY PRESS

Cambridge New York Melbourne Madrid Cape Town Singapore São Paolo Delhi

Published in the United States of America by Cambridge University Press, New York

www.cambridge.org
Information on this title: www.cambridge.org/9781108002097

© in this compilation Cambridge University Press 2009

This edition first published 1799
This digitally printed version 2009

ISBN 978-1-108-00209-7

EXPOSITION

DU

SYSTÊME DU MONDE.

EXPOSITION

DU

SYSTÊME DU MONDE,

PAR P. S. LAPLACE,

Membre de l'Institut National de France, et du Bureau des Longitudes.

SECONDE ÉDITION,

revue et augmentée par l'auteur.

DE L'IMPRIMERIE DE CRAPELET.

A PARIS,

Chez J. B. M. DUPRAT, Libraire pour les Mathématiques, quai des Augustins.

AN VII.

AVERTISSEMENT.

J'ADOPTERAI dans cet ouvrage, la division décimale de l'angle droit et du jour : je rapporterai les mesures linéaires, à la longueur du mètre, déterminée par l'arc du méridien terrestre, compris entre Dunkerque et Barcelone ; et les températures, au thermomètre à mercnre, divisé en cent degrés, depuis la température de la glace fondante, jusqu'à celle de l'eau bouillante sous une pression équivalente au poids d'une colonne de mercure, de soixante et seize centimètres de hauteur.

ı

Faute à corriger.

Page 61, ligne 5, en remontant, au lieu de ces mots : mesurés en Italie et en Laponie ; *substituez :* mesurés en Pensylvanie, en Italie, et en Laponie.

TABLE DES CHAPITRES.

LIVRE TROISIÈME.

LIVRE QUATRIEME.

EXPOSITION

DU

SYSTÊME DU MONDE.

Me verò primùm dulces ante omnia Musæ
Quarum sacra fero, ingenti perculsus amore,
Accipiant, cœlique vias et sydera monstrent.

VIRG. lib. II. Georg.

DE toutes les sciences naturelles, l'Astronomie est celle qui
présente la plus longue suite de découvertes. Il y a extrêmement
loin, de la première vue du ciel, à la vue générale par laquelle on
embrasse aujourd'hui, les états passés et futurs du système du
monde. Pour y parvenir, il a fallu observer les astres, pendant
un grand nombre de siècles; reconnoître dans leurs apparences,
les mouvemens réels de la terre; s'élever aux loix des mouvemens
planétaires, et de ces loix, au principe de la pesanteur universelle;
redescendre enfin, de ce principe, à l'explication complète de tous
les phénomènes célestes, jusques dans leurs moindres détails. Voilà
ce que l'esprit humain a fait dans l'astronomie. L'exposition de ces
découvertes, et de la manière la plus simple dont elles ont pu
naître les unes des autres, aura le double avantage d'offrir un grand
ensemble de vérités importantes, et la vraie méthode qu'il faut
suivre dans la recherche des loix de la nature. C'est l'objet que je
me suis proposé dans cet ouvrage.

A

LIVRE PREMIER.

DES MOUVEMENS APPARENS DES CORPS CÉLESTES.

CHAPITRE PREMIER.

Du mouvement diurne du ciel.

Sɪ pendant une belle nuit, et dans un lieu dont l'horizon soit à découvert, on suit avec attention, le spectacle du ciel ; on le voit varier à chaque instant. Les étoiles s'élèvent ou s'abaissent sur l'horizon ; quelques-unes commencent à paroître vers l'Orient ; d'autres disparoissent vers l'Occident ; plusieurs, telles que l'étoile polaire et les étoiles de la grande Ourse, n'atteignent jamais l'horizon. Dans ces mouvemens divers, elles ne changent point de position respective : elles décrivent des cercles d'autant plus petits, qu'elles sont plus près d'un point que l'on conçoit immobile. Ainsi, le ciel paroît tourner sur deux points fixes, nommés par cette raison, *pôles du monde* ; et dans ce mouvement, il emporte le système entier des astres. Le pôle élevé sur notre horizon, est le pôle *boréal* ou *septentrional* : le pôle opposé, que l'on imagine au-dessous de l'horizon, se nomme pôle *austral* ou *méridional*.

Déjà, plusieurs questions intéressantes se présentent à résoudre : que deviennent pendant le jour, les astres que nous voyons durant la nuit ? D'où viennent ceux qui commencent à paroître ? Où vont ceux qui disparoissent? L'examen attentif des phénomènes fournit des réponses simples à ces questions. Le matin, la lumière des étoiles s'affoiblit à mesure que l'aurore augmente; le soir, elles deviennent plus brillantes à mesure que le crépuscule diminue; ce n'est donc point parce qu'elles cessent de luire, mais parce qu'elles sont effacées par la vive lumière des crépuscules et du soleil, que nous cessons de les appercevoir. L'heureuse invention du télescope nous a mis à portée de vérifier cette explication, en nous faisant voir les étoiles, au moment même où le soleil est le plus élevé. Celles qui sont assez près du pôle, pour ne jamais atteindre l'horizon, sont constamment visibles. Quant aux étoiles qui commencent à se montrer à l'Orient, pour disparoître à l'Occident; il est naturel de penser qu'elles continuent de décrire sous l'horizon, le cercle qu'elles ont commencé à parcourir au-dessus, et dont l'horizon nous cache la partie inférieure. Cette vérité devient sensible, quand on s'avance vers le nord : les cercles des étoiles situées vers cette partie du monde, se dégagent de plus en plus de dessous l'horizon; ces étoiles cessent enfin de disparoître, tandis que d'autres étoiles situées au midi, deviennent pour toujours invisibles. On observe le contraire, en s'avançant vers le midi : des étoiles qui demeuroient constamment sur l'horizon, se lèvent et se couchent alternative-ment, et de nouvelles étoiles, auparavant invisibles, commencent à paroître. La surface de la terre n'est donc pas ce qu'elle nous semble, un plan sur lequel le ciel s'appuie sous la forme d'une voûte surbaissée. C'est une illusion que les premiers observateurs ne tardèrent pas à rectifier par des considérations analogues aux précédentes : ils reconnurent bientôt que le ciel enveloppe de tous côtés, la terre, et que les étoiles y brillent sans cesse, en décrivant, chaque jour, leurs différens cercles. On verra dans la suite, l'astro-nomie souvent occupée à corriger de semblables illusions, et à démêler la réalité des objets, dans leurs trompeuses apparences.

Pour se former une idée précise du mouvement des astres; on conçoit par le centre de la terre, et par les deux pôles du monde, une droite que l'on nomme *axe du monde*, et autour de laquelle tourne la sphère céleste. Le grand cercle de cette sphère, per-pendiculaire à cet axe, s'appelle *équateur*. Les petits cercles que

A. 2

les étoiles décrivent parallèlement à l'équateur, en vertu de leur mouvement diurne, se nomment simplement *parallèles ;* le *zénith* d'un observateur, est le point du ciel, que sa verticale va rencontrer ; le *nadir* est le point directement opposé. Le grand cercle qui passe par le zénith et par les pôles, est le *méridien ;* il partage en deux également, l'arc décrit par les étoiles sur l'horizon, et lorsqu'elles l'atteignent, elles sont à leur plus grande ou à leur plus petite hauteur. Enfin, l'*horizon* est le grand cercle perpendiculaire à la verticale, ou parallèle au plan qui touche la surface de l'eau stagnante dans le lieu de l'observateur.

La hauteur du pôle tient le milieu entre la plus grande et la plus petite hauteur d'une de ces étoiles qui ne se couchent jamais, ce qui donne un moyen facile de la déterminer; or, en s'avançant directement vers le pôle, on le voit s'élever à fort peu près proportionnellement à l'espace parcouru : la surface de la terre est donc convexe, et sa figure est peu différente d'une sphère. La courbure du globe terrestre est sensible à la surface des mers : le navigateur, en approchant des côtes, apperçoit d'abord leurs points les plus élevés, et découvre ensuite successivement, les parties inférieures que lui déroboit la convexité de la terre. C'est encore à raison de cette courbure, que le soleil à son lever, dore le sommet des montagnes avant que d'éclairer les plaines.

CHAPITRE II.

Du Soleil et de son mouvement propre.

Tous les astres participent au mouvement diurne de la sphère céleste; mais plusieurs ont des mouvemens propres qu'il est intéressant de suivre, parce qu'ils peuvent seuls, nous conduire à la connoissance du système du monde. De même que pour mesurer l'éloignement d'un objet, on l'observe de deux positions différentes; ainsi, pour découvrir les loix de la nature, il faut la considérer sous divers points de vue, et observer le développement de ces loix, dans les changemens du spectacle qu'elle nous présente. Sur la terre, nous faisons varier les phénomènes, par des expériences; dans le ciel, nous déterminons avec soin, tous ceux que nous offrent les mouvemens célestes. En interrogeant ainsi la nature, et soumettant ses réponses à l'analyse; nous pouvons, par une suite d'inductions bien ménagées, nous élever aux causes des phénomènes, c'est-à-dire, les ramener à des loix générales dont tous les phénomènes particuliers dérivent. C'est à découvrir ces loix, et à les réduire au plus petit nombre possible, que doivent tendre nos efforts; car les causes premières et la nature intime des êtres, nous seront éternellement inconnues.

De tous les astres qui nous paroissent avoir des mouvemens particuliers , le plus remarquable est le soleil. Son mouvement propre, dirigé en sens contraire du mouvement diurne, ou d'occident en orient, se reconnoît facilement par le spectacle du ciel pendant les nuits, spectacle qui change et se renouvelle avec les saisons. Les étoiles situées sur la route du soleil, et qui se couchent un peu après lui, se perdent bientôt dans sa lumière, et reparoissent ensuite avant son lever; le soleil s'avance donc vers elles, en sens contraire de son mouvement diurne. C'est ainsi que l'on a suivi long-temps son mouvement propre; mais aujourd'hui, ce mouvement se détermine avec une grande précision, en observant, chaque jour, la hauteur méridienne du soleil, et l'intervalle de temps qui s'écoule entre son passage et ceux des étoiles, au méridien. On a ainsi les mouvemens propres du soleil dans le sens du méridien, et dans le sens des parallèles, et en les composant, leur résultante donne son vrai mouvement. On a trouvé de cette manière, que le soleil se meut dans un orbe qui, au commencement de 1750, étoit incliné de 26°,0796 à l'équateur, et que l'on a nommé *écliptique*.

C'est de la combinaison du mouvement propre du soleil, avec son mouvement diurne, que résulte la différence des saisons. On appelle *équinoxes*, les points d'intersection de l'écliptique avec l'équateur; en effet, le soleil dans ces deux points, décrivant l'équateur, en vertu de son mouvement diurne, et ce cercle étant partagé en deux parties égales, par tous les horizons; le jour est alors égal à la nuit, sur toute la terre. A mesure que le soleil, en partant de l'équinoxe du printemps, s'avance dans son orbe, ses hauteurs méridiennes sur notre horizon, croissent de plus en plus; l'arc visible des parallèles qu'il décrit, chaque jour, augmente sans cesse, et fait croître la durée des jours, jusqu'à ce que le soleil parvienne à sa plus grande hauteur. A cette époque, le jour est le plus long de l'année, et comme, vers le *maximum*, les variations de la hauteur méridienne du soleil sont insensibles, le soleil, à ne considérer que cette hauteur de laquelle dépend la durée du jour, paroît stationnaire, ce qui a fait nommer *solstice* d'été, ce point du *maximum*. Le parallèle que le soleil décrit alors, est le *tropique* d'été. Cet astre redescend ensuite vers l'équateur qu'il traverse de nouveau dans l'équinoxe d'automne, et de-là, il parvient à son *minimum* de hauteur, ou au solstice d'hiver. Le parallèle décrit alors par le soleil, est le tropique d'hiver, et le jour qui lui répond, est le plus court de l'année. Parvenu à ce terme, le soleil remonte vers l'équateur, et revient à l'équinoxe du printemps, recommencer la même carrière.

Telle est la marche constante du soleil et des saisons. Le printemps est l'intervalle compris entre l'équinoxe du printemps et le solstice d'été; l'intervalle de ce solstice à l'équinoxe d'automne, forme l'été; l'intervalle de l'équinoxe d'automne au solstice d'hiver, forme l'automne ; enfin , l'hiver est l'intervalle du solstice d'hiver à l'équinoxe du printemps.

La présence du soleil sur l'horizon, étant la cause de la chaleur, il semble que la température devroit être la même en été qu'au printemps, et dans l'hiver qu'en automne. Mais la température n'est pas un effet instantané de la présence du soleil ; elle est le résultat de son action long-temps continuée ; elle n'atteint son *maximum*, dans le jour, qu'après la plus grande hauteur de cet astre sur l'horizon ; elle n'y parvient dans l'année, qu'après la plus grande hauteur solsticiale du soleil.

La différence des hauteurs du pôle dans les divers climats, produit dans les saisons, des variétés remarquables que nous allons suivre de l'équateur aux pôles. A l'équateur, les pôles sont à l'horizon qui coupe alors en deux parties égales , tous les parallèles ; le jour y est donc constamment égal à la nuit. A midi, le soleil passe au zénith, dans les équinoxes. Les hauteurs méridiennes de cet astre dans les solstices , sont les plus petites et égales au complément de l'inclinaison de l'écliptique à l'équateur. Les ombres solaires ont, dans ces deux positions du soleil, des directions opposées, ce qui n'arrive point dans nos climats où elles sont toujours, à midi, dirigées vers le nord. Il y a donc, à proprement parler, deux hivers et deux étés, chaque année, sous l'équateur. La même chose a lieu dans tous les pays où la hauteur du pôle est moindre que l'obliquité de l'écliptique. Au-delà, le soleil ne s'élevant jamais au zénith, il n'y a plus qu'un hiver et qu'un été dans l'année ; le plus long jour augmente, et le plus court diminue, à mesure que l'on avance vers le pôle ; et lorsque le zénith n'en est éloigné que d'un angle égal à l'obliquité de l'écliptique sur l'équateur, le soleil ne se couche point au solstice d'été, il ne se lève point au solstice d'hiver. Plus près du pôle encore, le temps de sa présence et celui de son absence sur l'horizon vers les solstices, surpassent plusieurs jours et même plusieurs mois ; enfin , sous le pôle, l'horizon étant l'équateur même, le soleil est toujours audessus, lorsqu'il est du même côté de l'équateur, que le pôle ; il est constamment au-dessous , quand il est de l'autre côté de l'équateur ; il n'y a donc qu'un jour et qu'une nuit dans l'année.

Les intervalles qui séparent les équinoxes et les solstices, ne sont pas égaux ; il s'écoule environ sept jours de plus, de l'équinoxe du printemps à celui d'automne, que de ce dernier équinoxe à celui du printemps ; le mouvement propre du soleil n'est donc pas uniforme. Des observations précises et multipliées ont fait connoître qu'il est le plus rapide, dans un point de l'orbite solaire, situé vers le solstice d'hiver, et qu'il est le plus lent, dans le point opposé de l'orbite, vers le solstice d'été. Le soleil décrit par jour, $1°,1327$ dans le premier point, et seulement $1°,0591$ dans le second : ainsi, pendant le cours de l'année, son mouvement journalier varie en plus et en moins, de trois cent trente-six dix millièmes de sa valeur moyenne.

Pour avoir la loi de cette variation, et généralement celle de toutes les inégalités périodiques ; on peut considérer que les sinus et les cosinus des angles, redevenant les mêmes à chaque circonférence dont ces angles augmentent, ils sont propres à représenter ces inégalités ; en exprimant donc de cette manière, toutes les inégalités des mouvemens célestes, il n'y a de difficulté qu'à démêler ces inégalités entr'elles, et à déterminer les angles dont elles dépendent. On trouve ainsi, que la variation de la vîtesse angulaire du soleil, est à fort peu-près proportionnelle au cosinus de la moyenne distance angulaire de cet astre, au point de l'orbite, où cette vîtesse est la plus grande.

Il est naturel de penser que la distance du soleil à la terre, est variable comme sa vîtesse angulaire : c'est ce que prouvent les mesures de son diamètre apparent. Il augmente et diminue en même temps et suivant la même loi, que cette vîtesse ; mais dans un rapport deux fois moindre. Lorsque la vîtesse est la plus grande, ce diamètre est de $6035'',7$; on ne l'observe que de $5836'',3$, lorsque cette vîtesse est la plus petite ; ainsi, sa grandeur moyenne est de $5936'',0$. Il doit être diminué de quelques secondes, pour le dépouiller de l'effet de l'irradiation qui dilate un peu, les diamètres apparens des objets.

La distance du soleil à la terre, étant réciproque à son diamètre apparent ; son accroissement suit la même loi que la diminution de ce diamètre. On nomme *périgée*, le point de l'orbite, où le soleil est le plus près de la terre, et *apogée*, le point opposé où cet astre en est le plus éloigné. C'est dans le premier de ces points, que le soleil a le plus grand diamètre apparent et la plus grande vîtesse : dans le second point, ce diamètre et cette vîtesse sont à leur *minimum*.

Il suffit, pour diminuer le mouvement apparent du soleil, de l'éloigner de la terre; mais si la variation de ce mouvement ne provenoit que de cette cause, et si la vîtesse réelle du soleil dans son orbite, étoit constante, sa vîtesse apparente diminueroit dans le même rapport, que son diamètre apparent; elle diminue dans un rapport deux fois plus grand; il y a donc un ralentissement réel dans le mouvement du soleil, lorsqu'il s'éloigne de la terre. Par l'effet composé de ce ralentissement et de l'augmentation de la distance, le mouvement angulaire dans un jour, diminue comme le quarré de la distance augmente, en sorte que son produit par ce quarré, est à fort peu près constant. Toutes les mesures du diamètre apparent du soleil, comparées aux observations de son mouvement journalier, confirment ce résultat.

Imaginons par les centres du soleil et de la terre, une droite que nous nommerons *rayon vecteur* du soleil : il est facile de voir que le petit secteur, ou l'aire tracée dans un jour, par ce rayon, autour de la terre, est proportionnelle au produit du quarré de ce rayon, par le mouvement journalier apparent du soleil; ainsi cette aire est constante, et l'aire entière tracée par le rayon vecteur, à partir d'un rayon fixe, croît comme le nombre des jours écoulés depuis l'époque où le soleil étoit sur ce rayon. De-là résulte cette loi remarquable du mouvement du soleil, savoir que *les aires décrites par son rayon vecteur, sont proportionnelles aux temps*.

Si, d'après les données précédentes, on marque, de jour en jour, la position et la longueur du rayon vecteur de l'orbe solaire, et que l'on fasse passer une courbe, par les extrémités de tous ces rayons; on voit que cette courbe n'est pas exactement circulaire, mais qu'elle est un peu alongée dans le sens de la droite qui, passant par le centre de la terre, joint les points de la plus grande et de la plus petite distance du soleil. La ressemblance de cette courbe avec l'ellipse, ayant donné lieu de les comparer; on a reconnu leur identité; d'où l'on a conclu que *l'orbe solaire est une ellipse dont le centre de la terre occupe un des foyers.*

L'ellipse est une de ces courbes fameuses dans la géométrie ancienne et moderne, qui formées par la section de la surface du cône par un plan, ont été nommées *sections coniques*. Il est aisé de la décrire, en fixant à deux points invariables que l'on appelle *foyers*, les extrémités d'un fil tendu sur un plan, par une pointe qui glisse le long de ce fil. La courbe tracée par la pointe, dans ce mouvement, est une ellipse : elle est visiblement alongée dans le sens de la droite qui joint les foyers, et qui, prolongée de chaque côté, jusqu'à la courbe, forme le grand axe dont la longueur est la même que celle du fil. Le grand axe divise l'ellipse en deux parties égales et semblables ; le petit axe est la droite menée par le centre, perpendiculairement au grand axe, et prolongée de chaque côté jusqu'à la courbe ; la distance du centre à l'un des foyers, est l'*excentricité* de l'ellipse. Lorsque les deux foyers sont réunis au même point, l'ellipse est un cercle ; en les éloignant, elle s'alonge de plus en plus ; et si, leur distance mutuelle devenant infinie, la distance du foyer au sommet le plus voisin de la courbe, reste finie, l'ellipse devient une *parabole.*

L'ellipse solaire est peu différente d'un cercle ; car son excentricité est, évidemment, l'excès de la plus grande sur la moyenne distance du soleil à la terre, excès qui, comme on l'a vu, est égal à cent soixante et huit dix millièmes de cette distance. Les observations paroissent indiquer dans cette excentricité, une diminution fort lente et à peine sensible dans l'intervalle d'un siècle.

Pour avoir une juste idée du mouvement elliptique du soleil ; concevons un point mû uniformément sur une circonférence dont le centre soit celui de la terre, et dont le rayon soit égal à la distance périgée du soleil : supposons de plus que ce point et le soleil partent ensemble du périgée, et que le mouvement angulaire du point, soit égal au moyen mouvement angulaire du soleil. Tandis que le rayon vecteur du point tourne uniformément autour de la terre, le rayon vecteur du soleil se meut d'une manière inégale, en formant toujours avec la distance périgée, et les arcs d'ellipse, des secteurs proportionnels aux temps. Il devance d'abord le rayon vecteur du point, et fait avec lui, un angle qui, après avoir augmenté jusqu'à une certaine limite, diminue et redevient nul, quand le soleil est à son apogée. Alors, les deux rayons vecteurs coïncident avec le grand axe. Dans la seconde moitié de l'ellipse, le rayon vecteur du point devance celui du soleil, et forme avec lui des angles qui sont exactement les mêmes que dans la première moitié, à la même distance du périgée où il revient coïncider avec le rayon vecteur du soleil et le grand axe de l'ellipse. L'angle dont le rayon vecteur du soleil devance celui du point, est ce que l'on nomme *équation du centre*; son *maximum* est la plus grande équation du centre qui, au commencement de 1750, étoit de 2°,1409. Le mouvement angulaire du point, autour de la terre, se conclut de la durée de la révolution du soleil dans son orbite; en lui ajoutant l'équation du centre, on a le mouvement angulaire du soleil. La recherche de cette équation, est un problême intéressant d'analyse, qui ne peut être résolu que par approximation; mais le peu d'excentricité de l'orbe solaire, conduit à des séries très-convergentes qu'il est facile de réduire en tables.

La position du grand axe de l'ellipse solaire, n'est pas constante. La distance angulaire du périgée, à l'équinoxe du printemps, comptée dans le sens du mouvement du soleil, étoit de 309°,5790, au commencement de 1750; mais il a, relativement aux étoiles, un mouvement annuel d'environ 36″,7, dirigé dans le même sens que celui du soleil.

L'orbe solaire se rapproche insensiblement de l'équateur : on peut estimer à 154″,3, la diminution séculaire de son obliquité, sur le plan de ce grand cercle.

Le mouvement elliptique du soleil, ne représente pas encore exactement les observations modernes : leur grande précision a fait appercevoir de petites inégalités dont il eût été presque impossible, par les seules observations, de reconnoître les loix. Ces inégalités sont ainsi, du ressort de cette branche de l'astronomie, qui redescend des causes aux phénomènes, et qui sera l'objet du quatrième livre.

La distance du soleil à la terre, a intéressé dans tous les temps, les observateurs : ils ont essayé de la mesurer par tous les moyens, que l'astronomie a successivement indiqués. Le plus naturel et le plus simple est celui que les géomètres emploient pour mesurer la distance des objets terrestres. Des deux extrémités d'une base connue, on observe les angles que forment avec elle, les rayons visuels de l'objet, et en retranchant leur somme, de deux angles droits, on a l'angle formé par ces rayons, au point de leur concours : cet angle est ce que l'on nomme *parallaxe* de l'objet dont il est facile ensuite d'avoir la distance aux extrémités de la base. En transportant cette méthode, au soleil; il faut choisir la base la plus étendue que l'on puisse avoir sur la terre. Imaginons deux observateurs placés sous le même méridien, et observant au même instant, la hauteur méridienne du centre du soleil, et sa distance au même pôle : la différence des deux distances observées, sera l'angle sous lequel on verroit du centre du soleil, la droite qui joint les observateurs : la position des observateurs donne cette droite, en parties du rayon terrestre; il sera donc facile de conclure de ces observations, l'angle sous lequel on verroit du centre du soleil, le demi diamètre de la terre. Cet angle est la *parallaxe* du soleil; mais il est trop petit pour être déterminé avec précision, par cette méthode qui peut seulement nous faire juger que cet astre est au moins, éloigné de six mille diamètres terrestres. Nous verrons dans la suite, les découvertes astronomiques fournir des moyens beaucoup plus précis, pour avoir sa parallaxe que l'on sait maintenant être à fort peu près de 27″,2, dans la moyenne distance du soleil à la terre; d'où il résulte que cette distance est de 23405 rayons terrestres.

La petitesse de la parallaxe du soleil, nous prouve son immense grosseur : nous sommes bien certains qu'à la même distance où cet astre est vu sous un angle de 5936″, la terre ne paroîtroit pas sous un angle de cent secondes; ainsi, les volumes des corps sphériques étant proportionnels aux cubes de leurs diamètres, le volume du soleil est au moins, deux cent mille fois plus grand que celui de la terre. Il est environ treize cent mille fois plus considérable, si, comme les observations l'indiquent, la parallaxe solaire est de 27″,2.

On observe à la surface du soleil, des taches noires, d'une forme irrégulière, dont le nombre, la position et la grandeur sont très-

variables. Souvent, elles sont nombreuses et fort étendues : on en
a vu dont la largeur égaloit quatre ou cinq fois celle de la terre.
Quelquefois, mais rarement, le soleil a paru pur et sans taches,
pendant des années entières. Presque toujours, les taches solaires
sont environnées de pénombres renfermées elles-mêmes dans des
nuages de lumière, plus clairs que le reste du soleil, et au milieu
desquels on voit les taches se former et disparoître. Tout cela indique à la surface de cette énorme masse de feu, de vives effervescences dont les volcans n'offrent qu'une très-foible image. Mais,
quelle que soit la nature de ces taches, elles nous ont fait connoître un
phénomène remarquable, celui de la rotation du soleil. Au travers
des variations qu'elles éprouvent, on démêle des mouvemens réguliers qui sont exactement les mêmes que ceux des points correspondans de la surface du soleil, en supposant à cet astre, dans le
sens de son mouvement autour de la terre, un mouvement de rotation sur un axe presque perpendiculaire à l'écliptique. On a conclu
de l'observation suivie des taches, que la durée de la rotation du
soleil, est d'environ vingt-cinq jours et demi; que l'équateur solaire
est incliné de huit degrés un tiers, au plan de l'écliptique ; et que
les points de cet équateur, en s'élevant par leur mouvement de
rotation, au-dessus de ce plan, vers le pôle boréal, le traversent
dans un point qui, vu du centre du soleil, étoit à 86°,20 de l'équinoxe du printemps, au commencement de 1750.

Les taches du soleil sont presque toujours comprises dans une
zône de sa surface, dont la largeur mesurée sur un méridien solaire,
ne s'étend pas au-delà de trente-quatre degrés, de chaque côté de
son équateur; on en a cependant observé à quarante-quatre degrés
de distance.

Bouguer a trouvé par des expériences curieuses et délicates sur
l'intensité de la lumière des divers points du disque du soleil, que
cette lumière est un peu plus vive au centre, que vers les bords.
Cependant, la même portion du disque, transportée du centre aux
bords, par la rotation du soleil, s'y présentant sous un plus petit
angle, sa lumière devroit être beaucoup plus intense ; il faut donc
qu'elle soit éteinte en grande partie, ce qui ne peut s'expliquer
qu'en supposant le soleil environné d'une épaisse atmosphère qui,

traversée obliquement par les rayons émanés des bords, les affoiblit plus que ceux du centre, qui la traversent perpendiculairement. Ainsi, l'atmosphère solaire est indiquée par ce phénomène, avec beaucoup de vraisemblance.

L'opinion la plus générale est qu'elle nous réfléchit cette foible lumière visible sur-tout vers l'équinoxe du printemps, un peu avant le lever, ou après le coucher du soleil, et à laquelle on a donné le nom de *lumière zodiacale*. Le fluide qui nous la renvoie, est extrêmement rare, puisque l'on apperçoit les étoiles au travers. Sa couleur est blanche, et sa figure apparente est celle d'un fuseau dont la base s'appuie sur le soleil : tel on verroit un ellipsoïde de révolution fort applati, dont le centre et le plan de l'équateur seroient les mêmes que ceux du soleil. Sa longueur paroît quelquefois, sous un angle de plus de cent degrés. Dominique Cassini qui, le premier, a décrit cette lumière en observateur, a remarqué qu'elle s'affoiblit, quand le soleil a peu de taches; d'où il a soupçonné que ces taches et cette lumière naissent d'un même écoulement produit par la force expansive du soleil qui jette à sa surface, la matière épaisse des taches, et qui lance au loin, la matière rare et transparente de la lumière zodiacale. Mais nous ignorons encore la vraie cause de cette lumière, sur laquelle nous proposerons nos conjectures, à la fin de cet ouvrage.

CHAPITRE III.

Du temps et de sa mesure.

L E temps est, par rapport à nous, l'impression que laisse dans la mémoire, une suite d'événemens dont nous sommes certains que l'existence a été successive. Le mouvement est propre à lui servir de mesure ; car un corps ne pouvant pas être dans plusieurs lieux à-la-fois, il ne parvient d'un endroit à un autre, qu'en passant successivement par tous les lieux intermédiaires. Si l'on est assuré qu'à chaque point de la ligne qu'il décrit, il est animé de la même force ; il la décrira d'un mouvement uniforme, et les parties de cette droite pourront mesurer le temps employé à les parcourir. Quand un pendule, à la fin de chaque oscillation, se retrouve dans des circonstances parfaitement semblables, les durées de ces oscillations, sont les mêmes, et le temps peut se mesurer par leur nombre. On peut aussi employer à cette mesure, les révolutions successives de la sphère céleste, dans lesquelles tout paroît égal ; mais on est unanimement convenu de faire usage pour cet objet, du mouvement du soleil dont les retours au méridien et au même équinoxe, forment les jours et les années.

Dans la vie civile, le jour est l'intervalle de temps qui s'écoule depuis le lever jusqu'au coucher du soleil : la nuit est le temps pendant lequel le soleil reste au-dessous de l'horizon. Le *jour astronomique* embrasse toute la durée de sa révolution diurne ; c'est l'intervalle de temps, compris entre deux midis ou entre deux minuits consécutifs. Il surpasse la durée d'une révolution du ciel, qui forme le *jour sydéral* ; car si le soleil traverse le méridien au même instant qu'une étoile ; le jour suivant, il y reviendra plus tard, en vertu de son mouvement propre par lequel il s'avance d'occident en orient ; et dans l'espace d'une année, il passera une fois de moins que l'étoile, au méridien. On trouve ainsi, qu'en prenant pour unité, le jour moyen astronomique; la durée du jour sydéral est de $0^j,997269722$.

Les jours astronomiques ne sont pas égaux; deux causes, l'inégalité du mouvement propre du soleil, et l'obliquité de l'écliptique, produisent leurs différences. L'effet de la première cause est sensible : ainsi au solstice d'été, vers lequel le mouvement du soleil est le plus lent, le jour astronomique approche davantage du jour sydéral, qu'au solstice d'hiver, où ce mouvement est le plus rapide.

Pour concevoir l'effet de la seconde cause, il faut observer que l'excès du jour astronomique sur le jour sydéral, n'est dû qu'au mouvement propre du soleil, rapporté à l'équateur. Si par les extrémités du petit arc que le soleil décrit sur l'écliptique dans un jour, et par les pôles du monde, on imagine deux grands cercles de la sphère céleste; l'arc de l'équateur, qu'ils interceptent, est le mouvement journalier du soleil, rapporté à l'équateur, et le temps que cet arc met à traverser le méridien, est l'excès du jour astronomique sur le jour sydéral; or il est visible que dans les équinoxes, l'arc de l'équateur est plus petit que l'arc correspondant de l'écliptique, dans le rapport du cosinus de l'obliquité de l'écliptique, au rayon; dans les solstices, il est plus grand dans le rapport du rayon au cosinus de la même obliquité; le jour astronomique est donc diminué dans le premier cas, et augmenté dans le second.

Pour avoir un jour moyen indépendant de ces causes; on imagine un second soleil mû uniformément sur l'écliptique, et traversant toujours aux mêmes instans que le vrai soleil, le grand axe de l'orbe solaire, ce qui fait disparoître l'inégalité du mouvement propre du soleil. On fait ensuite disparoître l'effet de l'obliquité de l'écliptique, en imaginant un troisième soleil, passant par les équinoxes, aux mêmes instans que le second soleil, et mû sur l'équateur, de manière que les distances angulaires de ces deux soleils à l'équinoxe du printemps, soient constamment égales entr'elles. L'intervalle compris entre deux retours consécutifs de ce troisième soleil, au méridien, forme le jour moyen astronomique. Le *temps moyen* se mesure par le nombre de ces retours, et le *temps vrai* se mesure par le nombre des retours du vrai soleil, au méridien. L'arc de
l'équateur,

l'équateur, intercepté entre deux méridiens menés par les centres du vrai soleil et du troisième soleil, et réduit en temps à raison de la circonférence entière pour un jour, est ce que l'on nomme *équation du temps.*

En vertu de son moyen mouvement, le soleil emploie $365^j,242222$ à revenir à l'équinoxe du printemps : cette durée forme l'*année tropique.* Les observations ont fait connoître qu'il met plus de temps à revenir aux mêmes étoiles. L'*année sydérale* est l'intervalle compris entre deux de ces retours consécutifs ; elle est plus grande que l'année tropique, de $0^j,014119$; ainsi, les équinoxes ont sur l'écliptique, un mouvement rétrograde ou contraire à celui du soleil, par lequel ils décrivent, chaque année, un arc égal au mouvement moyen de cet astre, dans l'intervalle de $0^j,014119$, et par conséquent, de $154'',63$.

Les besoins de la société ont fait imaginer diverses périodes, pour mesurer les parties de la durée. La nature en offre deux remarquables, dans les retours du soleil au méridien et au même équinoxe ; mais l'une et l'autre doivent être divisées dans de plus petites périodes. La division du jour en dix heures, de l'heure en cent minutes, de la minute en cent secondes, &c. est la plus simple : il est naturel de faire commencer le jour astronomique à minuit, pour comprendre dans sa durée, tout le temps de la présence du soleil sur l'horizon.

C'est à l'équinoxe du printemps, à la renaissance de la nature, qu'il convient de fixer l'origine de l'année. Les saisons la divisent en quatre parties que l'on a partagées chacune, en trois mois de trente jours. On a encore divisé chaque mois, en trois périodes de dix jours, nommées *décades.* De cette manière, l'année civile ne seroit composée que de 360 jours, et l'on a vu qu'elle excède 365 jours ; mais on lui ajoute les jours excédens, comme complémentaires. Quoique dans ce système de division de l'année, l'ordre de choses, relatif aux jours de la décade, soit un peu troublé par ces jours complémentaires ; la correspondance des jours de la décade, avec les jours du mois, et celle des fêtes décadaires avec les saisons, le rendent préférable à l'usage des petites périodes indépendantes des mois, telles que la semaine.

C

Si l'on fixoit la longueur de l'année, à 365 jours; son commencement anticiperoit sans cesse, sur celui de l'année tropique, et les mois parcourroient, en rétrogradant, les diverses saisons, dans une période d'environ 1508 ans. Cette méthode, en usage autrefois dans l'Egypte, ôte au calendrier, l'avantage d'attacher les mois et les fêtes, aux mêmes saisons, et d'en faire des époques remarquables pour l'agriculture. On conserve cet avantage précieux aux habitans des campagnes, en considérant l'origine de l'année, comme un phénomène astronomique, que l'on fixe par le calcul, au minuit qui précède l'équinoxe vrai du printemps; mais alors, les années cessent d'être des périodes du temps, régulières et faciles à décomposer en jours; ce qui peut répandre de la confusion sur l'histoire et la chronologie déjà fort embarrassées par la multitude des ères, et ce qui rend l'origine de l'année, que l'on a toujours besoin de connoître d'avance, incertaine et arbitraire, lorsqu'elle approche de minuit, d'une quantité moindre que l'erreur des tables solaires. Pour obvier à ces inconvéniens, et pour conserver dans les mêmes saisons, les mois et les fêtes; on a imaginé les intercalations. La plus simple de toutes, est l'addition d'un jour, tous les quatre ans, aux années égyptiennes ou de 365 jours. Jules-César l'introduisit dans le calendrier romain, et l'on nomma *bissextiles* les années ainsi augmentées, pour les distinguer des autres que l'on nomme années *communes*. Mais si la courte durée de la vie suffit pour écarter sensiblement l'origine des années égyptiennes, de l'équinoxe; il ne faut qu'un petit nombre de siècles, pour opérer le même déplacement dans l'origine des années juliennes; ce qui rend indispensable, une intercalation plus composée. Celle que les Perses imaginèrent dans le onzième siècle, est remarquable par son exactitude et par sa simplicité. Elle consiste à rendre la quatrième année, bissextile, sept fois de suite, et à ne faire ce changement, la huitième fois, qu'à la cinquième année. Cela suppose la longueur de l'année, de 365 jours $\frac{8}{33}$, plus grande de $0^j,000202$, que l'année tropique déterminée par les observations; mais il faudroit un grand nombre de siècles, pour déplacer son origine, d'une quantité sensible aux agriculteurs.

Il seroit à desirer que tous les peuples adoptassent une même ère

indépendante des révolutions morales, et fondée sur les seuls phénomènes astronomiques. L'un des plus remarquables est le mouvement du grand axe de l'ellipse solaire; on pourroit donc fixer
l'origine d'une grande période ou de l'ère, à l'instant de son passage
par l'équinoxe, instant dans lequel l'équinoxe vrai et l'équinoxe
moyen sont réunis : on auroit ainsi l'avantage de n'employer que
ce qui est relatif au soleil, dans l'origine du temps, comme dans sa
mesure : mais l'époque du passage du périgée du soleil, par l'équinoxe du printemps, est trop éloignée de nous, pour être déterminée
avec exactitude, et il est préférable de partir de l'année dans laquelle
le grand axe étant perpendiculaire à la ligne des équinoxes, le solstice vrai coincidoit avec le solstice moyen, ce qui ne remonte qu'à
l'an 1250. On prendroit pour origine de l'ère, l'instant de l'équinoxe moyen du printemps qui, dans cette année, arriva le 15 mars
à 5^h,3675, temps moyen à Paris. Le méridien universel d'où l'on
compteroit les longitudes terrestres, seroit celui dont le minuit
répondoit au même instant, et qui est à l'orient de Paris, de 185°,30.
Si après une longue suite de siècles, l'origine de l'ère devenoit
incertaine; il seroit difficile de la retrouver avec précision, par le
seul mouvement de périgée du soleil, vu la lenteur et les inégalités
de ce mouvement; mais il ne restera aucune incertitude sur cette
origine, et sur la position du méridien universel; si l'on se souvient
qu'au moment de l'équinoxe moyen, la longitude moyenne de la
lune, en ayant égard à son équation séculaire, ou sa moyenne distance au soleil, étoit de 143°,7797. Ainsi, l'on feroit disparoître ce
qu'il y a d'arbitraire dans l'origine du temps, et dans celle des longitudes terrestres : en adoptant ensuite l'intercalation et la division
précédente de l'année, et celle des mois et du jour; on auroit le
calendrier le plus naturel et le plus simple qui convienne aux habitans de ce côté de l'équateur.

De la réunion de cent années, on a formé le *siècle*, la plus longue
période employée jusqu'ici dans la mesure du temps; car l'intervalle qui nous sépare des plus anciens événemens connus, n'en
exige pas encore de plus grandes.

CHAPITRE IV.

Du mouvement de la Lune, de ses phases, et des éclipses.

Celui de tous les astres, qui nous intéresse le plus, après le soleil, est la lune dont les phases offrent une division du temps, si remarquable, qu'elle a été primitivement en usage chez tous les peuples. La lune a, comme le soleil, un mouvement propre d'occident en orient. La durée de sa révolution sydérale étoit de $27^{\text{j}},32166118036$, vers le milieu de ce siècle : elle n'est pas toujours la même, et la comparaison des observations modernes aux anciennes, prouve incontestablement une accélération dans le moyen mouvement de la lune. Cette accélération, encore peu sensible depuis l'éclipse la plus ancienne dont l'observation nous soit parvenue, se développera par la suite des temps. Mais ira-t-elle en croissant sans cesse, ou s'arrêtera-t-elle pour se changer en retardement ? c'est ce que les observations ne pourroient apprendre qu'après un très-grand nombre de siècles. Heureusement, la découverte de sa cause, en les devançant, nous a fait connoître qu'elle est périodique.

La lune se meut dans un orbe elliptique dont le centre de la terre occupe un des foyers. Son rayon vecteur trace autour de ce point, des aires à-peu-près proportionnelles aux temps. La moyenne distance de cet astre à la terre, étant prise pour unité; l'excentricité de son ellipse est $0,0550368$, ce qui donne la plus grande équation du centre, égale à $7°,0099$. Le périgée lunaire a un mouvement direct, c'est-à-dire, dans le sens du mouvement du soleil; la durée de sa révolution sydérale est maintenant de $3232^{\text{j}},579$: elle n'est pas constante, et pendant que le mouvement de la lune s'accélère de siècle en siècle, celui de son périgée se rallentit.

Au commencement de 1750, les distances de la lune et du périgée de son orbite, à l'équinoxe moyen du printemps, étoient 209°,2082, et 32°,3168.

Les loix du mouvement elliptique, sont encore loin de représenter les observations de la lune ; elle est assujettie à un grand nombre d'autres inégalités qui ont des rapports évidens avec la position du soleil : nous allons indiquer les trois principales.

La plus considérable de toutes, et la première qui ait été reconnue, est celle que l'on nomme *évection*. Cette inégalité qui dans son *maximum*, s'élève à 1°,4902, est proportionnelle au sinus du double de la distance moyenne angulaire de la lune au soleil, moins la distance moyenne angulaire de la lune, au périgée de son orbite. Dans les oppositions et dans les conjonctions de la lune au soleil, elle se confond avec l'équation du centre, qu'elle diminue constamment, et par cette raison, les anciens observateurs qui ne déterminoient les élémens de la théorie lunaire, qu'au moyen des éclipses, et dans la vue de prédire ces phénomènes, trouvèrent l'équation du centre de la lune, plus petite que la véritable, de toute la quantité de l'évection.

On observe encore dans le mouvement lunaire, une grande inégalité qui disparoît dans les conjonctions et dans les oppositions de la lune au soleil, ainsi que dans les points où ces deux astres sont éloignés entr'eux, de cent degrés. Elle est à son *maximum*, et s'élève à 0°,6608, quand leur distance mutuelle est de cinquante degrés ; d'où l'on a conclu qu'elle est proportionnelle au sinus du double de la distance moyenne angulaire de la lune au soleil. Cette inégalité que l'on nomme *variation*, disparoissant dans les éclipses ; elle n'a pu être reconnue par l'observation de ces phénomènes.

Enfin, le mouvement de la lune s'accélère, quand celui du soleil se ralentit, et réciproquement ; d'où résulte une inégalité connue sous le nom d'*équation annuelle*, et dont la loi est exactement la même que celle de l'équation du centre du soleil, avec un signe contraire. Cette inégalité qui, dans son *maximum*, est de 0°,2064, se confond dans les éclipses, avec l'équation du centre du soleil ; et dans le calcul de l'instant de ces phénomènes, il est indifférent de considérer séparément ces deux équations, ou de supprimer l'équation annuelle de la théorie lunaire, pour en accroître l'équation du

centre du soleil. C'est une des principales causes pour lesquelles les
anciens astronomes donnèrent à cette dernière équation, une trop
grande valeur; comme ils en assignèrent une trop petite, à l'équation du centre de la lune, à raison de l'évection.

L'orbe lunaire est incliné de 5°,7188, au plan de l'écliptique; ses
points d'intersection avec elle, que l'on nomme *nœuds*, ne sont pas
fixes dans le ciel; ils ont un mouvement *rétrograde* ou contraire à
celui du soleil, mouvement qu'il est facile de reconnoître par la
suite des étoiles que la lune rencontre en traversant l'écliptique. On
appelle *nœud ascendant*, celui dans lequel la lune s'élève au-dessus
de l'écliptique, vers le pôle boréal; et *nœud descendant*, celui dans
lequel elle s'abaisse au-dessous, vers le pôle austral. La distance
moyenne du premier de ces nœuds, à l'équinoxe du printemps,
étoit de 311°,4814, au commencement de 1750, et la durée de sa
révolution sydérale étoit vers cette époque, de 6793ʲ,465 : mais son
mouvement se ralentit de siècle en siècle. Il est assujetti à plusieurs
inégalités dont la plus grande est proportionnelle au sinus du double
de la distance angulaire du soleil, au nœud ascendant de l'orbe
lunaire, et s'élève à 1°,8105 dans son *maximum*. L'inclinaison de
l'orbe, est pareillement variable; sa plus grande inégalité qui s'élève
à 0°,1631, est proportionnelle au cosinus du même angle dont dépend l'inégalité du mouvement des nœuds.

L'orbe lunaire, ainsi que les orbes du soleil et de tous les corps
célestes, n'a pas plus de réalité, que les paraboles décrites par les
projectiles, à la surface de la terre. Pour nous représenter le mouvement d'un corps dans l'espace, nous imaginons une ligne menée
par toutes les positions successives de son centre; cette ligne est son
orbite dont le plan est celui qui passe par deux positions consécutives du corps, et par le point autour duquel on le conçoit en mouvement.

Au lieu d'envisager ainsi, le mouvement d'un corps; on peut le
projeter par la pensée, sur un plan fixe, et déterminer sa courbe
de projection, et sa hauteur au-dessus de ce plan. Ces diverses méthodes ont des avantages qui leur sont propres, et qui les rendent
préférables, suivant les circonstances.

Le diamètre apparent de la lune, change d'une manière analogue aux variations du mouvement lunaire : il est de 5438″ dans la plus grande distance de la lune à la terre, et de 6207″ dans sa plus petite distance.

Les mêmes moyens auxquels la parallaxe du soleil avoit échappé par sa petitesse, ont donné celle de la lune, égale à 10661″, dans sa distance à la terre, moyenne arithmétique entre ses distances extrêmes ; ainsi, à la même distance où la lune nous paroît sous un angle de 5823″, la terre seroit vue sous un angle de 21322″ ; leurs diamètres sont donc dans le rapport de ces nombres, ou à très-peu près, comme trois est à onze ; et le volume du globe lunaire, est quarante-neuf fois moindre que celui du globe terrestre.

Les phases de la lune sont un des phénomènes célestes les plus frappans. En se dégageant, le soir, des rayons du soleil, elle reparoît avec un foible croissant qui augmente à mesure qu'elle s'en éloigne, et qui devient un cercle entier de lumière, lorsqu'elle est en opposition avec cet astre. Quand ensuite, elle s'en rapproche ; ses phases diminuent suivant les degrés de leur précédente augmentation, jusqu'à ce qu'elle se plonge, le matin, dans les rayons solaires. Le croissant de la lune, constamment dirigé vers le soleil, indique évidemment qu'elle en emprunte sa lumière ; et la loi de la variation de ses phases dont la largeur croît à très-peu près proportionnellement au sinus verse de la distance angulaire de la lune au soleil, nous prouve qu'elle est sphérique.

Les phases se renouvelant avec les conjonctions ; leur retour dépend de l'excès du mouvement de la lune sur celui du soleil, excès que l'on nomme mouvement *synodique* lunaire. La durée de la révolution synodique de cet astre, ou la période de ses conjonctions moyennes est de 29ʲ,530588 ; elle est à l'année tropique, à très-peu près dans le rapport de 19 à 235, c'est-à-dire que dix-neuf années solaires forment environ, deux cent trente-cinq mois lunaires.

Les *sysigies* sont les points de l'orbite, où la lune se trouve en conjonction ou en opposition avec le soleil. Dans le premier point, la lune est nouvelle ; elle est pleine dans le second point. Les *quadratures* sont les points de l'orbite, où la lune est éloignée du soleil, de cent ou de trois cents degrés comptés dans le sens de son mouvement propre. Dans ces points que l'on nomme premier et second *quartier* de la lune, nous voyons la moitié de son hémisphère éclairé. A la rigueur, nous en appercevons un peu plus ; car lorsque l'exacte moitié se découvre à nous, la distance angulaire de la lune au soleil, est un peu moindre que cent degrés : à cet instant que l'on reconnoît parce que la ligne qui sépare l'hémisphère éclairé, de l'hémisphère obscur, paroît être une ligne droite ; le rayon mené de l'observateur, au centre de la lune, est perpendiculaire à celui qui joint les centres de la lune et du soleil. Ainsi, dans le triangle formé par les droites qui joignent ces centres et l'œil de l'observateur, l'angle à la lune est droit, et l'observation donne l'angle à l'observateur ; on peut donc déterminer la distance du soleil à la terre, en parties de celle de la terre à la lune. La difficulté de fixer avec précision, l'instant où nous voyons la moitié du disque éclairé de la lune, rend cette méthode peu rigoureuse ; on lui doit cependant les premières notions justes que l'on ait eues, du volume immense du soleil, et de sa grande distance à la terre.

L'explication des phases de la lune, conduit à celle des éclipses, objets de la frayeur des hommes, dans les temps d'ignorance, et de la curiosité des philosophes, dans tous les temps. La lune ne peut s'éclipser que par l'interposition d'un corps opaque qui lui dérobe la lumière du soleil, et il est visible que ce corps est la terre, puisque les éclipses de lune n'arrivent jamais que dans ses oppositions, ou lorsque la terre est entre cet astre et le soleil. Le globe terrestre projette derrière lui, relativement au soleil, un cône d'ombre dont l'axe est sur la droite qui joint les centres du soleil et de la terre, et qui se termine au point où les diamètres apparens de ces deux corps, sont les mêmes. Ces diamètres vus du centre de la lune en opposition et dans sa moyenne distance, sont à-peu-près de 5920" pour le soleil, et de 21322" pour la terre ; ainsi le cône d'ombre terrestre a une longueur au moins trois fois et demie plus grande que la distance de la lune à la terre ; et sa largeur, aux points où il est traversé par la lune, est environ huit tiers du diamètre lunaire. La lune seroit donc éclipsée, toutes les fois qu'elle est en opposition avec le soleil, si le plan de son orbe coïncidoit avec l'écliptique ; mais en vertu de l'inclinaison mutuelle de ces plans, la lune dans ses oppositions, est

souvent

souvent élevée au-dessus, ou abaissée au-dessous du cône d'ombre terrestre, et elle n'y pénètre que lorsqu'elle est près de ses nœuds. Si tout son disque s'enfonce dans l'ombre de la terre, l'éclipse de lune est *totale;* elle est *partielle,* si ce disque n'y pénètre qu'en partie; et l'on conçoit que la proximité de la lune à ses nœuds, au moment de l'opposition, doit produire toutes les variétés que l'on observe dans ces éclipses.

Chaque point de la surface de la lune, avant que de s'éclipser, perd successivement la lumière des diverses parties du disque solaire qui ne disparoît totalement, qu'à l'instant de l'entrée du point dans l'ombre; il existe donc autour du cône d'ombre terrestre, une zone éclairée par une lumière qui s'affoiblit graduellement : on lui a donné le nom de *penombre,* et sa largeur est égale au diamètre apparent du soleil vu du centre de la lune.

La durée moyenne d'une révolution du soleil, par rapport au nœud de l'orbe lunaire, est de $346^j,61963$; elle est à la durée d'une révolution synodique de la lune, à fort peu près dans le rapport de 223 à 19; ainsi après une période de 223 mois lunaires, le soleil et la lune se retrouvent à la même position relativement au nœud de l'orbe lunaire; les éclipses doivent donc revenir à-peu-près dans le même ordre, ce qui donne un moyen simple de les prédire. Mais les inégalités des mouvemens du soleil et de la lune, doivent y produire des différences sensibles; et d'ailleurs, le retour de ces deux astres à la même position par rapport au nœud, dans l'intervalle de 223 mois, n'étant pas rigoureux; les écarts qui en résultent, changent à la longue, l'ordre des éclipses observées pendant une de ces périodes.

C'est uniquement dans les conjonctions du soleil et de la lune, quand cet astre, en s'interposant entre le soleil et la terre, intercepte la lumière du soleil; que nous observons les éclipses solaires. Quoique la lune soit incomparablement plus petite que le soleil; cependant, par une circonstance remarquable, elle est assez près de la terre, pour que son diamètre apparent diffère peu de celui du soleil : il arrive même, à raison des changemens de ces diamètres, qu'ils se surpassent alternativement l'un et l'autre. Imaginons les centres du soleil et de la lune, sur une même droite avec l'œil de l'observateur; il verra le soleil éclipsé, et si le diamètre apparent de la lune surpasse celui du soleil, l'éclipse sera totale; mais si ce diamètre est plus petit, l'observateur verra un anneau lumineux formé par la partie du soleil, qui déborde le disque de la lune, et alors l'éclipse sera *annulaire*. Si le centre de la lune n'est pas sur la droite qui joint l'observateur et le centre du soleil; la lune pourra n'éclipser qu'une partie de la circonférence du disque solaire, et l'éclipse sera partielle. Ainsi, les variétés des distances du soleil et de la lune, au centre de la terre, et celles de la proximité de la lune à ses nœuds, au moment de ses conjonctions, doivent en produire de très-grandes dans les éclipses de soleil. A ces causes se joint encore l'élévation de la lune sur l'horizon, élévation qui change la grandeur de son diamètre apparent, et qui, par l'effet de la parallaxe lunaire, peut augmenter ou diminuer la distance apparente des centres du soleil et de la lune, de manière que de deux observateurs éloignés entr'eux, l'un peut voir une éclipse de soleil, qui n'a point lieu pour l'autre observateur. En cela, les éclipses de soleil diffèrent des éclipses de lune, qui sont les mêmes pour tous les lieux de la terre.

On voit souvent l'ombre d'un nuage emporté par les vents, parcourir rapidement les coteaux et les plaines, et dérober aux spectateurs qu'elle atteint, la vue du soleil, dont jouissent ceux qui sont au-delà de ses limites : c'est l'image exacte des éclipses totales du soleil. Une profonde obscurité qui dans des circonstances favorables, peut durer au-delà de cinq minutes, accompagne ces éclipses. La subite disparition du soleil, et les épaisses ténèbres qui lui succèdent, remplissent les animaux, de frayeur : les étoiles qu'effaçoit la clarté du jour, se montrent dans tout leur éclat, et le ciel paroît comme dans une nuit sombre. On apperçoit autour du disque lunaire, une couronne d'une lumière pâle, et qui, probablement, est l'atmosphère même du soleil; car son étendue ne peut convenir à celle de la lune, et l'on s'est assuré par les éclipses du soleil et des étoiles, que cette dernière atmosphère est presqu'insensible.

L'atmosphère dont on peut concevoir la lune environnée, infléchit les rayons lumineux, vers le centre de cet astre; et si, comme cela doit être, les couches atmosphériques sont plus rares, à mesure

qu'elles s'élèvent au-dessus de sa surface, ces rayons en y péné-
trant, s'infléchissent de plus en plus, et décrivent une courbe concave vers son centre. Un observateur placé sur la lune, ne cesseroit
donc de voir un astre, que lorsqu'il seroit abaissé au-dessous de son
horizon, d'un angle que l'on nomme *réfraction horizontale*. Les
rayons émanés de cet astre vu à l'horizon, après avoir rasé la surface de la lune, continuent leur route, en décrivant une courbe
semblable à celle par laquelle ils y sont parvenus : ainsi un second
observateur placé derrière la lune, relativement à l'astre, l'apper-
cevroit encore, en vertu de l'inflexion de ses rayons dans l'atmosphère lunaire. Le diamètre de la lune n'est point augmenté sensiblement, par la réfraction de son atmosphère; une étoile éclipsée
par cet astre, l'est donc plus tard, que si cette atmosphère n'existoit
point, et par la même raison, elle cesse plutôt d'être éclipsée; en
sorte que l'influence de l'atmosphère lunaire; est principalement
sensible sur la durée des éclipses du soleil et des étoiles, par la lune.
Des observations précises et multipliées ont fait à peine soupçonner
cette influence; et l'on s'est assuré qu'à la surface de la lune, la
réfraction horizontale n'excède pas cinq secondes. Nous verrons
dans la suite, qu'à la surface de la terre, cette réfraction est au
moins, mille fois plus grande; l'atmosphère lunaire, si elle existe,
est donc d'une rareté extrême, et supérieure à celle du vide que
nous formons dans nos meilleures machines pneumatiques. De-là
nous devons conclure qu'aucun des animaux terrestres ne pourroit
respirer et vivre sur la lune; et que si elle est habitée, ce ne peut
être que par des animaux d'une autre espèce. Les fluides peu com-
primés par une atmosphère aussi rare, se réduiroient bientôt en
vapeurs; il y a donc lieu de croire que tout est solide à la surface
de la lune, et cela paroît confirmé par les observations de cet astre,
dans de grands télescopes qui nous le présentent comme une masse
aride, sur laquelle on a cru remarquer les effets et même l'explosion des volcans.

Bouguer a trouvé par l'expérience, que la lumière de la pleine lune,
est environ trois cent mille fois plus foible que celle du soleil : c'est
la raison pour laquelle cette lumière rassemblée au foyer des plus
grands miroirs, ne produit point d'effet sensible sur le thermomètre.

D 2

La lune ne disparoît pas entièrement dans ses éclipses ; elle est encore éclairée d'une très-foible lumière qui lui vient des rayons du soleil, infléchis par l'atmosphère terrestre : sa clarté seroit même alors plus vive que dans la pleine lune, sans la grande extinction de ces rayons dans notre atmosphère. Cette lumière doit être moindre dans les éclipses périgées, que dans les éclipses apogées ; les vapeurs et les nuages peuvent l'affoiblir au point de rendre la lune invisible dans ses éclipses, et l'histoire de l'astronomie nous offre quelques exemples, quoique très-rares, de cette disparition totale de la lune.

On distingue encore, sur-tout près des nouvelles lunes, la partie du disque lunaire, qui n'est point éclairée par le soleil. Cette foible clarté que l'on nomme *lumière-cendrée*, est due à la lumière que l'hémisphère éclairé de la terre réfléchit sur la lune ; et ce qui le prouve, c'est qu'elle est plus sensible vers la nouvelle lune, quand une plus grande partie de cet hémisphère, est dirigée vers cet astre. En effet, il est visible que la terre offriroit à un observateur placé sur la lune, des phases semblables à celles que la lune nous présente, mais accompagnées d'une plus forte lumière, à raison de la plus grande étendue de la surface terrestre.

Le disque lunaire offre un grand nombre de taches invariables que l'on a observées et décrites avec soin. Elles nous montrent que cet astre dirige toujours vers nous, à-peu-près, le même hémisphère ; il tourne donc sur lui-même dans un temps égal à celui de sa révolution autour de la terre ; car si l'on imagine un observateur placé au centre de la lune supposée transparente, il verra la terre et son rayon visuel se mouvoir autour de lui, et comme ce rayon traverse toujours au même point, à-peu-près, la surface lunaire, il est évident que ce point doit tourner dans le même temps et dans le même sens que la terre, autour de l'observateur.

Cependant, l'observation suivie du disque lunaire, fait appercevoir de légères variétés dans ses apparences ; on voit les taches s'approcher et s'éloigner alternativement de ses bords ; celles qui en sont très-voisines, disparoissent et reparoissent successivement, en faisant des oscillations périodiques, que l'on a désignées sous le nom de *libration de la lune*. Pour se former une juste idée des causes principales de ce phénomène ; il faut considérer que le disque de la lune, vu du centre de la terre, est terminé par la circonférence d'un grand cercle du globe lunaire, perpendiculaire au rayon mené de ce centre à celui de ce globe. C'est sur le plan de ce grand cercle, que se projette l'hémisphère de la lune, dirigé vers la terre, et ses apparences sont dues au mouvement de rotation de cet astre, par rapport à son rayon vecteur. Si la lune étoit sans mouvement de rotation, ce rayon traceroit à chaque révolution lunaire, la circonférence d'un grand cercle, sur sa surface dont tous les points se présenteroient successivement à nous ; mais en même temps que le rayon vecteur trace cette circonférence, le globe lunaire en tournant, ramène toujours à fort peu près, le même point de sa surface sur ce rayon, et par conséquent, le même hémisphère, vers la terre. Les inégalités du mouvement de la lune, produisent de légères variétés dans ses apparences ; car son mouvement de rotation ne participant point d'une manière sensible, à ces inégalités, il est variable relativement à son rayon vecteur qui va rencontrer ainsi, sa surface dans différens points ; le globe lunaire fait donc, par rapport à ce rayon, des oscillations correspondantes aux inégalités de son mouvement, et qui nous dérobent et nous découvrent alternativement quelques parties de sa surface.

De plus, son axe de rotation n'est pas exactement perpendiculaire au plan de l'orbite : en le supposant à-peu-près fixe durant une révolution, le rayon vecteur de la lune s'incline plus ou moins sur lui, et l'angle formé par ces deux lignes, est aigu pendant une moitié de la révolution, et obtus pendant l'autre moitié ; la terre voit donc alternativement l'un et l'autre pôle de rotation, et les parties de la surface, qui en sont voisines.

Enfin, l'observateur n'est point au centre de la terre, mais à sa surface ; c'est le rayon visuel mené de son œil, au centre de la lune, qui détermine le milieu de l'hémisphère visible, et il est clair qu'à raison de la parallaxe lunaire, ce rayon coupe la surface de la lune, dans des points sensiblement différens, suivant la hauteur de cet astre sur l'horizon.

Toutes ces causes ne produisent qu'une libration apparente dans le globe lunaire ; elles sont purement optiques, et n'affectent point son mouvement réel de rotation : ce mouvement peut être cepen· dant assujetti à de petites inégalités ; mais elles sont trop peu sensibles pour avoir été observées.

Il n'en est pas de même des variations du plan de l'équateur lunaire. En cherchant à déterminer sa position, par les observations des taches de la lune; Dominique Cassini a été conduit à ce résultat très-remarquable, qui renferme toute la théorie astronomique de la libration réelle de cet astre. Si par le centre de la lune, on conçoit un premier plan perpendiculaire à son axe de rotation, plan qui se confond avec celui de son équateur; si de plus, on imagine par le même centre, un second plan parallèle à celui de l'écliptique, et un troisième plan qui soit le plan moyen de l'orbe lunaire; ces trois plans ont constamment une commune intersection : le second plan situé entre les deux autres, forme avec le premier, un angle d'environ 1°,67, et avec le troisième, un angle de 5°,7188. Ainsi, les intersections de l'équateur lunaire, avec l'écliptique, ou ses nœuds coincident toujours avec les nœuds moyens de l'orbe lunaire, et comme eux, ils ont un mouvement rétrograde, dont la période est de 6793^j,647. Dans cet intervalle, les deux pôles de l'équateur et de l'orbe lunaire, décrivent de petits cercles parallèles à l'écliptique, en comprenant son pôle entr'eux, de manière que ces trois pôles soient constamment sur un grand cercle de la sphère céleste.

Des montagnes d'une grande hauteur, s'élèvent à la surface de la lune; leurs ombres projetées sur les plaines, y forment des taches qui varient avec la position du soleil. On voit aux bords de la partie éclairée du disque lunaire, ces montagnes, sous la forme d'une dentelure qui s'étend au-delà de la ligne de lumière, d'une quantité dont la mesure a fait connoître que leur hauteur est, au moins, de trois mille mètres. On reconnoît encore, par la direction des ombres, que la surface de la lune est parsemée de profondes cavités semblables aux bassins de nos mers. Enfin, la surface lunaire paroît offrir des traces d'éruptions volcaniques : la formation de nouvelles taches, et des étincelles observées plusieurs fois, dans sa partie obscure, semblent même y indiquer des volcans en activité.

CHAPITRE V.

Des Planètes, et en particulier, de Mercure et de Vénus.

Au milieu de ce nombre infini de points étincelans, dont la voûte céleste est parsemée, et qui gardent entr'eux, une position à-peu-près constante; on voit six astres se mouvoir dans des périodes réglées, en suivant des loix fort compliquées, dont la recherche est un des principaux objets de l'astronomie. Ces astres auxquels on a donné le nom de *Planètes*, sont : Mercure, Vénus, Mars, Jupiter, Saturne et Uranus. Les deux premiers ne s'écartent point du soleil, au-delà de certaines limites : les autres s'en éloignent à toutes les distances angulaires possibles. Les mouvemens de tous ces corps sont compris dans une zone de la sphère céleste, que l'on a nommée *Zodiaque*, et dont la largeur d'environ vingt degrés, est divisée en deux parties égales, par l'écliptique.

Mercure ne s'éloigne jamais du soleil, au-delà de trente-deux degrés. Lorsqu'il commence à paroître, le soir; on le distingue à peine, dans les rayons du crépuscule : il s'en dégage de plus en plus, les jours suivans, et après s'être éloigné d'environ vingt-cinq degrés, du soleil, il revient vers lui. Dans cet intervalle, le mou-vement de Mercure rapporté aux étoiles, est direct; mais lorsqu'en se rapprochant du soleil, sa distance à cet astre n'est plus que de vingt degrés; il paroît stationnaire et son mouvement devient en-suite rétrograde. Mercure continue de se rapprocher du soleil, et finit par se replonger, le soir, dans ses rayons. Après y être demeuré pendant quelque temps, invisible; on le revoit, le matin, sortant de ces rayons et s'éloignant du soleil. Son mouvement est rétro-grade comme avant sa disparition; mais la planète parvenue à vingt degrés de distance de cet astre, est de nouveau, stationnaire, et reprend un mouvement direct : elle continue de s'éloigner du soleil, jusqu'à la distance de vingt-cinq degrés; ensuite, elle s'en rapproche, se replonge, le matin, dans les rayons de l'aurore, et reparoît bientôt, le soir, pour reproduire les mêmes phénomènes.

L'étendue des plus grandes digressions de Mercure, ou de ses plus grands écarts de chaque côté du soleil, varie depuis dix-huit jusqu'à trente-deux degrés. La durée de ses oscillations entières, ou de ses retours à la même position, relativement au soleil, varie pareillement depuis cent six jusqu'à cent trente jours; l'arc moyen de sa rétrogradation est d'environ quinze degrés, et sa durée moyenne est de vingt-trois jours; mais il y a de grandes différences entre ces quantités, dans les diverses rétrogradations. En général, le mouvement de Mercure est très-compliqué : il n'a pas lieu exactement sur le plan de l'écliptique; quelquefois, la planète s'en écarte au-delà de cinq degrés.

Il a fallu, sans doute, une longue suite d'observations, pour reconnoître l'identité de ces deux astres que l'on voyoit alternativement, le matin et le soir, s'éloigner et se rapprocher du soleil : mais comme l'un ne se montroit jamais, que l'autre n'eût disparu; on jugea enfin que c'étoit la même planète qui oscilloit de chaque côté du soleil.

Le diamètre apparent de Mercure est variable, et ses changemens ont des rapports évidens à sa position relative au soleil, et à la direction de son mouvement. Il est à son *minimum*, quand la planète se plonge, le matin, dans les rayons solaires, ou quand, le soir, elle s'en dégage; il est à son *maximum*, quand elle se plonge, le soir, dans ces rayons, ou quand elle s'en dégage, le matin. Sa grandeur moyenne est de $21'',3$.

Quelquefois, dans l'intervalle de sa disparition, le soir, à sa réapparition, le matin; on voit la planète se projeter sur le disque du soleil, sous la forme d'une tache noire qui décrit une corde de ce disque. On la reconnoît à sa position, à son diamètre apparent, et à son mouvement rétrograde, conformes à ceux qu'elle doit avoir. Ces passages de Mercure sont de véritables éclipses annulaires du soleil, qui nous prouvent que cette planète en emprunte sa lumière. Vue dans de fortes lunettes, elle présente des phases analogues aux phases de la lune, dirigées comme elles, vers le soleil, et dont l'étendue variable suivant sa position par rapport à cet astre, et suivant la direction de son mouvement, répand une grande lumière sur la nature de son orbite.

La planète Vénus offre les mêmes phénomènes que Mercure, avec cette différence, que ses phases sont beaucoup plus sensibles, ses oscillations plus étendues, et leur durée plus considérable. Les plus grandes digressions de Vénus varient depuis cinquante jusqu'à cinquante-trois degrés; et la durée moyenne de ses oscillations entières, est de cinq cent quatre-vingt-quatre jours. La rétrogradation commence ou finit, quand la planète, en se rapprochant, le soir, du soleil, ou en s'en éloignant, le matin, en est distante d'environ trente-deux degrés. L'arc moyen de sa rétrogradation, est de dix-huit degrés à-peu-près, et sa durée moyenne est de quarante-deux jours. Vénus ne se meut point exactement sur le plan de l'écliptique dont elle peut s'écarter de plusieurs degrés.

Comme Mercure, Vénus paroît quelquefois décrire une corde du disque du soleil. Les durées de ses passages sur cet astre, observées à de grandes distances sur la terre, sont très-sensiblement différentes; ce qui vient de la parallaxe de Vénus, en vertu de laquelle les divers observateurs la rapportant à des points différens du disque solaire, lui voient décrire des cordes différentes de ce disque. Dans le passage qui eut lieu en 1769, la différence des durées observées à Otaïti dans la mer du Sud, et à Cajanebourg dans la Laponie suédoise, surpassa quinze minutes. Ces durées pouvant être déterminées avec une grande précision; leurs différences donnent fort exactement la parallaxe de Vénus, et par conséquent, sa distance à la terre, au moment de sa conjonction. Une loi remarquable que nous exposerons à la suite des découvertes qui l'ont fait connoître, lie cette parallaxe à celle du soleil et des planètes; ainsi, l'observation de ces passages, est d'une grande importance dans l'astronomie. Après s'être succédés dans l'intervalle de huit ans, ils ne reviennent qu'après plus d'un siècle, pour se succéder encore dans le court intervalle de huit ans, et ainsi de suite. Les deux derniers passages sont arrivés en 1761 et 1769; les astronomes se sont répandus dans les pays où il étoit le plus avantageux de les observer, et c'est de l'ensemble de leurs observations, que l'on a conclu la

E

parallaxe du soleil, de 27″,2, dans sa moyenne distance à la terre.

Les grandes variations du diamètre apparent de Vénus, nous prouvent que sa distance à la terre est très-variable ; cette distance est la plus petite au moment de ses passages sur le soleil, et le diamètre apparent est alors d'environ 177″. La grandeur moyenne de ce diamètre est de 51″,54.

Le mouvement de quelques taches observées sur cette planète, avoit fait reconnoître à Dominique Cassini, sa rotation dans l'intervalle d'un peu moins d'un jour. Schroeter, par l'observation suivie des variations de ses cornes, et par celle de quelques points lumineux vers les bords de sa partie non éclairée, a confirmé ce résultat sur lequel on avoit élevé des doutes. Il a fixé à 0ʲ,973, la durée de la rotation, et il a trouvé comme Cassini, que l'équateur de Vénus forme un angle considérable avec l'écliptique. Enfin, il a conclu de ses observations, l'existence de très-hautes montagnes à sa surface, et par la loi de la dégradation de sa lumière, dans le passage de sa partie obscure à sa partie éclairée, il a jugé la planète environnée d'une atmosphère étendue dont la force réfractive est peu différente de celle de l'atmosphère terrestre. L'extrême difficulté d'appercevoir ces phénomènes dans les plus forts télescopes, en rend l'observation très-délicate dans nos climats : ils méritent toute l'attention des observateurs placés au midi, sous un ciel plus favorable.

Vénus surpasse en clarté, les autres planètes et les étoiles ; elle est quelquefois si brillante, qu'on la voit en plein jour, à la vue simple. Ce phénomène qui revient assez souvent, ne manque jamais d'exciter une vive surprise ; et le vulgaire, dans sa crédule ignorance, le suppose toujours lié aux événemens contemporains, les plus remarquables.

CHAPITRE VI.

De Mars.

LES deux planètes que nous venons de considérer, semblent accompagner le soleil, comme autant de satellites, et leur moyen mouvement autour de la terre, est le même que celui de cet astre : les autres planètes s'éloignent du soleil, à toutes les distances angulaires possibles ; mais leurs mouvemens ont avec sa position, des rapports qui ne permettent pas de douter de son influence sur ces mouvemens.

Mars nous paroît se mouvoir d'occident en orient, autour de la terre ; la durée moyenne de sa révolution sydérale est de 686^j,979579. Son mouvement est fort inégal : quand on commence à revoir, le matin, cette planète, à sa sortie des rayons du soleil, ce mouvement est direct et le plus rapide ; il se rallentit peu-à-peu, et devient nul, lorsque la planète est à 152° environ, de distance, du soleil ; ensuite il se change dans un mouvement rétrograde dont la vîtesse augmente jusqu'au moment de l'opposition de Mars avec cet astre. Cette vîtesse alors parvenue à son *maximum*, diminue et redevient nulle, lorsque Mars, en se rapprochant du soleil, n'en est plus éloigné que de 152°. Le mouvement reprend ensuite son état direct, après avoir été rétrograde pendant soixante et treize jours, et dans cet intervalle, la planète décrit un arc de rétrogradation, d'environ dix-huit degrés. En continuant de se rapprocher du soleil, elle finit par se plonger, le soir, dans ses rayons. Ces singuliers phénomènes se renouvellent dans toutes les oppositions de Mars, avec des différences assez grandes dans l'étendue et dans la durée des rétrogradations.

Mars ne se meut point exactement sur le plan de l'écliptique ; il s'en écarte quelquefois, de plusieurs degrés. Les variations de son diamètre apparent sont fort grandes; il est de $30''$ environ, dans son état moyen, et il augmente à mesure que la planète approche de son opposition où il s'élève à $90''$: alors, la parallaxe de Mars devient sensible, et à-peu-près double de celle du soleil. La même loi qui existe entre les parallaxes du soleil et de Vénus, a également lieu entre celles du soleil et de Mars; et l'observation de cette dernière parallaxe avoit déjà fait connoître d'une manière approchée, la parallaxe solaire, avant les derniers passages de Vénus sur le soleil, qui l'ont déterminée avec plus de précision.

On voit le disque de Mars, changer de forme, et devenir sensiblement ovale, suivant sa position relativement au soleil : ces phases prouvent qu'il en reçoit sa lumière. Des taches que l'on observe distinctement à sa surface, ont fait connoître qu'il se meut sur lui-même, d'occident en orient, dans une période de $1^j,02733$, et sur un axe incliné de $66°,33$ à l'écliptique.

CHAPITRE VII.

De Jupiter et de ses satellites.

JUPITER se meut d'occident en orient, dans une période de 4332^j,602208 : il est assujetti à des inégalités semblables à celles de Mars. Avant l'opposition de la planète au soleil, et lorsqu'elle en est à-peu-près éloignée de cent vingt-huit degrés, son mouvement devient rétrograde; il augmente de vîtesse, jusqu'au moment de l'opposition, se rallentit ensuite, et reprend son état direct, lorsque la planète, en se rapprochant du soleil, n'en est plus distante que de cent vingt-huit degrés. La durée de ce mouvement rétrograde, est d'environ cent vingt-un jours, et l'arc de rétrogradation est de onze degrés; mais il y a des différences sensibles dans l'étendue et dans la durée des diverses rétrogradations de Jupiter. Le mouvement de cette planète n'a pas lieu exactement dans le plan de l'écliptique; elle s'en écarte quelquefois, de trois ou quatre degrés.

On remarque à la surface de Jupiter, plusieurs bandes obscures, sensiblement parallèles entr'elles et à l'écliptique : on y observe encore d'autres taches dont le mouvement a fait connoître la rotation de cette planète, d'occident en orient, sur un axe presque perpendiculaire au plan de l'écliptique, et dans une période de 0^j,41377. Les variations de quelques-unes de ces taches, et les différences sensibles dans les durées de la rotation conclue de leurs mouvemens, donnent lieu de croire qu'elles ne sont point adhérentes à Jupiter : elles paroissent être autant de nuages que les vents transportent avec différentes vîtesses, dans une atmosphère très-agitée.

Jupiter est, après Vénus, la plus brillante des planètes; quelquefois même, il la surpasse en clarté. Son diamètre apparent est le plus grand qu'il est possible, dans les oppositions où il s'élève à 149″; sa grandeur moyenne est de 120″ dans le sens de l'équateur;

mais il n'est pas égal dans tous les sens. La planète est sensiblement
applatie à ses pôles de rotation, et l'on a trouvé par des mesures
très-précises, que son diamètre dans le sens des pôles, est à celui de
son équateur, à fort peu près dans le rapport de treize à quatorze.

On observe autour de Jupiter, quatre petits astres qui l'accompagnent sans cesse. Leur configuration change à tous momens; ils
oscillent de chaque côté de la planète, et c'est par l'étendue entière
des oscillations, que l'on détermine le rang de ces satellites, en
nommant *premier satellite*, celui dont l'oscillation est la moins
étendue. On les voit quelquefois passer sur le disque de Jupiter, et
y projeter leur ombre qui décrit alors une corde de ce disque;
Jupiter et ses satellites sont donc des corps opaques, éclairés par le
soleil. En s'interposant entre le soleil et Jupiter, les satellites forment sur cette planète, de véritables éclipses de soleil, parfaitement
semblables à celles que la lune produit sur la terre.

Ce phénomène conduit à l'explication d'un autre phénomène
que les satellites nous présentent : on les voit souvent disparoître,
quoique loin encore, du disque de la planète; le troisième et le quatrième reparoissent quelquefois, du même côté de ce disque. L'ombre
que Jupiter projette derrière lui, relativement au soleil, peut seule
expliquer ces disparitions entièrement semblables aux éclipses de
lune : les circonstances qui les accompagnent, ne laissent aucun
doute sur la réalité de cette cause. On voit toujours les satellites
disparoître du côté du disque de Jupiter, opposé au soleil, et par
conséquent, du même côté que le cône d'ombre qu'il projette; ils
s'éclipsent plus près de ce disque, quand la planète est plus voisine
de son opposition; enfin la durée de leurs éclipses répond exactement au temps qu'ils doivent employer à traverser le cône d'ombre
de Jupiter. Ainsi les satellites se meuvent d'occident en orient, dans
des orbes rentrans, autour de cette planète.

L'observation de leurs éclipses, est le moyen le plus exact pour
déterminer leurs mouvemens. On a d'une manière très-précise,
leurs moyens mouvemens sydéral et synodique, vus du centre de
Jupiter; en comparant les éclipses éloignées d'un grand intervalle,
et observées près des oppositions de la planète. On trouve ainsi que
le mouvement des satellites de Jupiter est presque circulaire et

uniforme, puisque cette hypothèse satisfait d'une manière approchée, aux éclipses dans lesquelles nous voyons cette planète, à
la même position relativement au soleil; on peut donc déterminer
à tous les instans, la position des satellites vus du centre de Jupiter.

De-là résulte une méthode simple et assez exacte, pour comparer
entr'elles, les distances de Jupiter et du soleil à la terre, méthode
qui manquoit aux anciens astronomes; car la parallaxe de Jupiter
étant insensible à la précision même des observations modernes, et
lorsqu'il est le plus près de nous; ils ne jugeoient de sa distance, que
par la durée de sa révolution, en estimant plus éloignées, les planètes dont la révolution est plus longue.

Supposons que l'on ait observé la durée entière d'une éclipse du
troisième satellite. Au milieu de l'éclipse, le satellite vu du centre
de Jupiter, étoit à très-peu près, en opposition avec le soleil; sa
position sydérale, observée de ce centre, et qu'il est facile de conclure de son moyen mouvement, étoit donc alors la même que celle
du centre de Jupiter vu de celui du soleil. L'observation directe, ou
le mouvement connu du soleil, donne la position de la terre vue du
centre de cet astre; ainsi, en concevant un triangle formé par les
droites qui joignent les centres du soleil, de la terre et de Jupiter,
on aura l'angle au soleil, dans ce triangle; l'observation donnera
l'angle à la terre; on aura donc à l'instant du milieu de l'éclipse, les
distances rectilignes de Jupiter, à la terre et au soleil, en parties de
la distance du soleil à la terre. On trouve par ce moyen, que Jupiter
est au moins, cinq fois plus loin de nous que le soleil, quand son
diamètre apparent est de 120″. Le diamètre de la terre ne paroîtroit
pas sous un angle de 11″, à la même distance; le volume de Jupiter
est donc au moins, mille fois plus grand que celui de la terre.

Le diamètre apparent de ses satellites étant insensible, on ne
peut pas mesurer exactement leur grosseur. On a essayé de l'apprécier, par le temps qu'ils emploient à pénétrer dans l'ombre de
la planète; mais les observations offrent à cet égard, de grandes
variétés que produisent les différences dans la force des lunettes,
dans la vue des observateurs, dans l'état de l'atmosphère, la hauteur
des satellites sur l'horizon, leur distance apparente à Jupiter, et le
changement des hémisphères qu'ils nous présentent. La comparaison

de l'éclat des satellites, est indépendante des quatre premières causes qui ne font qu'altérer proportionnellement leur lumière; elle doit donc nous éclairer sur le mouvement de rotation de ces corps. Herschel qui s'est occupé de cette recherche délicate, a observé qu'ils se surpassent alternativement en clarté, circonstance propre à nous faire juger de leur éclat respectif. Les rapports du *maximum* et du *minimum* de leur lumière, avec leurs positions mutuelles, lui ont fait connoître qu'ils tournent sur eux-mêmes, comme la lune, dans un temps égal à la durée de leur révolution autour de Jupiter; résultat que Maraldi avoit déjà conclu pour le quatrième satellite, des retours d'une même tache observée sur son disque, dans ses passages sur la planète. Le grand éloignement des corps célestes affoiblit les phénomènes que leurs surfaces présentent, au point de les réduire à de très-légères variétés de lumière, qui échappent à la première vue, et qu'un long exercice dans ce genre d'observations rend sensibles. Mais on ne doit employer qu'avec une extrême circonspection, ce moyen de suppléer à l'imperfection de nos organes; pour ne pas se tromper sur les causes dont ces variétés dépendent.

CHAPITRE

CHAPITRE VIII.

De Saturne, de ses satellites et de son anneau.

LA période du mouvement sydéral de Saturne autour de la terre, est de 10759^j,077213 : ce mouvement qui a lieu d'occident en orient, et à fort peu près dans le plan de l'écliptique, est assujetti à des inégalités semblables à celles des mouvemens de Jupiter et de Mars. Il devient rétrograde, ou finit de l'être, lorsque la planète, avant ou après son opposition, est distante de 121°, du soleil ; la durée de cette rétrogradation est à-peu-près de cent trente-neuf jours, et l'arc de rétrogradation est d'environ sept degrés. Au moment de l'opposition, le diamètre de Saturne est à son *maximum ;* sa grandeur moyenne est de 54″,4.

Saturne présente un phénomène unique dans le systême du monde. On le voit presque toujours au milieu de deux petits corps qui semblent lui adhérer, et dont la figure et la grandeur sont très-variables ; quelquefois même, ils disparoissent, et alors Saturne paroît rond comme les autres planètes. En suivant avec soin, ces singulières apparences, et en les combinant avec les positions de Saturne, relativement au soleil et à la terre ; Huyghens a reconnu qu'elles sont produites par un anneau large et mince qui environne le globe de Saturne, et qui en est séparé de toutes parts. Cet anneau incliné de 34°,8 au plan de l'écliptique, ne se présente jamais qu'obliquement à la terre, sous la forme d'une ellipse dont la largeur, lorsqu'elle est la plus grande, est à-peu-près la moitié de sa longueur : dans cette position, son petit axe déborde le disque de la planète. L'ellipse se rétrécit de plus en plus, à mesure que le rayon visuel mené de Saturne à la terre, s'abaisse sur le plan de l'anneau dont l'arc postérieur finit par se cacher derrière la planète : l'arc antérieur se confond avec elle, mais son ombre projetée sur le

F

disque de Saturne, y forme une bande obscure que l'on observe dans de fortes lunettes, et qui prouve que Saturne et son anneau sont des corps opaques, éclairés par le soleil. Alors on ne distingue plus, que les parties de l'anneau qui s'étendent de chaque côté de Saturne; ces parties diminuent peu à peu de largeur; elles disparoissent enfin quand la terre, en vertu du mouvement de Saturne, est dans le plan de l'anneau dont l'épaisseur est trop mince pour être apperçue. L'anneau disparoît encore, quand le soleil, venant à rencontrer son plan, n'éclaire que son épaisseur. Il continue d'être invisible, tant que son plan se trouve entre le soleil et la terre, et il ne reparoît que lorsque le soleil et la terre se trouvent du même côté de ce plan, en vertu des mouvemens respectifs de Saturne et du soleil.

Le plan de l'anneau, rencontrant l'orbe solaire, à chaque demi-révolution de Saturne; les phénomènes de sa disparition et de sa réapparition se renouvellent à-peu-près, tous les quinze ans, mais avec des circonstances souvent différentes : il peut y avoir dans la même année, deux apparitions et deux réapparitions, et jamais davantage.

Dans le temps où l'anneau disparoît, son épaisseur nous renvoie la lumière du soleil, mais en trop petite quantité pour être sensible. On conçoit cependant, que, pour l'appercevoir, il suffit d'augmenter la force des télescopes. C'est ce qu'Herschel a éprouvé dans la dernière disparition de l'anneau : il n'a jamais cessé de le voir, lorsqu'il avoit disparu pour les autres observateurs.

L'inclinaison de l'anneau sur l'écliptique, se mesure par la plus grande ouverture de l'ellipse qu'il nous présente : la position de ses nœuds peut se déterminer par la situation apparente de Saturne, lorsque l'anneau disparoît ou reparoît, la terre étant dans son plan. Toutes les disparitions et réapparitions, d'où résulte la même position sydérale des nœuds de l'anneau, ont lieu, parce que son plan rencontre la terre ; les autres viennent de la rencontre du même plan par le soleil; on peut donc reconnoître par le lieu de Saturne, lorsque l'anneau reparoît ou disparoît, si ce phénomène dépend de la rencontre de son plan, par le soleil ou par la terre. Quand ce plan passe par le soleil, la position de ses nœuds donne celle de Saturne

vu du centre du soleil, et alors, on peut déterminer la distance rectiligne de Saturne à la terre, comme on détermine celle de Jupiter,
au moyen des éclipses de ses satellites. On trouve ainsi que Saturne
est environ neuf fois et-demie, plus éloigné de nous que le soleil,
quand son diamètre apparent est de 54″,4.

La largeur apparente de l'anneau, est à-peu-près égale à sa distance à la surface de Saturne; l'une et l'autre paroissent être le tiers
du diamètre de cette planète; mais à cause de l'irradiation, la largeur réelle de l'anneau doit être plus petite. Sa surface n'est pas
continue; une bande noire qui lui est concentrique, la sépare en
deux parties qui paroissent former deux anneaux distincts: plusieurs
bandes noires apperçues par quelques observateurs, semblent même
indiquer un plus grand nombre d'anneaux. L'observation de quelques points brillans de l'anneau, a fait connoître à Herschel, sa
rotation d'occident en orient, dans une période de 0ʲ,437, autour
d'un axe perpendiculaire à son plan, et passant par le centre de
Saturne.

On a observé sept satellites, en mouvement autour de cette planète, d'occident en orient, et dans des orbes presque circulaires.
Les six premiers se meuvent à fort peu près dans le plan de l'anneau; l'orbe du septième approche davantage du plan de l'écliptique.
Quand ce satellite est à l'orient de Saturne, sa lumière s'affoiblit à un
tel point, qu'il devient très-difficile de l'appercevoir; ce qui ne peut
venir que des taches qui couvrent l'hémisphère qu'il nous présente : mais pour nous offrir constamment, dans la même position,
ce phénomène; il faut que ce satellite, en cela semblable à la lune
et aux satellites de Jupiter, tourne sur lui-même dans un temps
égal à celui de sa révolution autour de Saturne. Ainsi, l'égalité des
durées de rotation et de révolution, paroît être une loi générale du
mouvement des satellites.

Les diamètres de Saturne ne sont pas égaux entr'eux : celui
qui est perpendiculaire au plan de l'anneau, est plus petit d'un
onzième au moins, que le diamètre situé dans ce plan. Si l'on compare cet applatissement, à celui de Jupiter; on peut en conclure
avec beaucoup de vraisemblance, que Saturne tourne rapidement
autour du plus petit de ses diamètres, et que l'anneau se meut dans

le plan de son équateur. Herschel vient de confirmer ce résultat,
par des observations directes qui lui ont fait connoître que la rotation de Saturne a lieu comme tous les mouvemens du système
planétaire, d'occident en orient, et que sa durée est de $0^j,428$.
Herschel a de plus observé sur la surface de cette planète, cinq
bandes à-peu-près parallèles à son équateur.

CHAPITRE IX.

D'Uranus et de ses satellites.

LES cinq planètes que nous venons de considérer, ont été connues dans la plus haute antiquité. La planète Uranus avoit échappé, par sa petitesse, aux anciens observateurs. Flamsteed, à la fin du dernier siècle, Mayer et le Monnier, dans celui-ci, l'avoient déjà observée comme une petite étoile; mais ce n'est qu'en 1781, que Herschel a reconnu son mouvement, et bientôt après, en suivant cet astre avec soin, on s'est assuré qu'il est une vraie planète. Comme Mars, Jupiter et Saturne, Uranus se meut d'occident en orient, autour de la terre; la durée de sa révolution sydérale est de 30689^j,00; son mouvement qui a lieu à fort peu près dans le plan de l'écliptique, commence à être rétrograde, lorsqu'avant l'opposition, la planète est à 115° de distance, du soleil; il finit de l'être, quand, après l'opposition, la planète, en se rapprochant du soleil, n'en est plus éloignée que de 115°. La durée de sa rétrogradation est d'environ 151 jours, et l'arc de rétrogradation est de quatre degrés. Si l'on juge de la distance d'Uranus, par la lenteur de son mouvement; il doit être aux confins du système planétaire. Son diamètre apparent est très-petit, et s'élève à peine à douze secondes. Herschel, au moyen d'un très-fort télescope, a reconnu six satellites en mouvement autour de cette planète, dans des orbes presque circulaires, et perpendiculaires à-peu-près, au plan de l'écliptique.

CHAPITRE X.

Des Comètes.

Souvent on voit des astres qui, d'abord presqu'imperceptibles, augmentent de grandeur et de vîtesse, ensuite diminuent, et cessent enfin d'être visibles. Ces astres que l'on nomme *comètes*, paroissent presque toujours accompagnés d'une nébulosité qui, en croissant, se termine quelquefois, dans une queue d'une grande étendue, dont la matière est fort rare, puisque l'on apperçoit les étoiles au travers. L'apparition des comètes suivies de ces longues traînées de lumière, a, pendant long-temps, effrayé les hommes, toujours frappés des événemens extraordinaires dont les causes leur sont inconnues. La lumière des sciences a dissipé ces vaines terreurs que les comètes, les éclipses et beaucoup d'autres phénomènes inspiroient dans les siècles d'ignorance.

La phase observée dans la comète de 1744, dont on n'appercevoit que la moitié du disque éclairé, prouve que ces astres sont des corps opaques qui empruntent leur lumière du soleil.

Les comètes participent, comme tous les astres, au mouvement diurne du ciel, et cela joint à la petitesse de leur parallaxe, fait voir que ce ne sont point des météores engendrés dans notre atmosphère. Leurs mouvemens propres sont très-compliqués ; ils ont lieu dans tous les sens, et ils n'affectent point, comme ceux des planètes, la direction d'occident en orient, et des plans peu inclinés à l'écliptique.

CHAPITRE XI.

Des Étoiles et de leurs mouvemens.

La parallaxe des étoiles est insensible ; vus dans les plus forts télescopes, leurs disques se réduisent à des points lumineux : en cela, ces astres diffèrent des planètes dont les télescopes augmentent la grandeur apparente. La petitesse du diamètre apparent des étoiles, est prouvée, sur-tout, par le peu de temps qu'elles mettent à disparoître dans leurs occultations par la lune, et qui n'étant pas d'une seconde, indique que ce diamètre est au-dessous de cinq secondes de degré. La vivacité de la lumière des plus brillantes étoiles, comparée à leur petitesse apparente, nous porte à croire qu'elles sont beaucoup plus éloignées de nous, que les planètes, et qu'elles n'empruntent point, comme elles, leur clarté du soleil, mais qu'elles sont lumineuses par elles-mêmes ; et comme les étoiles les plus petites sont assujéties aux mêmes mouvemens que les plus brillantes, et conservent une position constante entr'elles ; il est très-vraisemblable que tous ces astres sont de la même nature, et que ce sont autant de corps lumineux, plus ou moins gros, et placés plus ou moins loin au-delà des limites du système solaire.

On observe des variations périodiques, dans l'intensité de la lumière de plusieurs étoiles que l'on nomme pour cela, *changeantes.* Quelquefois, on a vu des étoiles se montrer presque tout-à-coup, et disparoître après avoir brillé du plus vif éclat. Telle fut la fameuse étoile observée en 1572, dans la constellation de Cassiopée : en peu de temps, elle surpassa la clarté des plus belles étoiles, et de Jupiter même ; sa lumière s'affoiblit ensuite, et elle disparut entièrement, seize mois après sa découverte, sans avoir changé de place dans le ciel. Sa couleur éprouva des variations considérables : elle fut d'abord d'un blanc éclatant, ensuite d'un jaune rougeâtre, et

enfin d'un blanc plombé. Quelle est la cause de ces phénomènes?
des taches très-étendues que les étoiles nous présentent périodi-
quement en tournant sur elles-mêmes, à-peu-près comme le dernier
satellite de Saturne, et l'interposition de grands corps opaques qui
circulent autour d'elles, suffisent pour expliquer les variations
périodiques des étoiles changeantes. Quant aux étoiles qui se sont
montrées presque subitement avec une très-vive lumière, pour
disparoître ensuite; on peut soupçonner avec vraisemblance, que
de grands incendies occasionnés par des causes extraordinaires, ont
eu lieu à leur surface; et ce soupçon se confirme par le changement
de leur couleur, analogue à celui que nous offrent sur la terre, les
corps que nous voyons s'enflammer et s'éteindre.

Une lumière blanche, de forme irrégulière, et à laquelle on a
donné le nom de *voie lactée,* entoure le ciel en forme de ceinture.
On y découvre au moyen du télescope, un si grand nombre de
petites étoiles; qu'il est très-probable que la voie lactée n'est que la
réunion de ces étoiles qui nous paroissent assez rapprochées, pour
former une lumière continue. On observe encore, dans diverses
parties du ciel, de petites blancheurs qui semblent être de la même
nature que la voie lactée; plusieurs d'entr'elles, vues dans le télescope, offrent également la réunion d'un grand nombre d'étoiles;
d'autres ne présentent qu'une lumière blanche et continue, peut-
être, à cause de leur grande distance qui confond la lumière des
étoiles dont elles sont formées. Ces blancheurs se nomment *nébuleuses.*

L'immobilité respective des étoiles a déterminé les astronomes à
leur rapporter, comme à autant de points fixes, les mouvemens
propres des autres corps célestes : mais pour cela, il étoit nécessaire
de les classer, afin de les reconnoître; et c'est dans cette vue, que
l'on a partagé le ciel en divers groupes d'étoiles, nommés *constellations.* Il falloit encore avoir avec précision, la position des étoiles
sur la sphère céleste, et voici comme on y est parvenu.

On a imaginé par les deux pôles du monde, et par le centre d'un
astre quelconque, un grand cercle que l'on a nommé cercle de
déclinaison, et qui coupe perpendiculairement l'équateur. L'arc de
ce cercle, compris entre l'équateur et le centre de l'astre, mesure sa

déclinaison qui est *boréale* ou *australe*, suivant la dénomination du pôle dont il est le plus près.

Tous les astres situés sur le même parallèle à l'équateur, ayant la même déclinaison; il faut, pour déterminer leur position, un nouvel élément. On a choisi pour cela, l'arc de l'équateur, compris entre le cercle de déclinaison et l'équinoxe du printemps. Cet arc compté de cet équinoxe, dans le sens du mouvement propre du soleil, c'est-à-dire d'occident en orient, est ce que l'on nomme *ascension droite* : ainsi, la position des astres est déterminée par leur ascension droite et par leur déclinaison.

La hauteur méridienne d'un astre, comparée à la hauteur du pôle, donne sa distance à l'équateur, ou sa déclinaison. La détermination de son ascension droite, offroit plus de difficultés aux anciens astronomes, à cause de l'impossibilité où ils étoient de comparer directement les étoiles au soleil. La lune pouvant être comparée, le jour, au soleil, et la nuit, aux étoiles ; ils s'en servirent comme d'un intermédiaire, pour mesurer la différence d'ascension droite du soleil et des étoiles, en ayant égard aux mouvemens propres de la lune et du soleil, dans l'intervalle des observations. La théorie du soleil, donnant ensuite son ascension droite; ils en conclurent celles de quelques étoiles principales auxquelles ils rapportèrent les autres. C'est par ce moyen qu'Hipparque forma le premier catalogue d'étoiles, dont nous ayons connoissance. Long-temps après, on donna plus de précision à cette méthode, en employant, au lieu de la lune, la planète Vénus que l'on peut quelquefois appercevoir en plein jour, et dont le mouvement pendant un court intervalle de temps, est plus lent et moins inégal, que le mouvement lunaire. Maintenant que l'application du pendule aux horloges, fournit une mesure du temps, très-précise; nous pouvons déterminer directement, et avec une exactitude bien supérieure à celle des anciens astronomes, la différence d'ascension droite d'un astre et du soleil, par le temps écoulé entre leurs passages au méridien.

On peut, d'une manière semblable, rapporter la position des astres, à l'écliptique; ce qui est principalement utile dans la théorie de la lune et des planètes. Par le centre de l'astre, on imagine un

G

grand cercle perpendiculaire au plan de l'écliptique, et que l'on nomme cercle de *latitude*. L'arc de ce cercle, compris entre l'écliptique et l'astre, mesure sa latitude qui est boréale ou australe, suivant la dénomination du pôle situé du même côté de l'écliptique. L'arc de l'écliptique, compris entre le cercle de latitude et l'équinoxe du printemps, et compté de cet équinoxe, d'occident en orient, est ce que l'on nomme *longitude* de l'astre dont la position est ainsi déterminée par sa longitude et par sa latitude. On conçoit facilement que l'inclinaison de l'écliptique à l'équateur, étant connue ; la longitude et la latitude d'un astre, peuvent se déduire de son ascension droite et de sa déclinaison observées.

Il n'a fallu que peu d'années, pour reconnoître la variation des étoiles, en ascension droite et en déclinaison. Bientôt, on remarqua qu'en changeant de position relativement à l'équateur, elles conservoient la même latitude sur l'écliptique, et l'on en conclut que leurs variations en ascension droite et en déclinaison, ne sont dues qu'à un mouvement commun de ces astres, autour des pôles de l'écliptique. On peut encore représenter ces variations, en supposant les étoiles immobiles, et en faisant mouvoir autour de ces pôles, ceux de l'équateur. Dans ce mouvement, l'inclinaison de l'équateur à l'écliptique, reste la même, et ses nœuds ou les équinoxes rétrogradent uniformément, de 154″,63 par année. On a vu précédemment, que cette rétrogradation des équinoxes, rend l'année tropique, un peu plus courte que l'année sydérale ; ainsi, la différence des deux années sydérale et tropique, et les variations des étoiles en ascension droite et en déclinaison, dépendent de ce mouvement par lequel le pôle de l'équateur décrit annuellement, un arc de 154″,63 d'un petit cercle de la sphère céleste, parallèle à l'écliptique. C'est en cela que consiste le phénomène connu sous le nom de *précession des équinoxes*.

La précision dont l'astronomie moderne est principalement redevable à l'application des lunettes aux instrumens astronomiques, et à celle du pendule aux horloges, a fait appercevoir de petites inégalités périodiques, dans l'inclinaison de l'équateur à l'écliptique et dans la précession des équinoxes. Bradley qui les a découvertes, et qui les a suivies avec un soin extrême, pendant plusieurs années, est parvenu à en déterminer la loi qui peut être représentée de la manière suivante.

On conçoit le pôle de l'équateur, mû sur la circonférence d'une petite ellipse tangente à la sphère céleste, et dont le centre que l'on peut regarder comme le pôle moyen de l'équateur, décrit uniformément, chaque année, 154",63 du parallèle à l'écliptique, sur lequel il est situé. Le grand axe de cette ellipse, toujours tangent au cercle de latitude, et dans le plan de ce grand cercle, sous-tend un angle d'environ 62",2, et le petit axe sous-tend un angle de 46",3. La situation du vrai pôle de l'équateur, sur cette ellipse, se détermine ainsi. On imagine sur le plan de l'ellipse, un petit cercle qui a le même centre, et dont le diamètre est égal à son grand axe; on conçoit encore un rayon de ce cercle, mû uniformément d'un mouvement rétrograde, de manière que ce rayon coïncide avec la moitié du grand axe, la plus voisine de l'écliptique, toutes les fois que le nœud moyen ascendant de l'orbe lunaire, coïncide avec l'équinoxe du printemps; enfin, de l'extrémité de ce rayon mobile, on abaisse une perpendiculaire sur le grand axe de l'ellipse; le point où cette perpendiculaire coupe la circonférence de cette ellipse, est le lieu du vrai pôle de l'équateur. Ce mouvement du pôle s'appelle *nutation*.

Les étoiles, en vertu des mouvemens que nous venons de décrire, conservent entr'elles une position constante; mais l'illustre observateur à qui l'on doit la découverte de la nutation, a reconnu dans tous ces astres, un mouvement général et périodique qui altère un peu leurs positions respectives. Pour se représenter ce mouvement, il faut imaginer que chaque étoile décrit annuellement une petite circonférence parallèle à l'écliptique, dont le centre est la position moyenne de l'étoile, et dont le diamètre vu de la terre, sous-tend un angle de 125"; et qu'elle se meut sur cette circonférence, comme le soleil dans son orbite, de manière cependant que le soleil soit constamment plus avancé qu'elle, de cent degrés. Cette circonférence, en se projetant sur la surface du ciel, paroît sous la forme d'une ellipse plus ou moins applatie, suivant la hauteur de l'étoile au-dessus de l'écliptique; le petit axe de l'ellipse, étant au grand axe, comme le sinus de cette hauteur, est au rayon. De-là naissent toutes les variétés de ce mouvement périodique des étoiles, que l'on nomme *aberration*.

Indépendamment de ces mouvemens généraux, plusieurs étoiles ont des mouvemens particuliers, très-lents, mais que la suite des temps a rendu sensibles, et qui donnent lieu de croire que toutes les étoiles ont des mouvemens semblables qui se développeront dans les siècles suivans. Ils ont été jusqu'ici, principalement remarquables dans **Syrius et Arcturus**, deux des plus brillantes étoiles.

CHAPITRE XII.

De la figure de la terre, de la variation de la pesanteur à sa surface, et du systême décimal des poids et mesures.

Revenons du ciel, sur la terre, et voyons ce que les observations nous ont appris sur ses dimensions et sur sa figure. On a déjà vu que la terre est à très-peu près sphérique; la pesanteur par-tout dirigée vers son centre, retient les corps à sa surface, quoique dans les lieux diamétralement opposés, ou antipodes, les uns à l'égard des autres, ils aient des positions contraires. Le ciel et les étoiles paroissent toujours au-dessus de la terre; car l'élévation et l'abaissement ne sont relatifs qu'à la direction de la pesanteur.

Du moment où l'homme eut reconnu la sphéricité du globe qu'il habite, la curiosité dut le porter à mesurer ses dimensions; il est donc vraisemblable que les premières tentatives sur cet objet, remontent à des temps bien antérieurs à ceux dont l'histoire nous a conservé le souvenir, et qu'elles ont été perdues dans les révolutions physiques et morales que la terre a éprouvées. Les rapports que plusieurs mesures de la plus haute antiquité, ont entr'elles et avec la longueur de la circonférence terrestre, viennent à l'appui de cette conjecture, et semblent indiquer, non-seulement, que dans des temps fort anciens, cette mesure a été exactement connue, mais qu'elle a servi de base à un systême complet de mesures, dont on retrouve des vestiges en Egypte et dans l'Asie. Quoi qu'il en soit, la première mesure précise de la terre, dont nous ayons une connoissance certaine, est celle que Picard exécuta en France, vers la fin du dernier siècle, et qui, depuis, a été vérifiée plusieurs fois. Cette opération est facile à concevoir. En s'avançant vers le nord, on voit le pôle s'élever de plus en plus; la hauteur méridienne des étoiles situées au nord, augmente, et celle des étoiles situées au midi, diminue; quelques-unes même, deviennent invisibles. La première notion de la courbure de la terre, est due, sans doute, à l'observation de ces phénomènes qui ne pouvoient pas manquer de fixer l'attention des hommes, dans les premiers âges des sociétés, où l'on ne distinguoit les saisons et leur retour, que par le lever et le coucher des principales étoiles, comparés à ceux du soleil. L'élévation ou la dépression des étoiles fait connoître l'angle que les verticales élevées aux extrémités de l'arc parcouru sur la terre, forment au point de leur concours; car cet angle est évidemment égal à la différence des hauteurs méridiennes d'une même étoile, moins l'angle sous lequel on verroit du centre de l'étoile, l'espace parcouru, et l'on s'est assuré que ce dernier angle est insensible. Il ne s'agit plus ensuite, que de mesurer cet espace : il seroit long et pénible d'appliquer nos mesures sur une aussi grande étendue; il est beaucoup plus simple d'en lier, par une suite de triangles, les extrémités à celles d'une base de douze ou quinze mille mètres, et vu la précision avec laquelle on peut déterminer les angles de ces triangles, on a très-exactement sa longueur. C'est ainsi que l'on a mesuré l'arc du méridien terrestre, qui traverse la France depuis Dunkerque, et se termine à Montjoui près de Barcelone : la partie de cet arc, dont l'amplitude est la centième partie de l'angle droit, et dont le milieu répond à $51°\frac{1}{3}$ de hauteur du pôle, est d'un million cent soixante et dix-neuf décimètres.

De toutes les figures rentrantes, la figure sphérique est la plus simple, puisqu'elle ne dépend que d'un seul élément, la grandeur de son rayon. Le penchant naturel à l'esprit humain, de supposer aux objets, la forme qu'il conçoit le plus aisément, le porta donc à donner une forme sphérique, à la terre. Mais la simplicité de la nature ne doit pas toujours se mesurer par celle de nos conceptions. Infiniment variée dans ses effets, la nature n'est simple que dans ses causes, et son économie consiste à produire un grand nombre de phénomènes souvent très-compliqués, au moyen d'un petit nombre de loix générales. La figure de la terre est un résultat de ces loix qui, modifiées par mille circonstances, peuvent l'écarter sensiblement de la sphère. De petites variations observées dans la grandeur des degrés en France, indiquoient ces écarts ; mais les erreurs inévitables des observations, laissoient des doutes sur cet intéressant phénomène, et l'Académie des Sciences, dans le sein de laquelle cette grande question fut vivement agitée, jugea avec raison, que la différence des degrés terrestres, si elle étoit réelle, se manifesteroit principalement dans la comparaison des degrés mesurés à l'équateur et vers les pôles. Elle envoya des académiciens à l'équateur même, et ils y trouvèrent le degré du méridien, égal à 99552me,3, plus petit de 465me,6, que le degré correspondant à 51°$\frac{1}{3}$ de hauteur du pôle ; d'autres académiciens se transportèrent au nord, à 73°,7 environ, de hauteur du pôle, et le degré du méridien y fut observé de 100696me,0, plus grand de 1143me,7, qu'à l'équateur. Ainsi, l'accroissement des degrés des méridiens, de l'équateur aux pôles, fut incontestablement prouvé par ces mesures, et il fut reconnu que la terre n'est pas exactement sphérique.

Ces voyages fameux des académiciens français, ayant dirigé vers cet objet, l'attention des observateurs ; de nouveaux degrés des méridiens furent mesurés en Italie, en Allemagne, en Afrique et en Pensylvanie. Toutes ces mesures concourent à indiquer un accroissement dans les degrés, de l'équateur aux pôles.

L'ellipse étant, après le cercle, la plus simple des courbes rentrantes ; on regarda la terre, comme un solide formé par la révolution d'une ellipse autour de son petit axe. Son applatissement dans le sens des pôles, est une suite nécessaire de l'accroissement observé des degrés des méridiens, de l'équateur aux pôles. Les rayons de ces degrés étant dans la direction de la pesanteur, ils sont, par la loi de l'équilibre des fluides, perpendiculaires à la surface des mers dont la terre est, en grande partie, recouverte. Ils n'aboutissent pas, comme dans la sphère, au centre de l'ellipsoïde ; ils n'ont ni la même direction, ni la même grandeur que les rayons menés de ce centre à la surface, et qui la coupent obliquement, par-tout ailleurs qu'à l'équateur et aux pôles. La rencontre de deux verticales voisines, situées sous le même méridien, est le centre du petit arc terrestre qu'elles comprennent entr'elles : si cet arc étoit une droite, ces verticales seroient parallèles, ou ne se rencontreroient qu'à une distance infinie ; mais à mesure qu'on le courbe, elles se

rencontrent à une distance d'autant moindre, que sa courbure devient plus grande ; ainsi, l'extrémité du petit axe étant le point où
l'ellipse approche le plus de se confondre avec une ligne droite, le
rayon du degré du pôle, et par conséquent, ce degré lui-même, est
le plus considérable de tous. C'est le contraire, à l'extrémité du
grand axe de l'ellipse, à l'équateur où la courbure étant la plus
grande, le degré dans le sens du méridien, est le plus petit. En allant
du second au premier de ces extrêmes, les degrés vont en augmentant ; et si l'ellipse est peu applatie, leur accroissement est à très-
peu près proportionnel au quarré du sinus de la hauteur du pôle
sur l'horizon.

La mesure de deux degrés, dans le sens du méridien, suffit pour
déterminer les deux axes de l'ellipse génératrice, et par conséquent,
la figure de la terre supposée elliptique. Si cette hypothèse est celle
de la nature, on doit trouver à-peu-près le même rapport entre ces
axes, en comparant, deux à deux, les degrés de France, du nord
et de l'équateur ; mais leur comparaison donne, à cet égard, des
différences qu'il est difficile d'attribuer aux seules erreurs des
observations. On nomme *applatissement* ou *ellipticité* d'un sphéroïde elliptique, l'excès de l'axe de l'équateur sur celui du pôle,
pris pour unité ; or, les degrés du nord et de France donnent $\frac{1}{146}$
pour l'ellipticité de la terre, que les degrés de France et de l'équateur, donnent égale à $\frac{1}{334}$; il paroît donc que la terre est sensiblement différente d'un ellipsoïde. Il y a même lieu de croire qu'elle
n'est pas un solide de révolution, et que ses deux hémisphères ne
sont pas semblables de chaque côté de l'équateur. Le degré mesuré
par La Caille au Cap de Bonne-Espérance à 37°,01 de hauteur du
pôle austral, a été trouvé de 100050me,5 ; il surpasse celui que l'on
a mesuré en Pensylvanie à 43°,56 de hauteur du pôle boréal, et
dont la longueur n'est que de 99789me,1 ; il est encore plus grand que
le degré mesuré en Italie, à 47°,80 de hauteur du pôle, et dont la
longueur est de 99948me,7 ; il surpasse même le degré de France à
51°$\frac{1}{3}$ de hauteur du pôle ; et cependant, le degré du Cap devroit être
plus petit que tous ces degrés, si la terre étoit un solide régulier de
révolution, formé de deux hémisphères semblables ; tout nous porte

donc à croire que cela n'est pas. Voyons quelle est alors la nature des méridiens terrestres.

Le méridien céleste, que déterminent les observations astronomiques, est formé par un plan qui passe par l'axe du monde, et par le zénith de l'observateur; puisque ce plan coupe en parties égales, les arcs des parallèles à l'équateur, que les étoiles décrivent sur l'horizon. Tous les lieux de la terre qui ont leur zénith sur la circonférence de ce méridien, forment le méridien terrestre correspondant. Vu l'immense distance des étoiles, les verticales élevées de chacun de ces lieux, peuvent être censées parallèles au plan du méridien céleste; on peut donc définir le méridien terrestre, une courbe formée par la jonction des pieds de toutes les verticales parallèles au plan du méridien céleste. Cette courbe est toute entière dans ce plan, lorsque la terre est un solide de révolution; dans tout autre cas, elle s'en écarte, et généralement, elle est une de ces lignes que les géomètres ont nommées *courbes à double courbure*.

Le méridien terrestre n'est pas exactement la ligne que déterminent les mesures trigonométriques, dans le sens du méridien céleste. Le premier côté de la ligne mesurée, est tangent à la surface de la terre, et parallèle au plan du méridien céleste. Si l'on prolonge ce côté jusqu'à la rencontre d'une verticale infiniment voisine, et qu'ensuite on plie ce prolongement jusqu'au pied de la verticale; on formera le second côté de la courbe, et ainsi des autres. La ligne ainsi tracée est la plus courte que l'on puisse mener sur la surface de la terre, entre deux points quelconques pris sur cette ligne; elle n'est pas dans le plan du méridien céleste, et ne se confond avec le méridien terrestre, que dans le cas où la terre est un solide de révolution; mais la différence entre la longueur de cette ligne et celle de l'arc correspondant du méridien terrestre, est si petite, qu'elle peut être négligée sans erreur sensible.

La figure de la terre étant fort compliquée; il importe d'en multiplier les mesures dans tous les sens, et dans le plus grand nombre de lieux qu'il est possible. On peut toujours, à chaque point de sa surface, concevoir un ellipsoïde osculateur qui se confonde sensiblement avec elle, dans une petite étendue autour du point d'osculation. Des arcs terrestres mesurés dans le sens des méridiens, et

H

dans des directions qui leur soient perpendiculaires, comparés aux observations des hauteurs du pôle, et des angles que les directions des extrémités de ces arcs forment avec leurs méridiens respectifs, feront connoître la nature et la position de cet ellipsoïde qui peut n'être pas un solide de révolution, et qui varie sensiblement à de grandes distances. Les opérations que Delambre et Mechain viennent d'exécuter en France, pour avoir la longueur du mètre, déterminent à très-peu près l'ellipsoïde osculateur de cette partie de la surface terrestre. Ils ont observé la hauteur du pôle, non-seulement aux deux extrémités de l'arc, mais encore à trois points intermédiaires : les observations astronomiques et trigonométriques ont été faites au moyen de cercles répétiteurs qui donnent une grande précision dans la mesure des angles. Deux bases de plus de douze mille mètres, ont été mesurées l'une près de Melun, l'autre près de Perpignan, par un procédé nouveau qui ne laisse aucune incertitude ; et, ce qui confirme la justesse de toutes les opérations, c'est que la base de Perpignan conclue de celle de Melun, par la chaîne des triangles qui les unissent, ne diffère pas d'un tiers de mètre, de sa mesure, quoique la distance qui sépare ces deux bases, surpasse neuf cent mille mètres. Voici les principaux résultats de cette grande opération :

Hauteurs du pôle observées.		Arc du méridien terrestre compris entre Montjoui, et	
Montjoui.	45°,9582281		
Carcassonne.	48 ,016790	.... Carcassonne.	205621me,3 ʲ·
Évaux.	51 ,309414	.... Évaux.	534714 ,5
Panthéon à Paris.	54 ,274614	.... Panthéon. . .	831536 ,4
Dunkerque.	56 ,706944	.... Dunkerque. .	1075058 ,5

La comparaison de ces résultats, indique évidemment, une diminution dans les degrés terrestres du pôle à l'équateur ; mais la loi de cette diminution paroît fort irrégulière : cependant, si l'on cherche l'ellipsoïde qui approche le plus de satisfaire à ces mesures ; on trouve que pour les représenter dans cette hypothèse, il suffit d'altérer d'environ quatre secondes et demie, les hauteurs observées du pôle. L'applatissement de l'ellipsoïde est alors $\frac{1}{110}$; le demi-axe de pôle, parallèle à celui de la terre est de 6344011me, et le degré correspondant au parallèle moyen est de 99983me,7. Une erreur de quatre secondes et demie, quoique très-petite, n'est pas admissible, vu la grande précision des observations ; mais on peut au moins, considérer cet ellipsoïde, comme osculateur de la surface de la terre en France, à 51° de hauteur du pôle, et supposer qu'il se confond sensiblement avec elle, dans une étendue de cinq ou six degrés autour du point d'osculation. Il donne 100716me,9 pour le degré perpendiculaire au méridien, à 56°,3144 de hauteur du pôle ; et par une opération très-exacte faite nouvellement en Angleterre, on l'a trouvé de 100700me,5. Cet accord prouve que l'action des Pyrénées et des autres montagnes qui sont au midi de la France, n'a influé que très-peu sur les hauteurs du pôle, observées à Evaux, Carcassonne et Montjoui, et que le grand applatissement de l'ellipsoïde osculateur tient à des attractions beaucoup plus étendues dont l'effet est sensible au nord comme au midi de la France, et même en Angleterre, en Italie et en Autriche ; car les degrés que l'on y a mesurés avec soin, sont à très-peu près les mêmes que sur cet ellipsoïde. Il y a donc lieu de présumer que si l'on étend jusqu'à l'île de Cabrera, l'arc mesuré depuis Dunkerque jusqu'à Montjoui ; le degré correspondant au parallèle moyen qui résultera de cette mesure, ne surpassera pas cent mille mètres. L'arc total compris entre cette île et Dunkerque, étant partagé en deux parties à-peu-près égales, par ce parallèle ; la longueur du quart de méridien, conclue de cet arc, devient indépendante de toute hypothèse sur l'applatissement de la terre ; Mechain avoit en conséquence, proposé de joindre Cabrera à Montjoui, et il avoit déjà tout préparé pour cette nouvelle mesure ; mais les événemens ne lui ont pas permis de l'achever : espérons que des circonstances favorables permettront bientôt de la reprendre.

Il paroît par les directions observées des côtés de l'arc mesuré depuis Dunkerque jusqu'à Montjoui, que l'ellipsoïde osculateur n'est pas exactement un solide de révolution ; mais on aura sur cet objet, des notions plus certaines, si, comme il est à desirer, on mesure dans la plus grande largeur de la France, une perpendiculaire à la méridienne de l'Observatoire, avec les mêmes moyens dont on vient de faire usage pour la mesure de la méridienne, et si l'on détermine avec précision, sur divers points de cette perpendiculaire, la latitude et la direction de ses côtés par rapport à leurs méridiens respectifs.

Quelle que soit la nature des méridiens terrestres; par cela seul que leurs degrés vont en diminuant, des pôles à l'équateur; la terre est applatie dans le sens de ses pôles, c'est-à-dire, que l'axe des pôles est moindre que le diamètre de l'équateur. Pour le faire voir, supposons que la terre soit un solide de révolution, et représentons-nous le rayon du degré du pôle boréal, et la suite de tous ces rayons depuis le pôle jusqu'à l'équateur, rayons qui, par la supposition, diminuent sans cesse. Il est visible que ces rayons forment par leurs intersections consécutives, une courbe qui, d'abord tangente à l'axe du pôle, s'en écarte en tournant vers lui, sa convexité, et en s'élevant vers le pôle, jusqu'à ce que le rayon du degré du méridien, prenne une direction perpendiculaire à la première; alors, il est dans le plan de l'équateur. Si l'on conçoit le rayon du degré polaire, flexible, et enveloppant successivement les arcs de la courbe que nous venons de considérer; son extrémité décrira le méridien terrestre, et sa partie interceptée entre le méridien et la courbe, sera le rayon correspondant du degré du méridien : cette courbe est ce que les géomètres nomment *développée* du méridien. Considérons maintenant, comme le centre de la terre, l'intersection du diamètre de l'équateur et de l'axe du pôle; la somme des deux tangentes à la développée du méridien, menées de ce centre, la première, suivant l'axe du pôle, et la seconde, suivant le diamètre de l'équateur, sera plus grande que l'arc de la développée qu'elles comprennent entr'elles : or le rayon mené du centre de la terre, au pôle boréal, est égal au rayon du degré polaire, moins la première tangente; le demi-diamètre de l'équateur est égal au rayon du degré du méridien de l'équateur, plus la seconde tangente; l'excès du demi-diamètre de l'équateur sur le rayon terrestre du pôle, est donc égal à la somme de ces tangentes, moins l'excès du rayon du degré polaire, sur le rayon du degré du méridien à l'équateur; ce dernier excès est l'arc même de la développée, arc qui est moindre que la somme des tangentes extrêmes ; donc l'excès du demi-diamètre de l'équateur, sur le rayon mené du centre de la terre, au pôle boréal, est positif. On prouvera de même, que l'excès du demi-diamètre de l'équateur, sur le rayon mené du centre de la terre, au pôle austral, est positif; l'axe entier des pôles est donc moindre que le diamètre de l'équateur, ou, ce qui revient au même, la terre est applatie dans le sens des pôles.

En considérant chaque partie du méridien, comme un arc très-petit de sa circonférence osculatrice; il est facile de voir que le rayon mené du centre de la terre, à l'extrémité de l'arc, la plus voisine du pôle, est plus petit que le rayon mené du même centre, à l'autre extrémité ; d'où il suit que les rayons terrestres vont en croissant, des pôles à l'équateur, si, comme toutes les observations l'indiquent, les degrés du méridien augmentent de l'équateur aux pôles.

La différence des rayons des degrés du méridien, au pôle et à l'équateur, est égale à la différence des rayons terrestres correspondans, plus à l'excès du double de la développée, sur la somme des deux tangentes extrêmes, excès qui est évidemment positif; ainsi, les degrés des méridiens croissent de l'équateur aux pôles, dans un plus grand rapport que celui de la diminution des rayons terrestres.

Il est clair que ces démonstrations ont encore lieu, dans le cas où les deux hémisphères boréal et austral, ne seroient pas égaux et semblables, et il est facile de les étendre au cas où la terre ne seroit pas un solide de révolution; mais il est remarquable que les observations faites dans l'hémisphère boréal, donnent la développée du méridien depuis quarante-trois jusqu'à soixante et treize degrés de hauteur du pôle, très-peu différente de celle d'un ellipsoïde dont l'applatissement est $\frac{1}{150}$, et dont le degré moyen est de 99983me,7 ; car cet ellipsoïde satisfait à fort peu près, aux mesures faites nouvellement en France, aux degrés mesurés en Italie et en Laponie ; et à celui que l'on vient de mesurer en Angleterre, perpendiculairement au méridien. Il représente encore le degré du méridien mesuré en Autriche à 53°,1, de hauteur du pôle, et que Liesganig a trouvé de 100114me,2. Enfin il satisfait au degré de longitude, mesuré en France à 48°,4, de hauteur du pôle, et dont Cassini et La Caille ont fixé la longueur à 73003me,5.

On a élevé des principaux lieux de la France, sur la ligne que l'on a regardée comme la méridienne de l'Observatoire de Paris, des courbes tracées de la même manière que cette ligne, avec cette différence, que le premier côté toujours tangent à la surface de la terre, au lieu d'être parallèle au plan du méridien céleste de l'Observatoire de Paris, lui est perpendiculaire. C'est par la longueur de ces courbes, et par la distance de l'Observatoire, aux points où elles rencontrent la méridienne, que les positions de ces lieux ont été déterminées. Ce travail, le plus utile que l'on ait fait en géographie, est un modèle que les nations éclairées s'empressent d'imiter.

On ne peut lier ainsi, les uns aux autres, que des objets peu éloignés entr'eux : pour fixer les positions respectives des lieux séparés par de grandes distances et par les mers, il faut recourir aux observations célestes. La connoissance de ces positions, est un des plus grands avantages que l'astronomie nous ait procurés. Pour y parvenir, on a suivi la méthode dont on avoit fait usage pour former le catalogue des étoiles, en concevant sur la surface terrestre, des cercles semblables à ceux que l'on avoit imaginés à la surface du ciel. Ainsi, l'axe de l'équateur céleste traverse la surface de la terre, dans deux points diamétralement opposés, qui ont chacun, à leur zénith, ur des pôles du monde, et que l'on peut considérer comme les pôles de la terre. L'intersection du plan de l'équateur céleste avec cette surface, est une circonférence qui peut être regardée comme l'équateur terrestre ; les intersections de tous les plans des méridiens célestes, avec la même surface, sont autant de lignes courbes qui se réunissent aux pôles, et qui sont les méridiens terrestres correspondans, si la terre est un solide de révolution, ce que l'on peut supposer en géographie, sans erreur sensible. Enfin, de petites circonférences tracées de l'équateur aux pôles sur la terre, parallèlement à l'équateur, sont les parallèles terrestres, et celui d'un lieu quelconque, répond au parallèle céleste qui passe par son zénith.

La position d'un lieu sur la terre, est déterminée par sa distance à l'équateur, ou par l'arc du méridien terrestre, compris entre son parallèle et l'équateur, et par l'angle que forme son méridien, avec un premier méridien dont la position est arbitraire, et auquel on rapporte tous les autres. La distance à l'équateur, dépend de l'angle compris entre le zénith et l'équateur céleste, et cet angle est évidemment égal à la hauteur du pôle sur l'horizon; cette hauteur est ce que l'on nomme *latitude* en géographie. La *longitude* est l'angle que le méridien d'un lieu fait avec le premier méridien; c'est l'arc de l'équateur, compris entre les deux méridiens. Elle est orientale ou occidentale, suivant que le lieu est à l'orient ou à l'occident du premier méridien.

L'observation de la hauteur du pôle donne la latitude : la longitude se détermine au moyen d'un phénomène céleste observé à-la-fois sur les méridiens dont on cherche la position respective. L'instant du midi n'est pas le même sur ces méridiens; si celui d'où l'on compte les longitudes, est à l'orient de celui dont on cherche la longitude, le soleil y parviendra plutôt au méridien céleste; si, par exemple, l'angle formé par les méridiens terrestres, est le quart de la circonférence, la différence entre les instans du midi, sur ces méridiens, sera le quart du jour. Supposons donc que sur chacun d'eux, on observe un phénomène qui arrive au même instant physique pour tous les lieux de la terre, tel que le commencement ou la fin d'une éclipse de lune, ou des satellites de Jupiter; la différence des heures que compteront les observateurs, au moment du phénomène, sera au jour entier, comme l'angle formé par les deux méridiens, est à la circonférence. Les éclipses de soleil, et les occultations des étoiles par la lune, fournissent des moyens plus exacts, pour avoir les longitudes, par la précision avec laquelle on peut observer le commencement et la fin de ces phénomènes; ils n'arrivent pas, à la vérité, au même instant physique, pour tous les lieux de la terre; mais les élémens du mouvement lunaire sont suffisamment connus, pour tenir exactement compte de cette différence.

Il n'est pas nécessaire, pour déterminer la longitude d'un lieu, que le phénomène céleste observé, le soit en même temps sous le premier méridien; il suffit qu'on l'observe sous un méridien dont la position avec le premier méridien, soit connue. C'est ainsi qu'en liant les méridiens, les uns aux autres; on est parvenu à déterminer la position des points les plus éloignés sur la terre.

Déjà, les longitudes et les latitudes d'un grand nombre de lieux, ont été déterminées par des observations astronomiques ; de grandes erreurs sur la situation et l'étendue des pays anciennement connus, ont été corrigées; on a fixé la position des nouvelles contrées que l'intérêt du commerce et l'amour des sciences, ont fait découvrir; mais quoique les voyages entrepris dans ces derniers temps, aient considérablement accru nos connoissances géographiques, il reste beaucoup à découvrir encore. L'intérieur de l'Afrique renferme des pays immenses entièrement inconnus; nous n'avons que des relations incertaines et souvent contradictoires, sur beaucoup d'autres à l'égard desquels la géographie livrée, jusqu'ici, au hasard des conjectures, attend de nouvelles lumières, de l'astronomie, pour fixer irrévocablement, leur position.

C'est principalement au navigateur, lorsqu'au milieu des mers, il n'a pour guide, que les astres et sa boussole; qu'il importe de connoître sa position, celle des lieux où il doit aborder, et des écueils qui se rencontrent sur sa route. Il peut aisément connoître sa latitude, par l'observation des astres; mais le ciel, en vertu de son mouvement diurne, se présentant dans un jour, à-peu-près de la même manière, à tous les points de son parallèle; il est difficile au navigateur, de fixer le point auquel il répond. Pour suppléer aux observations célestes, il mesure sa vîtesse et la direction de son mouvement; il en conclut sa marche dans le sens des parallèles, et en la comparant avec ses latitudes observées, il détermine sa longitude relativement au lieu de son départ. L'inexactitude de cette méthode, l'expose à des erreurs qui peuvent lui devenir funestes, quand il s'abandonne aux vents, pendant la nuit, près des côtes ou des bancs dont il se croit encore éloigné par son estime. C'est pour le mettre à l'abri de ces dangers, qu'aussi-tôt que les progrès des arts et de l'astronomie ont pu faire espérer des méthodes pour avoir les longitudes à la mer; les nations commerçantes se sont empressées de diriger par de puissans encouragemens, les vues des savans et des artistes, sur cet important objet. Leurs vœux ont été remplis par l'invention des montres marines, et par l'exactitude à laquelle on a porté les tables et les observations du mouvement lunaire ; deux moyens bons en eux-mêmes, et qui deviennent encore meilleurs, en se prêtant un mutuel appui.

Une montre bien réglée dans un port dont la position est connue, et qui, transportée sur un vaisseau, conserveroit la même marche, indiqueroit, à chaque instant, l'heure que l'on compte dans ce port. En la comparant à celle que l'on observe à la mer ; le rapport de la différence de ces heures, au jour entier, seroit, comme on l'a vu, celui de la différence des longitudes correspondantes, à la circonférence. Mais il étoit difficile d'avoir de pareilles montres ; les mouvemens irréguliers du vaisseau, les variations de la température, et les frottemens inévitables et très-sensibles dans des machines aussi délicates, étoient autant d'obstacles qui s'opposoient à leur exactitude. On est heureusement parvenu à les vaincre, et à exécuter des montres qui, pendant plusieurs mois, conservent une marche à très-peu près uniforme, et qui, par-là, donnent le moyen le plus simple d'avoir les longitudes à la mer ; et comme ce moyen est d'autant plus précis, que le temps pendant lequel on emploie ces montres, sans vérifier leur marche, est plus court ; elles sont très-utiles pour déterminer la position respective des lieux fort voisins ; elles ont même, à cet égard, quelqu'avantage sur les observations astronomiques dont la précision n'est point augmentée par le peu d'éloignement des observateurs.

Les éclipses des satellites de Jupiter, qui se renouvellent fréquemment, offriroient au navigateur, un moyen facile de connoître sa longitude, s'il pouvoit les observer à la mer ; mais les tentatives que l'on a faites pour vaincre les difficultés qu'opposent à ce genre d'observations, les mouvemens du vaisseau, ont été jusqu'à présent infructueuses. La navigation et la géographie ont cependant retiré de grands avantages, de ces éclipses, et sur-tout de celles du premier satellite, dont on peut observer avec précision, le commencement ou la fin. Le navigateur les emploie avec succès dans ses relâches : il a besoin, à la vérité, de connoître l'heure à laquelle la même éclipse qu'il observe, seroit vue sous un méridien connu ; puisque la différence des heures que l'on compte sur les méridiens, au moment de l'observation, est ce qui détermine

I

la différence de leurs longitudes : mais les tables du premier satellite de Jupiter, considérablement perfectionnées de nos jours, donnent les instans de ses éclipses, avec une précision presqu'égale à celle des observations mêmes.

L'extrême difficulté d'observer sur mer, ces éclipses, a forcé de recourir aux autres phénomènes célestes, parmi lesquels le mouvement de la lune est le seul que l'on puisse faire servir à la détermination des longitudes terrestres. La position de la lune, telle qu'on l'observeroit du centre de la terre, peut aisément se conclure de la mesure de ses distances angulaires au soleil ou aux étoiles ; les tables de son mouvement donnent ensuite l'heure que l'on compte sur le premier méridien, lorsque l'on y observe la même position ; et le navigateur, en la comparant à l'heure qu'il compte sur le vaisseau, au moment de son observation, détermine sa longitude, par la différence de ces heures.

Pour apprécier l'exactitude de cette méthode ; on doit considérer qu'en vertu de l'erreur de l'observation, le lieu de la lune, déterminé par l'observateur, ne répond pas exactement à l'heure désignée par son horloge ; et qu'en vertu de l'erreur des tables, ce même lieu ne se rapporte pas à l'heure correspondante qu'elles indiquent sur le premier méridien ; la différence de ces heures n'est donc pas celle que donneroient une observation et des tables rigoureuses. Supposons que l'erreur commise sur cette différence, soit d'une minute ; dans cet intervalle, quarante minutes de l'équateur, passent au méridien ; c'est l'erreur correspondante sur la longitude du vaisseau, et qui, à l'équateur, est d'environ quarante mille mètres ; mais elle est moindre sur les parallèles : d'ailleurs, elle peut être diminuée par des observations multipliées des distances de la 'une au soleil et aux étoiles, et répétées pendant plusieurs jours, pour compenser et détruire les unes par les autres, les erreurs de l'observation et des tables.

Il est visible que les erreurs sur la longitude, correspondantes à celles des tables et de l'observation, sont d'autant moindres, que le mouvement de l'astre est plus rapide ; ainsi, les observations de la lune périgée, sont, à cet égard, préférables à celles de la lune apogée. Si l'on employoit le mouvement du soleil, treize fois environ, plus

lent que celui de la lune; les erreurs sur la longitude seroient treize
fois plus grandes; d'où il suit que de tous les astres, la lune est le
seul dont le mouvement soit assez prompt pour servir à la détermination des longitudes à la mer: on voit donc combien il étoit utile
d'en perfectionner les tables.

Un phénomène très-remarquable, dont nous devons la connoissance aux voyages astronomiques, est la variation de la pesanteur
à la surface de la terre. Cette force singulière anime dans le même
lieu, tous les corps, proportionnellement à leurs masses, et tend à
leur imprimer, dans le même temps, des vîtesses égales. Il est
impossible au moyen d'une balance, de reconnoître ses variations;
puisqu'elles affectent également le corps que l'on pèse, et le poids
auquel on le compare; mais les observations du pendule sont propres
à les faire découvrir; car il est clair que ses oscillations doivent
être plus lentes dans les lieux où la pesanteur est moindre. Cet
instrument dont l'application aux horloges, a été l'une des principales causes des progrès de l'astronomie moderne, et de la géographie, consiste dans un corps suspendu à l'extrémité d'un fil ou
d'une verge mobile autour d'un point fixe placé à l'autre extrémité.
On écarte un peu l'instrument, de sa situation verticale; en l'abandonnant ensuite à l'action de la pesanteur, il fait de petites oscillations qui sont à très-peu près de la même durée, malgré la différence
des arcs décrits. Cette durée dépend de la grandeur et de la figure
du corps suspendu, de la masse et de la longueur de la verge; mais
les géomètres ont trouvé des règles générales pour déterminer par
l'observation des oscillations d'un pendule composé, de figure quelconque, la longueur d'un pendule dont les oscillations auroient une
durée connue, et dans lequel la masse de la verge seroit supposée
nulle relativement à celle du corps considéré comme un point
infiniment dense. C'est à ce pendule idéal, nommé *pendule simple*,
que l'on a rapporté toutes les expériences du pendule, faites dans
les divers lieux de la terre.

Richer envoyé en 1672 à Cayenne, par l'Académie des Sciences,
pour y faire des observations astronomiques, trouva que son horloge réglée à Paris, sur le temps moyen, retardoit, chaque jour,
à Cayenne, d'une quantité sensible. Cette intéressante observation

donna la première preuve directe de la diminution de la pesanteur, à l'équateur; elle a été répétée avec beaucoup de soin, dans un grand nombre de lieux, en tenant compte de la résistance et de la température de l'air. Il résulte de toutes les mesures observées du pendule à secondes, qu'il augmente de l'équateur aux pôles, ainsi que les degrés des méridiens, et que son accroissement qui, sous le pôle, même, est égal à cinq cent soixante et sept cent millièmes de la pesanteur à l'équateur, est proportionnel au quarré du sinus de la latitude.

Borda, par une expérience très-exacte, a trouvé récemment, que la longueur du pendule à secondes, à l'Observatoire de Paris, et réduite au vide, est de $0^{me},741887$; d'où il suit que sa longueur, en France, sur le parallèle de $50°$, est égale à $0^{me},741606$, et qu'ainsi le pendule simple de la longueur du mètre, feroit 86116,5 oscillations dans un jour. Ces résultats qui sont très-exacts, et la mesure du degré du méridien, correspondant au même parallèle, serviront à retrouver nos mesures, si par la suite des temps, elles viennent à s'altérer.

On a remarqué encore, au moyen du pendule, une petite diminution dans la pesanteur, au sommet des hautes montagnes. Bouguer a fait sur cet objet, un grand nombre d'expériences, au Pérou; il a trouvé que la pesanteur à l'équateur, et au niveau de la mer, étant exprimée par l'unité; elle est 0,999249 à Quito élevé de 2857me au-dessus de ce niveau, et 0,998816 sur le sommet du Pichincha, à 4744me de hauteur. Cette diminution de la pesanteur, à des hauteurs toujours très-petites relativement au rayon terrestre, donne lieu de soupçonner que cette force diminue considérablement, à de grandes distances du centre de la terre.

Je dois, à l'occasion des observations du pendule, appeler l'attention des physiciens, sur les deux objets suivans : l'un est la petite résistance que les corps en changeant de température, m'ont paru opposer à leur changement de volume, à-peu-près comme l'eau résiste à sa conversion en glace, et peut se maintenir à la température de plusieurs degrés au-dessous de zéro. Il suffit alors de l'agiter pour la rendre solide : de même, dans les nombreuses expériences sur la dilatation des corps, que j'ai faites avec Lavoisier, nous avons eu besoin, quelquefois, de leur donner une légère secousse, pour leur faire prendre l'état qui convenoit à leur température. Le second objet est relatif aux pendules invariables dont on se sert pour déterminer les différences de la pesanteur dans les divers lieux de la terre. Si la verge du pendule est d'acier, il est à craindre que l'effet du magnétisme terrestre ne se complique avec celui de la pesanteur; et comme il s'agit d'apprécier de très-petites quantités, dans ces expériences; il importe de s'assurer que cet effet est insensible.

Les observations du pendule à secondes, en fournissant une longueur invariable et facile à retrouver dans tous les temps, ont fait naître l'idée de l'employer comme mesure universelle. On ne peut voir le nombre prodigieux de mesures en usage, non-seulement chez les différens peuples, mais dans la même nation; leurs divisions bizarres et incommodes pour les calculs; la difficulté de les connoître et de les comparer; enfin, l'embarras et les fraudes qui en résultent dans le commerce; sans regarder comme l'un des plus grands services que les sciences et les gouvernemens puissent rendre à l'humanité, l'adoption d'un système de mesures, dont les divisions uniformes se prêtent le plus facilement au calcul, et qui dérive de la manière la moins arbitraire, d'une mesure fondamentale indiquée par la nature elle-même. Un peuple qui se donneroit un semblable système de mesures, réuniroit à l'avantage d'en recueillir les premiers fruits, celui de voir son exemple suivi par les autres peuples dont il deviendroit ainsi le bienfaiteur; car l'empire lent, mais irrésistible de la raison, l'emporte à la longue, sur les jalousies nationales et sur tous les obstacles qui s'opposent au bien d'une utilité généralement sentie. Tels furent les motifs qui déterminèrent l'assemblée constituante, à charger de cet important objet, l'Académie des Sciences. Le nouveau système des poids et mesures est le résultat du travail de ses commissaires secondés par le zèle et les lumières de plusieurs membres de la représentation nationale.

L'identité du calcul décimal et de celui des nombres entiers, ne laisse aucun doute sur les avantages de la division de toutes les espèces de mesures, en parties décimales; il suffit, pour s'en convaincre, de comparer la difficulté des multiplications et des divisions complexes, avec la facilité des mêmes opérations sur les nombres entiers, facilité qui devient plus grande encore, au moyen des loga-rithmes dont on peut rendre, par des instrumens simples et peu coûteux, l'usage extrêmement populaire. On ne balança donc point à adopter la division décimale, et pour mettre de l'uniformité dans le systême entier des mesures, on résolut de les dériver toutes, d'une même mesure linéaire, et de ses divisions décimales. La ques-tion fut ainsi réduite au choix de cette mesure universelle à laquelle on donna le nom de *mètre*.

La longueur du pendule, et celle du méridien, sont les deux moyens principaux qu'offre la nature, pour fixer l'unité des mesures linéaires. Indépendans l'un et l'autre, des révolutions morales, ils ne peuvent éprouver d'altération sensible, que par de très-grands changemens dans la constitution physique de la terre. Le premier moyen, d'un usage facile, a l'inconvénient de faire dépendre la mesure de la distance, de deux élémens qui lui sont hétérogènes, la pesanteur et le temps dont la division est d'ailleurs, arbitraire. On se détermina donc pour le second moyen qui paroît avoir été employé dans la plus haute antiquité; tant il est naturel à l'homme, de rapporter les mesures itinéraires, aux dimensions même du globe qu'il habite, en sorte qu'en se transportant sur ce globe, il connoisse par la seule dénomination de l'espace parcouru, le rapport de cet espace, au circuit entier de la terre. On trouve encore à cela, l'avantage de faire correspondre les mesures nautiques avec les mesures célestes. Souvent le navigateur a besoin de déter-miner l'un par l'autre, le chemin qu'il a décrit, et l'arc céleste compris entre les zénith du lieu de son départ et de celui où il est arrivé; il est donc intéressant que l'une de ces mesures soit l'ex-pression de l'autre, à la différence près de leurs unités. Mais pour cela, l'unité fondamentale des mesures linéaires, doit être une partie aliquote du méridien terrestre, qui corresponde à l'une des divi-sions de la circonférence; ainsi, le choix du mètre fut réduit à celui de l'unité des angles.

L'angle droit est la limite des inclinaisons d'une ligne sur un plan, et de la hauteur des objets sur l'horizon : d'ailleurs, c'est dans le premier quart de la circonférence, que se forment les sinus, et généralement toutes les lignes que la trigonométrie emploie, et dont les rapports avec le rayon, ont été réduits en tables; il étoit donc naturel de prendre l'angle droit, pour l'unité des angles, et le quart de la circonférence, pour l'unité de leur mesure. On le divisa en parties décimales, et pour avoir des mesures correspondantes sur la terre, on divisa dans les mêmes parties, le quart du méridien terrestre, ce qui a été fait dans des temps fort anciens; car la mesure de la terre citée par Aristote, et dont l'origine est inconnue, donne cent mille stades au quart du méridien. Il ne s'agissoit plus que d'avoir exactement sa longueur. Ici, se présentoient plusieurs questions que l'ignorance où nous sommes, de la vraie figure de la terre, ne nous permet pas de résoudre. La terre est-elle un sphéroïde de révolution? Ses deux hémisphères sont-ils égaux et semblables de chaque côté de l'équateur? Quel est le rapport d'un arc du méridien, mesuré à une latitude donnée, au méridien entier? Dans les hypothèses les plus naturelles sur la constitution du sphéroïde terrestre, la différence des méridiens est insensible, et le degré décimal coupé dans son milieu, par le parallèle moyen entre le pôle boréal et l'équateur, est la centième partie du quart du méridien. L'erreur de ces hypothèses, si elle existe, ne peut influer que sur les distances géographiques où elle n'est d'aucune importance; on pouvoit donc conclure la grandeur du quart du méridien, de celle de l'arc qui traverse la France, depuis Dunkerque jusqu'aux Pyrénées, et qui fut mesuré en 1740 par les académiciens français. Mais une nouvelle mesure d'un arc plus grand, faite avec des moyens plus précis, devant inspirer en faveur du nouveau systême des poids et mesures, un intérêt propre à le répandre; on résolut de mesurer l'arc du méridien terrestre, compris entre Dunkerque et Barcelone. Les opérations que Delambre et Mechain viennent de faire, ont donné cet arc dont l'amplitude est de 10°,748663, égal à cinquante-cinq millions cent cinquante-huit mille quatre cent soixante et douze centièmes de la toise de fer qui a servi à l'équateur, prise à la température de 16°$\frac{1}{4}$. Le milieu de l'arc étant d'un degré et un tiers, plus au nord que le parallèle moyen; on ne peut pas déterminer par cette mesure, le quart du méridien, sans adopter une hypothèse sur l'ellipticité de la terre : celle qui résulte de l'arc mesuré en France, comparé à celui du Pérou, a paru mériter la préférence, par la grandeur et l'éloignement de ces deux arcs, et par les soins et la réputation des observateurs. On a trouvé ainsi le quart du méridien égal à 5130740 toises. On a pris la dix millionième partie de cette longueur, pour le mètre, ou l'unité des mesures linéaires : la décimale au-dessus eût été trop grande ; la décimale au-dessous, trop petite ; et le mètre dont la longueur est de 0^{toi},513074, remplace avec avantage, la toise et l'aune, deux de nos mesures les plus usuelles.

Pour conserver la longueur du mètre, la convention nationale a décrété qu'un étalon exécuté d'après les expériences et les observations des commissaires chargés de sa détermination, seroit déposé près du corps législatif. Cet étalon que l'institut national vient de lui offrir, ne peut représenter le mètre, qu'à un degré déterminé, de température : on a choisi celui de la glace fondante, comme le plus fixe et le plus indépendant des modifications de l'atmosphère. Pour retrouver le mètre, dans tous les temps, sans être obligé de recourir à la mesure du grand arc qui l'a donné ; il importoit de fixer d'une manière très-précise, son rapport à la longueur du pendule à secondes ; et c'est dans cette vue, que Borda a déterminé de nouveau cette longueur, à l'Observatoire de Paris.

Toutes les mesures dérivent du mètre, de la manière la plus simple ; les mesures linéaires en sont des multiples et des sous-multiples décimaux.

L'unité des mesures superficielles pour le terrein, est un quarré dont le côté est de dix mètres : elle se nomme *are*.

On a nommé *stère*, une mesure égale au mètre cube, et destinée particulièrement, au bois de chauffage.

L'unité des mesures de capacité, est le cube de la dixième partie du mètre : on lui a donné le nom de *litre*.

L'unité de poids, que l'on a nommée *gramme*, est le poids absolu du cube de la centième partie du mètre, en eau distillée et considérée dans son *maximum* de densité. Par une singularité remarquable, ce *maximum* ne répond point au degré de congélation, mais au-dessus, vers quatre degrés du thermomètre. En se refroidissant au-dessous de cette température, l'eau commence à se dilater de nouveau, et se prépare ainsi à l'accroissement de volume, qu'elle reçoit dans son passage de l'état fluide à l'état solide. On a préféré l'eau, comme étant l'une des substances les plus homogènes, et celle que l'on peut amener le plus facilement, à l'état de pureté. Lefèvre-Gineau a déterminé le gramme, par une longue suite d'expériences délicates sur la pesanteur spécifique d'un cylindre creux de cuivre, dont il a mesuré le volume, avec un soin extrême : il en résulte que la livre supposée la vingt-cinquième partie de la pile de cinquante marcs, que l'on conserve à la monnoie de Paris, est au gramme, dans le rapport de 489,5058 à l'unité.

Toutes les mesures étant comparées sans cesse, à la livre monnoie, il étoit sur-tout important de la diviser en parties décimales. On lui a donné le nom de *franc* d'argent; sa dixième partie s'appelle *décime*, et sa centième partie, *centime*.

Pour faciliter le calcul de l'or et de l'argent fin, contenu dans les pièces de monnoie; on a fixé l'alliage, au dixième de leur poids, et l'on a égalé celui du franc, à cinq grammes. Ainsi, les pièces de monnoie sont des multiples exacts de l'unité de poids, ce qui est utile au commerce.

Enfin, l'uniformité du système entier des poids et mesures, a paru exiger que le jour fût divisé en dix heures, l'heure en cent minutes, la minute en cent secondes, &c. Cette division qui va devenir nécessaire aux astronomes, est moins avantageuse dans la vie civile où l'on a peu d'occasions d'employer le temps, comme multiplicateur ou comme diviseur. La difficulté de l'adapter aux horloges et aux montres, et nos rapports commerciaux en horlogerie avec les étrangers, ont fait suspendre indéfiniment son usage. On peut croire cependant qu'à la longue, la division décimale du jour, remplacera sa division actuelle qui contraste trop avec les divisions des autres mesures, pour n'être pas abandonnée.

Tel est le nouveau système des poids et mesures, que les savans ont offert à la convention nationale, qui s'est empressée de le sanctionner. Ce système fondé sur la mesure des méridiens terrestres, convient également à tous les peuples : il n'a de rapport avec la France, que par l'arc du méridien qui la traverse; mais la position de cet arc coupé par le parallèle moyen, et dont les extrémités

K

aboutissent aux deux mers, est si avantageuse; que les savans de
toutes les nations, réunis pour fixer la mesure universelle, n'eussent
point fait un autre choix. Pour multiplier les avantages de ce systême, et pour le rendre utile au monde entier; le gouvernement
français a invité les puissances étrangères, à prendre part à un
objet d'un intérêt aussi général. Plusieurs ont envoyé à Paris, des
savans distingués qui réunis aux commissaires de l'institut national,
ont déterminé par la discussion des observations et des expériences,
les unités fondamentales de poids et de longueur; en sorte que la
fixation de ces unités, doit être regardée comme un ouvrage commun aux savans qui y ont concouru, et aux peuples qu'ils ont
représentés. Il est donc permis d'espérer qu'un jour, ce systême qui
réduit toutes les mesures et leurs calculs, à l'échelle et aux opérations les plus simples de l'arithmétique décimale, sera aussi généralement adopté, que le système de numération dont il est le
complément, et qui, sans doute, eut à surmonter les mêmes obstacles
que les préjugés et les habitudes opposent à l'introduction des nouvelles mesures.

CHAPITRE XIII.

Du flux et du reflux de la mer.

Quoique la terre et les fluides qui la recouvrent, aient dû prendre depuis long-temps, l'état qui convient à l'équilibre des forces qui les animent; cependant, la figure de la mer change à chaque instant du jour, par des oscillations régulières et périodiques, connues sous le nom *de flux et de reflux de la mer*. C'est une chose vraiment étonnante, que de voir dans un temps calme et par un ciel serein, la vive agitation de cette grande masse fluide dont les flots viennent se briser avec impétuosité contre les rivages. Ce spectacle invite à la réflexion, et fait naître le desir d'en pénétrer la cause : mais pour ne pas s'égarer dans de vaines hypothèses ; il faut, avant tout, connoître les loix de ce phénomène, et le suivre dans tous ses détails.

Au commencement de ce siècle, et sur l'invitation de l'Académie des Sciences, on fit dans nos ports, un grand nombre d'observations du flux et du reflux de la mer : elles furent continuées, chaque jour, à Brest, pendant six années consécutives, et elles forment par leur nombre, et par la grandeur et la régularité des marées dans ce port, le recueil le plus complet et le plus utile que nous ayons en ce genre. Mille causes accidentelles pouvant altérer la marche de la nature, dans ces phénomènes; il est nécessaire de considérer à-la-fois un grand nombre d'observations; afin que les effets des causes passagères, venant à se compenser mutuellement, les résultats moyens ne laissent appercevoir que les effets réguliers ou constans. Il faut encore, par une combinaison avantageuse des observations, faire ressortir les phénomènes que l'on veut déterminer, et les séparer des autres, pour les mieux connoître. C'est en discutant ainsi les observations, que je suis parvenu aux résultats suivans qui ne laissent aucun doute.

K 2

La mer s'élève et s'abaisse deux fois, dans chaque intervalle de temps, compris entre deux retours consécutifs de la lune, au méridien supérieur. L'intervalle moyen de ces retours est de $1^j,035050$; ainsi, l'intervalle moyen entre deux pleines mers consécutives est de $0^j,517525$, en sorte qu'il y a des jours solaires dans lesquels on n'observe qu'une seule marée. Le moment de la basse mer, divise à-peu-près également cet intervalle : la mer emploie cependant à Brest, neuf ou dix minutes de moins, à monter qu'à descendre. Comme dans toutes les grandeurs susceptibles d'un *maximum* ou d'un *minimum*, l'accroissement et la diminution de la marée vers ces limites, sont proportionnels aux quarrés des temps écoulés depuis la haute ou la basse mer.

La hauteur de la pleine mer, n'est pas constamment la même; elle varie, chaque jour, et ses variations ont un rapport évident avec les phases de la lune; elle est la plus grande vers le temps des pleines et des nouvelles lunes; ensuite elle diminue, et devient la plus petite, vers les quadratures. A Brest, la plus haute marée n'a point lieu le jour même de la sysigie, mais un jour et demi après; en sorte que si la sysigie arrive au moment d'une pleine mer, la troisième marée qui la suit, est la plus grande. Pareillement, si la quadrature arrive au moment de la pleine mer, la troisième marée qui la suit, est la plus petite. Ce phénomène s'observe à-peu-près également dans tous les ports de France, quoique les heures des marées y soient fort différentes.

Plus la mer s'élève, lorsqu'elle est pleine, plus elle descend dans la basse mer suivante. Nous nommerons *marée totale*, la demi-somme des hauteurs de deux pleines mers consécutives, au-dessus du niveau de la basse mer intermédiaire. La valeur moyenne de cette marée totale à Brest, dans son *maximum* vers les sysigies, est de $5^{me},888$; elle est de $2^{me},789$ dans son *minimum* vers les quadratures.

La distance de la lune à la terre, influe d'une manière très-sensible, sur la grandeur des marées totales. Tout étant égal d'ailleurs, elles augmentent et diminuent avec le diamètre et la parallaxe lunaires, mais dans un plus grand rapport. Si ce diamètre croît d'un dix-huitième, la marée totale croît d'un huitième vers les sysigies,

et d'environ un quart vers les quadratures ; et comme cette marée
est à-peu-près deux fois plus grande dans le premier, que dans le
second cas; son accroissement dans ces deux cas, est le même. La
plus grande variation du diamètre de la lune, soit au-dessus, soit
au-dessous de sa valeur moyenne, étant un quinzième environ de
cette valeur; la variation correspondante de la marée totale dans
les sysigies, est $\frac{1}{20}$, de sa grandeur moyenne, ou d'environ $0^{me},883$;
ainsi, l'effet entier du changement de la distance de la lune à la terre,
est de $1^{me},766$ sur les marées totales.

Les variations de la distance du soleil à la terre influent pareillement, mais d'une manière beaucoup moins sensible, sur les marées.
Tout étant égal d'ailleurs ; en hiver, temps où le soleil est le plus
près de nous, les marées sysigies sont plus grandes, et les marées
quadratures sont plus petites qu'en été, où le soleil est le plus loin
de la terre.

Les déclinaisons du soleil et de la lune ont une influence remarquable sur les marées; elles diminuent les marées totales des sysigies, et ces marées, à Brest, sont d'environ huit dixièmes de mètre,
plus petites dans les solstices, que dans les équinoxes ; les marées
totales des quadratures sont aussi plus petites de la même quantité,
dans les équinoxes, que dans les solstices.

C'est principalement vers les *maxima* et les *minima* des marées
totales, qu'il est intéressant de connoître la loi de leur variation.
On vient de voir que l'instant de leur *maximum* à Brest, suit d'un
jour et demi, la sysigie; la diminution des marées totales qui en
sont voisines, est proportionnelle au quarré du temps écoulé depuis
cet instant, jusqu'à celui de la basse mer intermédiaire à laquelle
la marée totale se rapporte : elle est de $0^{me},1064$, lorsque ce temps
est d'un jour lunaire.

Près de l'instant du *minimum* qui suit d'un jour et demi la quadrature, l'accroissement des marées totales est proportionnel au
quarré du temps écoulé depuis cet instant; il est à fort peu près
double de la diminution des marées totales vers leur *maximum*.

Les déclinaisons du soleil et de la lune influent très-sensiblement
sur ces variations ; la diminution des marées vers les sysigies
des solstices, n'est qu'environ trois cinquièmes de la diminution

correspondante vers les sysigies des équinoxes; l'accroissement des marées vers les quadratures, est deux fois plus grand dans les équinoxes, que dans les solstices.

On observe encore entre les marées du matin et du soir, de petites différences qui dépendent des déclinaisons du soleil et de la lune, et qui disparoissent lorsque ces astres sont dans l'équateur. Pour les reconnoître, il faut comparer les marées du premier et du second jour après la sysigie ou la quadrature; parce que les marées, alors très-voisines du *maximum* ou du *minimum*, varient très-peu d'un jour à l'autre, et laissent facilement appercevoir la différence des deux marées d'un même jour. On trouve ainsi qu'à Brest, dans les sysigies des solstices d'été, les marées du matin du premier et du second jour après la sysigie, sont plus petites que celles du soir, de $0^{me},183$; elles sont au contraire, plus grandes de la même quantité, dans les sysigies des solstices d'hiver. Pareillement, dans les quadratures de l'équinoxe d'automne, les marées du matin du premier et du second jour après la quadrature, surpassent celles du soir, de $0^{me},158$: elles sont plus petites de la même quantité, dans les quadratures de l'équinoxe du printemps.

Tels sont, en général, les phénomènes que les hauteurs des marées présentent dans nos ports : leurs intervalles offrent d'autres phénomènes que nous allons développer.

Quand la pleine mer a lieu à Brest, au moment de la sysigie; elle suit l'instant de minuit ou celui du midi vrai, de $0^{j},14822$, suivant qu'elle arrive le matin ou le soir. Cet intervalle qui est très-différent dans les ports même fort voisins, est ce que l'on nomme *établissement du port;* parce que c'est de-là dont on part, pour déterminer les heures des marées, relatives aux phases de la lune, comme je l'expliquerai en parlant de la cause des marées. La pleine mer qui a lieu à Brest, au moment de la quadrature, suit l'instant de minuit ou celui du midi vrai, de $0^{j},55464.$

La marée sysigie avance ou retarde de $264''$, pour chaque heure dont elle précède ou suit la sysigie; la marée quadrature avance ou retarde de $416''$, pour chaque heure dont elle précède ou suit la quadrature.

Les heures des marées sysigies ou quadratures, varient avec les distances du soleil et de la lune à la terre, et principalement avec les distances de la lune. Dans les sysigies, chaque minute d'accroissement ou de diminution dans le demi-diamètre apparent de la lune, fait avancer ou retarder l'heure de la pleine mer, de 354″. Ce phénomène a également lieu dans les quadratures; mais il y est trois fois moindre.

Les déclinaisons du soleil et de la lune influent pareillement sur les heures des marées sysigies et quadratures. Dans les sysigies des solstices, l'heure de la pleine mer avance d'environ deux minutes; elle retarde de la même quantité, dans les sysigies des équinoxes. Au contraire, dans les quadratures des équinoxes, l'heure de la marée avance d'environ huit minutes, et elle retarde de la même quantité, dans les quadratures des solstices.

On a vu que le retard des marées, d'un jour à l'autre, est de $0^j,03505$, dans son état moyen; en sorte que si la marée arrive à $0^j,1$, après le minuit vrai, elle arrivera le lendemain matin, à $0^j,13505$. Mais ce retard varie avec les phases de la lune; il est le plus petit qu'il est possible, vers les sysigies, quand les marées totales sont à leur *maximum*, et alors il n'est que de $0^j,02705$. Lorsque les marées sont à leur *minimum*, ou vers les quadratures; il est le plus grand possible, et s'élève à $0^j,05207$; ainsi la différence des heures des marées correspondantes aux momens de la sysigie et de la quadrature, et qui, par ce qui précède, est de $0^j,20642$, augmente pour les marées qui suivent de la même manière ces deux phases, et devient égal à-peu près à un quart de jour, relativement au *maximum* et au *minimum* des marées.

Les variations des distances du soleil et de la lune à la terre, et principalement celles de la lune, influent sur les retards des marées, d'un jour à l'autre. Chaque minute d'accroissement ou de diminution dans le demi-diamètre apparent de la lune, augmente ou diminue ce retard, de 258″, vers les sysigies. Ce phénomène a également lieu vers les quadratures; mais il y est trois fois moindre.

Le retard journalier des marées varie encore par la déclinaison des deux astres. Dans les sysigies des solstices, il est d'environ 155″, plus grand que dans son état moyen; il est plus petit de la même quantité, dans les sysigies des équinoxes : au contraire, dans les quadratures des équinoxes, il surpasse sa grandeur moyenne, de 543″; il en est surpassé de la même quantité, dans les quadratures des solstices.

Ainsi les inégalités des hauteurs et des intervalles des marées ont des périodes très-différentes, les unes d'un demi-jour et d'un jour, d'autres d'un demi-mois, d'un mois, d'une demi-année et d'une année; d'autres enfin sont les mêmes que celles des révolutions des nœuds et du périgée de l'orbe lunaire dont la position influe sur les marées, par l'effet des déclinaisons de la lune, et de ses distances à la terre.

La grandeur, et généralement tous les phénomènes des marées, m'ont paru les mêmes dans les nouvelles comme dans les pleines lunes.

Ces phénomènes ont également lieu dans tous les ports et sur tous les rivages de la mer; mais les circonstances locales, sans rien changer aux loix des marées, ont une grande influence sur leur grandeur et sur l'heure de l'établissement du port.

CHAPITRE

CHAPITRE XIV.

De l'Atmosphère terrestre et des Réfractions astronomiques.

Un fluide élastique, rare et transparent, enveloppe la terre, et s'élève à une grande hauteur : il pèse comme tous les corps, et son poids fait équilibre à celui du mercure dans le baromètre. A la température de la glace fondante, et à la hauteur moyenne du baromètre au niveau des mers, hauteur qui est à fort peu près de soixante et seize centimètres; le poids de l'air est à celui d'un pareil volume de mercure, dans le rapport de l'unité, à 10283; ainsi, à cette température, pour faire baisser le baromètre, d'un centimètre, quand sa hauteur en renferme soixante et seize, il suffit de s'élever de $102^{me},83$; et si la densité de l'atmosphère étoit par-tout la même, sa hauteur seroit de 7815 mètres. Mais l'air est à très-peu près compressible en raison des poids dont il est chargé; d'où il suit qu'à température égale, sa densité est proportionnelle à la hauteur du baromètre; ses couches inférieures sont donc plus denses que les couches supérieures dont le poids les comprime; elles deviennent de plus en plus rares, à mesure que l'on s'élève dans l'atmosphère; et si leur température étoit la même, un calcul fort simple nous montre que leur hauteur croissant en progression arithmétique, leur densité diminueroit en progression géométrique. Le froid qui règne dans les régions élevées de l'atmosphère, augmente la densité des couches supérieures; car l'air, comme tous les corps, se resserre par le froid et se dilate par la chaleur, et l'on a observé que vers la température de la glace fondante, l'accroissement d'un degré dans sa température, augmente d'environ un 250eme, son volume.

On a tiré un parti avantageux, de ces données, pour mesurer la hauteur des montagnes, au moyen du baromètre. Si dans tous les

L

temps et dans toute son étendue, la chaleur de l'atmosphère étoit égale à celle de la glace fondante ; il en résulte qu'en multipliant par 17972me,1, le logarithme tabulaire du rapport des hauteurs du baromètre, observées à deux stations quelconques, on auroit la hauteur d'une de ces stations au-dessus de l'autre ; mais cette hauteur exige une correction relative à l'erreur de l'hypothèse d'une chaleur uniforme et d'une température égale à zéro. Il est visible que si la température moyenne de la couche d'air comprise entre les deux stations, est plus grande que zéro, sa densité devient plus petite, et il faut s'élever davantage, pour faire baisser de la même quantité, le baromètre ; on doit donc augmenter le multiplicateur 17972me,1, d'autant de fois sa 250eme partie, qu'il y a de degrés dans cette température moyenne ; ce qui revient à observer les degrés du thermomètre aux deux stations, et à multiplier leur somme par 35me,944, pour ajouter le produit à 17972me,1. On doit encore appliquer une légère correction aux hauteurs du baromètre, à raison de la différence de température des deux stations. La densité du mercure n'y est pas la même ; or sa dilatation relative à un accroissement d'un degré dans sa température, est un 5412eme de son volume ; il faut donc augmenter la hauteur du baromètre, dans la station la plus froide, de sa 5412eme partie, prise autant de fois qu'il y a de degrés de différence dans la température des deux stations. Au moyen de cette règle, on aura d'une manière fort approchée, la différence de leurs hauteurs, si elles s'éloignent peu d'une même verticale.

L'air est invisible en petites masses ; mais les rayons de lumière, réfléchis par toutes les couches de l'atmosphère, produisent une impression sensible ; ils le font voir avec une couleur bleue qui répand une teinte de même couleur, sur tous les objets apperçus dans le lointain, et qui forme l'azur céleste. Cette voûte bleue à laquelle les astres nous semblent attachés, est donc fort près de nous ; elle n'est que l'atmosphère terrestre au-delà de laquelle ces corps sont placés à d'immenses distances. Les rayons solaires que ses molécules nous renvoient en abondance, avant le lever et après le coucher du soleil, forment l'aurore et le crépuscule qui s'étendant à plus de vingt degrés de distance de cet astre, nous prouvent que les molécules extrêmes de l'atmosphère sont élevées au moins, de soixante mille mètres.

Si l'œil pouvoit distinguer et rapporter à leur vraie place, les points de la surface extérieure de l'atmosphère, nous verrions le ciel comme une calotte sphérique, formée par la portion de cette surface, que retrancheroit un plan tangent à la terre; et comme la hauteur de l'atmosphère est fort petite relativement au rayon terrestre, le ciel nous paroîtroit sous la forme d'une voûte sur-baissée. Mais quoique nous ne puissions pas distinguer les limites de l'atmosphère; cependant, les rayons qu'elle nous renvoie, venant d'une plus grande profondeur à l'horizon qu'au zénith; nous devons la juger plus étendue dans le premier sens. A cette cause, se joint encore l'interposition des objets à l'horizon, qui contribue à aug-menter la distance apparente de la partie du ciel, que nous rappor-tons au-delà; le ciel doit donc nous paroître fort surbaissé, tel que la calotte d'une sphère. Un astre élevé d'environ vingt-six degrés, semble diviser en deux parties égales, la longueur de la courbe que forme depuis l'horizon jusqu'au zénith, la section de la surface du ciel, par un plan vertical; d'où il suit que le rayon horizontal de la voûte céleste apparente, est à son rayon vertical, à-peu-près comme trois et un quart est à l'unité; mais ce rapport varie avec les causes de cette illusion. La grandeur apparente du soleil et de la lune, étant proportionnelle à l'angle sous lequel on les apperçoit, et à la distance apparente du point du ciel auquel on les rapporte; ils nous paroissent plus grands à l'horizon qu'au zénith, quoiqu'ils y soient vus sous un plus petit angle.

Les rayons de lumière ne se meuvent pas en ligne droite dans l'atmosphère; ils s'infléchissent continuellement vers la terre. L'observateur qui n'apperçoit les objets, que dans la direction de la tangente à la courbe qu'ils décrivent, les voit plus élevés qu'ils ne le sont réellement, et les astres paroissent sur l'horizon, alors même qu'ils sont abaissés au-dessous : ainsi l'atmosphère, en inflé-chissant les rayons du soleil, nous fait jouir plus long-temps de sa présence, et augmente la durée des jours que prolongent encore l'aurore et le crépuscule. Il importoit extrêmement aux astro-nomes, de déterminer les loix et la quantité de la réfraction, pour

L 2

avoir la vraie position des astres ; mais avant que de présenter le résultat de leurs recherches sur cet objet, je vais exposer en peu de mots, les principales propriétés de la lumière.

En passant d'un milieu transparent dans un autre, un rayon lumineux s'approche ou s'éloigne de la perpendiculaire à la surface qui les sépare. La loi de sa réfraction est telle que *les sinus des deux angles que forment ses directions avec cette perpendiculaire, l'une avant, et l'autre après son entrée dans le nouveau milieu, sont en raison constante, quels que soient ces angles.* Mais la lumière en se réfractant, présente un phénomène remarquable qui nous a fait connoître sa nature. Un rayon de lumière blanche, reçu dans une chambre obscure, après son passage à travers un prisme, forme une image oblongue diversement colorée ; ce rayon est un faisceau d'un nombre infini de rayons de différentes couleurs, que le prisme sépare en vertu de leur diverse réfrangibilité. Le rayon le plus réfrangible est le violet, ensuite l'indigo, le bleu, le vert, le jaune, l'orangé et le rouge ; mais quoique nous ne désignions que sept rayons, la continuité de l'image prouve qu'il en existe une infinité qui s'en rapprochent par des nuances insensibles de réfrangibilité et de couleur. Tous ces rayons rassemblés au moyen d'une lentille, font reparoître la couleur blanche qui n'est ainsi que le mélange de toutes les couleurs simples ou homogènes, dans des proportions déterminées.

Lorsqu'un rayon d'une couleur homogène est bien séparé des autres ; il ne change ni de réfrangibilité ni de couleur, quelles que soient les réflexions et les réfractions qu'il subit : sa couleur n'est donc point due aux modifications que reçoit la lumière dans les milieux qu'elle traverse ; mais elle tient à sa nature. Cependant, la similitude de couleur ne prouve point la similitude de lumière : en mêlant ensemble plusieurs rayons différemment colorés de l'image solaire décomposée par le prisme, on peut former une couleur parfaitement semblable à l'une des couleurs simples de cette image ; ainsi, le mélange du rouge et du jaune homogènes produit un orangé semblable, en apparence, à l'orangé homogène ; mais la réfraction des rayons du mélange, à travers un nouveau prisme, les sépare, et fait reparoître les couleurs composantes, tandis que les rayons de l'orangé homogène restent inaltérables.

Les rayons de lumière se réfléchissent à la rencontre d'un miroir, en formant avec la perpendiculaire à sa surface, des angles de réflexion égaux aux angles d'incidence.

Les réfractions et les réflexions que les rayons du soleil subissent dans les gouttes de pluie, donnent naissance à l'arc-en-ciel dont l'explication fondée sur un calcul rigoureux qui satisfait exactement à tous les détails de ce curieux phénomène, est un des plus beaux résultats de la physique.

La plupart des corps décomposent la lumière qu'ils reçoivent; ils en absorbent une partie, et réfléchissent l'autre sous toutes les directions : ils paroissent bleus, rouges, verds, &c. suivant la couleur des rayons qu'ils renvoient en plus grande abondance. Ainsi, la lumière blanche du soleil, en se répandant sur toute la nature, se décompose, et réfléchit à nos yeux, une infinie variété de couleurs.

Après cette courte digression sur la lumière, je reviens aux réfractions astronomiques. Des expériences très-précises ont appris qu'à la même température, la force réfractive de l'air augmente ou diminue comme sa densité. Mais, à densités égales, cette force varie-t-elle avec la température? Quelle est, sur les réfractions, l'influence de l'état hygrométrique de l'air, et de la proportion dans laquelle les deux gas azot et oxigène, sont combinés dans l'atmosphère? C'est ce que l'on ignore, et ce qui, vu l'importance de l'objet, mérite d'être éclairci.

Jusqu'à présent, on a supposé que la force réfractive de l'atmosphère ne dépend que de la densité de ses couches, en sorte que, pour déterminer la route de la lumière qui la traverse, il suffit de connoître la loi de leur température; mais cette loi nous est inconnue, et d'ailleurs, elle varie à chaque instant. La température de l'atmosphère étant supposée par-tout la même, et égale à celle de la glace fondante; la densité de ses couches diminue en progression géométrique, et la réfraction est de $74'$ à l'horizon : elle ne seroit que de $56'$, si la densité des couches de l'atmosphère diminuoit en progression arithmétique, et devenoit nulle à sa surface. La réfraction horizontale que l'on observe d'environ $64'\frac{1}{2}$, est moyenne entre

ces limites ; la loi de diminution de densité des couches, tient donc
à-peu-près le milieu entre les progressions géométrique et arithmétique, ce qui est conforme aux observations du baromètre et du
thermomètre. En général, on peut concilier toutes ces observations
et celles des réfractions astronomiques, au moyen d'hypothèses
fort vraisemblables sur la diminution de la chaleur en s'élevant
dans l'atmosphère, sans recourir, comme quelques physiciens l'ont
fait, à un fluide particulier qui, mêlé à l'air atmosphérique, réfracte
la lumière.

Lorsque la hauteur apparente des astres excède douze degrés; la
réfraction ne dépend sensiblement que de l'état du baromètre et du
thermomètre dans le lieu de l'observateur, et elle est à très-peu
près proportionnelle à la tangente de la distance apparente de l'astre,
au zénith, diminuée de quatre fois la réfraction. On a trouvé par
divers moyens, qu'à la température de la glace fondante, et quand
la hauteur du baromètre est de soixante et seize centimètres, le
coëfficient qui multiplié par cette tangente, donne la réfraction
astronomique, est de $185''$,9; mais il varie comme la densité de l'air
dans le lieu de l'observation. Cette densité varie d'un 250eme, pour
un degré du thermomètre; il faut donc diminuer ou augmenter ce
coëfficient, d'autant de fois sa 250eme partie, que le thermomètre de
l'observateur indique de degrés au-dessus ou au-dessous de zéro.
La densité de l'air, à température égale, étant proportionnelle à la
hauteur du baromètre; il faut encore faire varier ce coëfficient ainsi
corrigé, dans le rapport de la hauteur observée du baromètre, à
soixante et seize centimètres. Au moyen de ces données, on pourra
construire une table de réfractions, depuis douze degrés de hauteur
apparente, jusqu'au zénith, intervalle dans lequel se font presque
toutes les observations astronomiques. Cette table aura l'avantage
d'être indépendante de toute hypothèse sur la constitution de
l'atmosphère, et elle pourra servir au sommet des plus hautes
montagnes, comme au niveau des mers.

L'atmosphère affoiblit la lumière des astres, sur-tout à l'horizon
où leurs rayons la traversent dans une plus grande étendue. Il suit
des expériences de Bouguer, que le baromètre étant à soixante et
seize centimètres de hauteur, si l'on prend pour unité, l'intensité

de la lumière d'un astre à son entrée dans l'atmosphère ; son intensité, lorsqu'elle parvient à l'observateur, et quand l'astre est au zénith, est réduite à 0,8123. La hauteur de l'atmosphère réduite dans toute son étendue, à la densité de l'air correspondante à zéro de température et à la pression d'une colonne de 0me,76 de mercure, seroit de 7815me ; or il est naturel de penser que l'extinction d'un rayon de lumière qui la traverse, est la même que dans cette hypothèse, puisqu'il rencontre le même nombre de molécules aériennes ; ainsi, une couche d'air de la densité précédente, et de 7815me d'épaisseur, réduit à 0,8123, la force de la lumière.

Il est facile d'en conclure l'extinction de la lumière, dans une couche d'air de même densité et d'une épaisseur quelconque ; car il est visible que si l'intensité de la lumière est réduite au quart, en traversant une épaisseur donnée, une égale épaisseur réduira ce quart, au seizième de sa valeur primitive ; d'où l'on voit que les épaisseurs croissant en progression arithmétique, l'intensité de la lumière diminue en progression géométrique ; ses logarithmes suivent donc la raison des épaisseurs : ainsi, pour avoir le logarithme tabulaire de l'intensité de la lumière, lorsqu'elle a traversé une couche d'air d'une épaisseur quelconque, il faut multiplier —0,0902835, logarithme de 0,8123, par le rapport de cette épaisseur, à 7815me ; et si la densité de l'air est plus grande ou plus petite que la précédente, il faut augmenter ou diminuer ce logarithme, dans le même rapport.

Pour déterminer l'affoiblissement de la lumière des astres, relatif à leur hauteur apparente ; on peut imaginer le rayon lumineux mû dans un canal par-tout de la même largeur, et réduire l'air renfermé dans ce canal, à la densité précédente. La longueur de la colonne d'air ainsi réduite, déterminera l'extinction de la lumière de l'astre que l'on considère ; or on peut supposer depuis le zénith jusqu'à douze degrés environ de hauteur apparente, les couches de l'atmosphère, sensiblement planes et parallèles, et la route de la lumière, rectiligne ; alors, la largeur de chaque couche dans la direction du rayon lumineux, est à son épaisseur dans le sens vertical, comme la sécante de la distance apparente de l'astre au zénith, est au rayon. En multipliant donc cette sécante par —0,0902835, et par le rapport de la hauteur du baromètre, à o^{mc},76; on aura le logarithme de l'intensité de la lumière de l'astre. Cette règle fort simple donnera l'extinction de la lumière des astres, au sommet des montagnes et au niveau des mers; ce qui peut être utile, soit pour corriger les observations des éclipses des satellites de Jupiter, soit pour évaluer l'intensité de la lumière solaire au foyer des verres ardens. Nous devons cependant observer que les vapeurs répandues dans l'air, influent considérablement sur l'extinction de la lumière des astres : la sérénité du ciel dans les climats méridionaux y rend, en général, leur lumière plus vive; et si l'on transportoit nos grands télescopes, sur les hautes montagnes du Pérou, il n'est pas douteux que l'on découvriroit plusieurs phénomènes célestes, qu'une atmosphère plus épaisse et moins transparente rend invisibles dans nos climats.

L'intensité de la lumière, à de très-petites hauteurs, dépend, ainsi que la réfraction, de la constitution de l'atmosphère. Si sa température étoit par-tout la même, les logarithmes de l'intensité de la lumière, seroient proportionnels aux réfractions astronomiques divisées par les cosinus des hauteurs apparentes, et alors, cette intensité à l'horizon, seroit réduite à la quatre millième partie de sa valeur primitive : c'est pour cela que le soleil dont on peut difficilement soutenir l'éclat à midi, se voit sans peine à l'horizon.

Il est naturel de penser que chaque molécule de la surface du soleil, envoie dans tous les sens, la même quantité de lumière. Deux portions égales et très-petites de cette surface, vues de la terre, l'une au centre du disque, et l'autre vers ses bords, paroissent occuper des espaces différens, et qui sont entr'eux, comme le rayon est au cosinus de l'arc du grand cercle de la surface solaire, qui sépare ces deux parties; ainsi, l'intensité de leur lumière est dans un rapport inverse. Cependant, Bouguer a trouvé par l'expérience, que la lumière du soleil est plus vive au centre que vers les bords : en comparant celle du centre, à la lumière d'un point éloigné des bords, du quart de son demi-diamètre; les intensités de ces deux lumières lui ont paru être dans le rapport de 48 à 35. Cette différence indique autour du soleil, une atmosphère épaisse qui affoiblit sa lumière. Si l'on compare à l'expérience de Bouguer, les résultats précédens ; on trouve que l'intensité de la lumière d'un astre vu de la surface du soleil, au zénith, est réduite à 0,24065, et que le soleil dépouillé de son atmosphère, nous paroîtroit douze fois et un tiers, plus lumineux.

Une couche d'air horizontale, à la température de zéro degrés et à la pression d'une colonne de mercure de 0me,76, devroit avoir 53548me d'épaisseur, pour affoiblir la lumière au même degré que l'atmosphère du soleil : ce seroit donc la hauteur de cette atmosphère réduite à la densité de cette couche aérienne, si, à densités égales, sa transparence étoit la même que celle de l'air; mais c'est ce que l'on ignore. Au reste, ces résultats sont subordonnés à l'exactitude de l'expérience de Bouguer, qui mérite d'être répétée avec soin, dans les divers aspects du disque solaire.

Les vibrations de l'air produisent les sons qui, suivant la promptitude ou la lenteur des vibrations, sont aigus ou graves; mais quelle que soit leur nature, la vîtesse de leur propagation est la même, et le son fort ou foible, grave ou aigu, parcourt 291me,4, par seconde.

Les vents, depuis le zéphyr jusqu'aux plus impétueux ouragans, sont produits par l'air qui se déplace avec plus ou moins de vîtesse. Dans les plus violentes tempêtes, cette vîtesse est d'environ trente mètres par seconde; elle n'en est que le tiers à-peu-près, dans les vents ordinaires. Sans doute, la cause qui soulève régulièrement les eaux de la mer, et qui paroît résider dans le soleil et dans la lune, trouble pareillement l'équilibre de l'atmosphère qu'elle doit pénétrer pour agir sur l'océan; mais les vents périodiques qui en résultent, sont trop foibles, pour avoir été observés au milieu des agitations que l'atmosphère éprouve par un grand nombre d'autres causes.

C'est dans le sein de l'atmosphère, que se forment les nuages, les orages, les aurores boréales, et tous les météores. L'air dissout l'eau, et cette propriété dissolvante varie avec sa densité et avec sa chaleur; ainsi, l'eau se dissout et se précipite alternativement de l'atmosphère, en vertu de toutes les causes qui font varier la température et la densité de l'air. L'eau de la mer, en se dissolvant dans l'atmosphère, abandonne le sel qu'elle contient; elle retombe sous

M

la forme de rosée, de neige, de grêle ou de pluie, dont une partie recueillie par les montagnes et par les lieux élevés, s'infiltre dans les terres d'où elle s'échappe, pour former les sources et les fleuves qui la rendent à la mer.

L'électricité ne s'ouvre que difficilement un passage à travers l'atmosphère; ses diverses couches sont habituellement électrisées, et paroissent l'être d'autant plus, qu'elles sont plus hautes; les nuages formés dans les couches supérieures sont donc plus électrisés que les couches inférieures dans lesquelles ils s'abaissent. Mais quoi qu'il en soit de cette cause de l'électricité des nuages, il est maintenant avéré que la foudre est une explosion électrique entre les nuages et la terre.

L'air n'est point une substance homogène; l'expérience a fait connoître qu'il est composé de trois parties de gas *azot*, et d'une partie de gas *oxigène*, gas éminemment respirable, dans lequel les corps répandent en brûlant, une vive lumière, et qui seul, paroît nécessaire à leur combustion, et à la respiration des animaux, que l'on sait être une combustion lente, principale source de la chaleur animale.

D'autres fluides aériformes se mêlent à l'atmosphère, et s'y élèvent à raison de leur légéreté spécifique. Le plus léger de ces fluides est celui que l'on nomme gas *hydrogène*; il est quinze ou seize fois plus rare dans son état de pureté, que l'air atmosphérique. Combiné avec le gas oxigène, dans le rapport d'un à six à-peu-près, il forme l'eau qui, loin d'être un élément, comme on l'a cru pendant long-temps, peut être composée et décomposée à volonté. La décomposition des corps dans les marais et dans les eaux stagnantes, développe une grande quantité de gas hydrogène qui se porte aux confins de l'atmosphère, où étant enflammé par l'électricité naturelle, il produit ces étoiles tombantes, ces globes de feu et ces traînées de lumière, que l'on observe dans les grandes chaleurs, et qui vus quelquefois au même instant, à de très-grandes distances, indiquent que leur hauteur est au moins, de cent mille mètres. Contenu dans une enveloppe légère, le gas hydrogène s'élève avec les corps qui y sont attachés, jusqu'à ce qu'il rencontre une couche de l'atmosphère, assez rare pour y rester en équilibre. Par ce moyen dont on doit l'heureuse expérience aux savans français, l'homme a étendu son domaine et sa puissance; il peut s'élancer dans les airs, traverser les nuages, et interroger la nature, dans les hautes régions de l'atmosphère, auparavant inaccessibles.

L'atmosphère transmet librement la lumière du soleil, et difficilement la chaleur; elle accroît donc la température à la surface de la terre, et peut-être, sans la résistance qu'elle oppose à la dissipation de la chaleur solaire, on éprouveroit un froid excessif à l'équateur même.

C'est à la chaleur, qu'est dû l'état aériforme de l'atmosphère; c'est à la pression de l'atmosphère et à la chaleur, qu'est due la fluidité de l'océan. Pour établir ces vérités, présentons en peu de mots, l'une des principales découvertes que l'on a faites en dernier lieu, sur la chaleur.

Quelle que soit sa nature, la chaleur dilate les corps; elle les réduit de solides en fluides, et de fluides en vapeurs. Ces changemens d'état sont marqués par de singuliers phénomènes que nous allons suivre sur la glace. Considérons un volume de neige ou de glace pilée, dans un vase ouvert, et soumis à l'action d'une grande chaleur : si la température de la glace est au-dessous de celle de la glace fondante, elle augmentera jusqu'à zéro de température; parvenue à ce degré, la glace se fondra successivement par de nouvelles additions de chaleur; mais si l'on a soin de l'agiter jusqu'à ce qu'elle soit fondue, l'eau produite restera toujours à la température de zéro; la chaleur communiquée par le vase, ne sera point sensible sur le thermomètre que l'on y plonge; elle sera toute entière employée à rendre la glace fluide. Ensuite, la chaleur ajoutée élèvera la température de l'eau, et le thermomètre, jusqu'au moment de l'ébullition. Alors, le thermomètre redeviendra stationnaire, et la chaleur communiquée par le vase, sera toute employée à réduire l'eau en vapeurs qui seront à la même température que l'eau bouillante. L'eau produite par la fonte de la glace, et les vapeurs dans lesquelles se réduit l'eau bouillante, absorbent donc au moment de leur formation, une grande quantité de chaleur qui reparoît dans le retour des vapeurs aqueuses à l'état d'eau, et de l'eau à l'état de glace; car les vapeurs, en se condensant sur un corps froid, lui

M 2

communiquent beaucoup plus de chaleur qu'il n'en recevroit d'un
poids égal d'eau bouillante; et d'ailleurs, on sait que l'eau pouvant
se conserver fluide, quoique sa température soit de plusieurs degrés
au-dessous de zéro, elle se transforme alors en glaçons, pour peu
qu'on l'agite, et le thermomètre que l'on y plonge, monte à zéro,
par la chaleur que ce changement développe.

Sans la pression de l'atmosphère, la glace fondue se réduiroit en
vapeurs; mais cette pression contient la force répulsive que la
chaleur communique aux molécules fluides, et maintient la glace
fondue, sous forme d'eau, jusqu'à ce que la chaleur soit assez grande
pour que sa force répulsive l'emporte sur la pression de l'atmosphère. A cet instant, l'eau entre en ébullition et se réduit en
vapeurs; le degré de température de l'eau bouillante, varie donc
avec la pression de l'atmosphère : il est moindre au sommet des
montagnes, qu'au niveau des mers; et dans un récipient dans lequel
on peut raréfier et condenser l'air à volonté, on peut accroître ou
diminuer à volonté, la chaleur de l'eau bouillante. Ainsi, la chaleur rend la mer fluide, et la pression de l'atmosphère l'empêche de
se réduire en vapeurs.

Tous les corps que nous pouvons faire passer de l'état solide à
l'état fluide, offrent de semblables phénomènes; mais la température à laquelle leur fusion commence, est très-différente pour
chacun d'eux. Le mercure, par exemple, devient solide vers quarante degrés au-dessous de zéro, comme on s'en est assuré par
l'expérience : il commence à se fondre à ce degré de température;
il entre en ébullition, à la température de 376° et à la pression d'une
colonne de mercure de 0me,76; en sorte qu'à cette pression de l'atmosphère, l'intervalle de la température comprise entre la fusion et
l'ébullition, intervalle qui, pour l'eau, est de cent degrés, s'élève à
416°, pour le mercure.

Il existe des corps qui ne peuvent pas devenir fluides, par les
plus grandes chaleurs que nous pouvons exciter. Il en est d'autres
que le plus grand froid qu'ils éprouvent sur la terre, ne peut pas
réduire à l'état solide : tels sont les fluides qui forment notre atmosphère, et qui, malgré la pression et le froid auxquels on les a
soumis, se sont jusqu'ici maintenus dans l'état de vapeurs. Mais leur

analogie avec les fluides aériformes dans lesquels nous réduisons
par la chaleur, un grand nombre de substances, et leur condensation par la pression et par le froid, ne permettent pas de douter
que ces fluides atmosphériques sont des corps extrêmement vola-
tils, qu'un grand froid réduiroit à l'état solide : il suffiroit, pour
leur faire prendre cet état, d'éloigner la terre du soleil, comme
il suffiroit de l'en rapprocher, pour faire entrer l'eau et plusieurs
autres corps, dans notre atmosphère. Ces grandes vicissitudes ont
lieu sur les comètes, et principalement sur celles qui approchent
très-près du soleil, dans leur périhélie. Les nébulosités qui les
environnent, et les longues queues qu'elles traînent après elles,
sont le résultat de la vaporisation des fluides, à leur surface : le
refroidissement qui en est la suite, doit tempérer l'excessive chaleur due à leur proximité du soleil ; et la condensation des mêmes
fluides, quand elles s'en éloignent, répare, en partie, la diminution
de chaleur que cet éloignement doit produire ; en sorte que le
double effet de la vaporisation et de la condensation des fluides,
rapproche considérablement les limites de la plus grande chaleur et
du plus grand froid que les comètes éprouvent à chacune de leurs
révolutions.

LIVRE SECOND.

DES MOUVEMENS RÉELS DES CORPS CÉLESTES.

Provehimur portû, terræque urbesque recedunt.

VIRG. Eneid. lib. III.

Sɪ l'homme s'étoit borné à recueillir des faits ; les sciences ne seroient qu'une nomenclature stérile, et jamais il n'eût connu les grandes loix de la nature. C'est en comparant entr'eux les phénomènes, en cherchant à saisir leurs rapports ; qu'il est parvenu à découvrir ces loix toujours empreintes dans leurs effets les plus variés. Alors, la nature en se dévoilant, lui a présenté le spectacle d'un petit nombre de causes générales donnant naissance à la foule des phénomènes qu'il avoit observés ; il a pu déterminer ceux que les circonstances successives doivent faire éclore, et lorsqu'il s'est assuré que rien ne trouble l'enchaînement de ces causes à leurs effets, il a porté ses regards dans l'avenir, et la série des événemens que le temps doit développer, s'est offerte à sa vue. C'est uniquement encore dans la théorie du systême du monde, que l'esprit humain, par une longue suite d'efforts heureux, s'est élevé à cette hauteur. Essayons de tracer la route la plus directe pour y parvenir.

CHAPITRE PREMIER.

Du mouvement de rotation de la terre.

En réfléchissant sur le mouvement diurne auquel tous les corps célestes sont assujétis; on reconnoît évidemment l'existence d'une cause générale qui les entraîne, ou qui paroît les entraîner autour de l'axe du monde. Si l'on considère que ces corps sont isolés entre eux, et placés à des distances très-différentes, de la terre; que le soleil et les étoiles en sont beaucoup plus éloignés que la lune, et que les variations des diamètres apparens des planètes, indiquent de grands changemens dans leurs distances; enfin, que les comètes traversent librement le ciel dans tous les sens; il sera difficile de concevoir qu'une même cause imprime à tous ces corps, un mouvement commun de rotation. Mais les astres se présentant à nous de la même manière, soit que le ciel les entraîne autour de la terre supposée immobile, soit que la terre tourne en sens contraire, sur elle-même; il paroît beaucoup plus naturel d'admettre ce dernier mouvement, et de regarder celui du ciel, comme une apparence.

La terre est un globe dont le rayon n'est pas de sept millions de mètres : le soleil est, comme on l'a vu, incomparablement plus gros : si son centre coïncidoit avec celui de la terre, son volume embrasseroit l'orbe de la lune, et s'étendroit une fois plus loin, d'où l'on peut juger de son immense grandeur; il est d'ailleurs, éloigné de nous, d'environ vingt-trois mille rayons terrestres. N'est-il pas infiniment plus simple de supposer au globe que nous habitons, un mouvement de rotation sur lui-même, que d'imaginer dans une masse aussi considérable et aussi distante que le soleil, le mouvement extrêmement rapide qui lui seroit nécessaire pour tourner dans un jour, autour de la terre? Quelle force immense ne faudroit-il pas alors pour le contenir, et balancer sa force centrifuge?

Chaque astre présente des difficultés semblables, qui sont toutes levées par la rotation de la terre.

On a vu précédemment, que le pôle de l'équateur paroît se mouvoir lentement autour de celui de l'écliptique, et que de-là résulte la précession des équinoxes. Si la terre est immobile, le pôle de l'équateur est sans mouvement, puisqu'il répond toujours au même point de la surface terrestre ; l'écliptique se meut donc alors sur ses pôles, et dans ce mouvement, elle entraîne tous les astres. Ainsi, le système entier de tant de corps si différens par leurs grandeurs, leurs mouvemens et leurs distances, seroit encore assujéti à un mouvement général qui disparoît et se réduit à une simple apparence, si l'on suppose l'axe terrestre se mouvoir autour des pôles de l'écliptique.

Emportés d'un mouvement commun à tout ce qui nous environne, nous sommes dans le cas d'un spectateur placé sur un vaisseau. Il se croit immobile ; et le rivage, les montagnes et tous les objets placés hors du vaisseau, lui paroissent se mouvoir. Mais en comparant l'étendue du rivage et des plaines, et la hauteur des montagnes, à la petitesse de son vaisseau ; il reconnoît que leur mouvement n'est qu'une apparence produite par son mouvement réel. Les astres nombreux répandus dans l'espace céleste, sont à notre égard, ce que le rivage et les montagnes sont par rapport au navigateur ; et les mêmes raisons par lesquelles il s'assure de la réalité de son mouvement, nous prouvent celui de la terre.

L'analogie vient à l'appui de ces preuves. On a observé les mouvemens de rotation de plusieurs planètes, et tous ces mouvemens sont dirigés d'occident en orient, comme celui que la révolution diurne du ciel semble indiquer dans la terre. Jupiter, beaucoup plus gros qu'elle, se meut sur son axe, en moins d'un demi-jour ; un observateur à sa surface, verroit le ciel tourner autour de lui dans cet intervalle ; ce mouvement du ciel ne seroit cependant, qu'une apparence. N'est-il pas naturel de penser qu'il en est de même de celui que nous observons sur la terre ? Ce qui confirme d'une manière frappante, cette analogie ; c'est que la terre, ainsi que Jupiter, est applatie à ses pôles. On conçoit en effet, que la force centrifuge qui tend à écarter toutes les parties d'un corps, de son

axe

axe de rotation, a dû abaisser la terre aux pôles, et l'élever à l'équateur. Cette force doit encore diminuer la pesanteur à l'équateur, et cette diminution est constatée par les observations du pendule. Tout nous porte donc à penser que la terre a un mouvement de rotation sur elle-même, et que la révolution diurne du ciel, n'est qu'une illusion produite par ce mouvement, illusion semblable à celle qui nous représente le ciel, comme une voûte bleue à laquelle tous les astres sont attachés, et la surface de la terre, comme un plan sur lequel il s'appuie. Ainsi, l'astronomie s'est élevée à travers les illusions des sens, et ce n'a été qu'après les avoir dissipées par un grand nombre d'observations et de calculs, que l'homme, enfin, a reconnu les mouvemens du globe qu'il habite, et sa vraie position dans l'univers.

CHAPITRE II.

Du mouvement des planetes autour du soleil.

Considérons présentement les phénomènes du mouvement propre des planètes, et d'abord, suivons le mouvement de Vénus, son diamètre apparent, et ses phases. Lorsque, le matin, elle commence à se dégager des rayons du soleil, on l'apperçoit avant le lever de cet astre, sous la forme d'un croissant, et son diamètre apparent est à son *maximum ;* elle est donc alors, plus près de nous que le soleil, et presqu'en conjonction avec lui. Son croissant augmente, et son diamètre apparent diminue, à mesure qu'elle s'éloigne du soleil. Parvenue à cinquante degrés environ de distance de cet astre, elle s'en rapproche, en nous découvrant de plus en plus son hémisphère éclairé; son diamètre apparent continue de diminuer jusqu'au moment où elle se replonge, le matin, dans les rayons solaires. A cet instant, Vénus nous paroît pleine, et son diamètre apparent est à son *minimum ;* elle est donc, dans cette position, plus loin de nous que le soleil. Après avoir disparu pendant quelque temps; cette planète reparoît, le soir, et reproduit dans un ordre inverse, les phénomènes qu'elle avoit montrés avant sa disparition. Son hémisphère éclairé se détourne de plus en plus de la terre; ses phases diminuent, et, en même temps, son diamètre apparent augmente, à mesure qu'elle s'éloigne du soleil. Parvenue à cinquante degrés environ de distance de cet astre, elle retourne vers lui ; ses phases continuent de diminuer, et son diamètre, d'augmenter, jusqu'à ce qu'elle se plonge de nouveau, dans les rayons solaires. Quelquefois, dans l'intervalle qui sépare sa disparition du soir, de sa réapparition du matin ; on la voit sous la forme d'une tache, se mouvoir sur le disque du soleil.

Il est clair, d'après ces phénomènes, que le soleil est à-peu-près au centre de l'orbite de Vénus qu'il emporte avec lui, en même temps qu'il se meut autour de la terre. Ce résultat donné par les observations des phases et du diamètre apparent de Vénus, explique d'une manière si naturelle, son mouvement alternativement direct et rétrograde en longitude, et son mouvement bizarre et compliqué en latitude; qu'il est impossible de le révoquer en doute.

Mercure nous offre les mêmes apparences que Vénus; ainsi, le soleil est encore à-peu-près au centre de son mouvement. Ces deux planètes l'accompagnent dans sa révolution autour de la terre, sans paroître s'en écarter au-delà des angles sous lesquels nous voyons les rayons de leurs orbites.

Les planètes qui s'éloignent du soleil, à toutes les distances angulaires possibles, présentent d'autres phénomènes. Leurs diamètres apparens sont à leur *maximum*, dans l'opposition; ils diminuent, à mesure qu'elles se rapprochent du soleil; ainsi la terre n'est point au centre du mouvement de ces astres. Avant l'opposition, ce mouvement, de direct, devient rétrograde; il reprend après l'opposition, son état direct, quand la planète en se rapprochant du soleil, en est autant éloignée qu'au commencement de sa rétrogradation; et c'est au moment même de l'opposition, que sa vîtesse rétrograde est la plus grande. Cela indique évidemment, que le mouvement observé de ces planètes, est le résultat des deux mouvemens alternativement conspirans et contraires, dont l'un est réglé sur celui du soleil : tels sont les mouvemens de Mercure et de Vénus qui en circulant autour du soleil, sont emportés avec lui, autour de la terre. Il est naturel d'étendre la même loi aux autres planètes, avec la seule différence, que la terre placée au-dehors des orbites de Vénus et de Mercure, est au-dedans des orbites de Mars, de Jupiter, de Saturne et d'Uranus. Toutes les apparences des mouvemens et des diamètres de ces planètes, découlent si naturellement de cette hypothèse; que l'on ne peut y méconnoître le mécanisme de la nature.

Le mouvement presque circulaire des planètes autour du soleil, est prouvé directement pour Jupiter, par les éclipses de ses satellites. On a vu précédemment, que ces phénomènes donnent la distance de cette planète au soleil, en parties de la moyenne distance du soleil à la terre : on trouve ainsi, que ces distances varient peu dans le cours d'une révolution, et que le mouvement de Jupiter est à-peu-près, uniforme.

Nous sommes donc conduits par la comparaison des phénomènes, à placer le soleil, au centre des orbites de toutes les planètes qui se meuvent autour de lui, tandis qu'il se meut ou paroît se mouvoir autour de la terre.

CHAPITRE III.

Du mouvement de la terre, autour du soleil.

MAINTENANT, supposerons-nous le soleil accompagné des planètes et des satellites, en mouvement autour de la terre; ou ferons-nous mouvoir la terre, ainsi que les planètes, autour du soleil? Les apparences des mouvemens célestes, sont les mêmes dans ces deux hypothèses; mais la seconde doit être préférée par les considérations suivantes.

Les masses du soleil et de plusieurs planètes, étant considérablement plus grandes que celle de la terre; il est beaucoup plus simple de faire mouvoir celle-ci, autour du soleil, que de mettre en mouvement autour d'elle, tout le systême solaire. Quelle complication dans les mouvemens célestes, entraîne l'immobilité de la terre? Quel mouvement rapide il faut supposer alors à Jupiter, à Saturne près de dix fois plus éloigné que le soleil, à la planète Uranus plus distante encore, pour les faire mouvoir, chaque année, autour de nous, tandis qu'ils se meuvent autour du soleil? Cette complication et cette rapidité de mouvement disparoissent par le mouvement de translation de la terre, mouvement conforme à la loi générale suivant laquelle les petits corps célestes circulent autour des grands corps dont ils sont voisins.

L'analogie de la terre avec les planètes, confirme ce mouvement. Ainsi que Jupiter, elle tourne sur elle-même, et elle est accompagnée d'un satellite. Un observateur à la surface de Jupiter, jugeroit le systême solaire en mouvement autour de lui, et la grosseur de la planète rendroit cette illusion moins invraisemblable que pour la terre. N'est-il pas naturel de penser que le mouvement de ce systême, autour de nous, n'est semblablement qu'une apparence? Transportons-nous par la pensée, à la surface du soleil, et de-là contemplons la terre et les planètes. Tous ces corps nous paroîtront se mouvoir d'occident en orient, et déjà, cette identité de direction est un indice du mouvement de la terre; mais ce qui le démontre avec évidence, c'est la loi qui existe entre les temps des révolutions des planètes, et leurs distances au soleil. Elles circulent autour de lui, avec d'autant plus de lenteur, qu'elles en sont plus éloignées, de manière que les quarrés des temps de leurs révolutions sont comme les cubes de leurs distances moyennes à cet astre. Suivant cette loi remarquable, la durée de la révolution de la terre supposée en mouvement autour du soleil, doit être exactement celle de l'année sydérale. N'est-ce pas une preuve incontestable que la terre se meut comme toutes les planètes, et qu'elle est assujétie aux mêmes loix? D'ailleurs, ne seroit-il pas bizarre de supposer le globe ter- restre à peine sensible vu du soleil, immobile au milieu des planètes en mouvement autour de cet astre qui lui-même seroit emporté avec elles, autour de la terre? La force qui, pour retenir les pla- nètes dans leurs orbes respectifs autour du soleil, balance leur force centrifuge, ne doit-elle pas agir également sur la terre, et ne faut-il pas que la terre oppose à cette action, la même force centrifuge? Ainsi, la considération des mouvemens célestes observés du soleil, ne laisse aucun doute sur le mouvement réel de la terre. Mais l'observateur placé sur elle, a de plus, une preuve sensible de ce mouvement, dans le phénomène de l'aberration qui en est une suite nécessaire; c'est ce que nous allons développer.

Sur la fin du dernier siècle, Roëmer observa que les éclipses des satellites de Jupiter avancent vers les oppositions de cette planète, et retardent vers ses conjonctions; ce qui lui fit soupçonner que la lumière ne se transmet pas dans un instant, de ces astres à la terre, et qu'elle emploie un intervalle de temps, sensible, à parcourir le diamètre de l'orbe du soleil. En effet, Jupiter dans ses oppositions, étant plus près de nous que dans ses conjonctions, d'une quantité égale à ce diamètre; les éclipses doivent arriver pour nous, plutôt dans le premier cas, que dans le second, de tout le temps que la lumière met à traverser l'orbe solaire. La loi des retards observés de ces éclipses, répond si exactement à cette hypothèse; qu'il n'est pas possible de s'y refuser. Il en résulte que la lumière emploie 571″, à venir du soleil à la terre.

Présentement, un observateur immobile verroit les astres suivant la direction de leurs rayons; mais il n'en est pas ainsi dans la supposition où il se meut avec la terre. Pour ramener ce cas, à celui de l'observateur en repos; il suffit de transporter en sens contraire, aux astres, à la lumière et à l'observateur lui-même, le mouvement dont il est animé, ce qui ne change point la position apparente des astres ; car c'est une loi générale d'optique, que si l'on imprime un mouvement commun à tous les corps d'un système, il n'en résulte aucun changement dans leur situation respective. Concevons donc que l'on donne à la lumière, et généralement à tous les corps, un mouvement égal et contraire à celui de l'observateur, et voyons quels phénomènes il doit produire dans la position apparente des astres. On peut faire abstraction du mouvement de rotation de la terre, environ soixante fois moindre à l'équateur même, que celui de la terre autour du soleil. On peut encore supposer ici, sans erreur sensible, tous les rayons lumineux que chaque point du disque d'un astre nous envoie, parallèles entr'eux et au rayon qui parviendroit du centre de l'astre, à celui de la terre, si elle étoit transparente. Ainsi, les phénomènes que les astres présenteroient à un observateur placé à ce dernier centre, et qui dépendent du mouvement de la lumière, combiné avec celui de la terre, sont à très-peu près les mêmes pour tous les observateurs répandus sur sa surface. Enfin, nous ferons abstraction de la petite excentricité de l'orbe terrestre. Cela posé.

Dans l'intervalle de 571″, que la lumière emploie à parcourir le rayon de l'orbe terrestre, la terre décrit un petit arc de cet orbe, égal à 62″,5; or il suit des loix de la composition des mouvemens, que si par le centre d'une étoile, on imagine une petite circonférence parallèle à l'écliptique, et dont le diamètre sous-tende dans le ciel, un angle de 125″; la direction du mouvement de la lumière, lorsqu'on le compose avec le mouvement de la terre, appliqué en sens contraire, rencontre cette circonférence, au point où elle est coupée par un plan mené par le centre de l'étoile, tangentiellement à l'orbe terrestre; l'étoile doit donc paroître se mouvoir sur cette circonférence, et la décrire, chaque année, de manière qu'elle y soit constamment moins avancée de cent degrés, que le soleil dans son orbite apparente.

Ce phénomène est exactement celui que nous avons exposé dans le chapitre XI du premier livre, d'après les observations de Bradley à qui l'on doit sa découverte et celle de sa cause. Pour rapporter les étoiles à leur vraie position, il suffit de les placer au centre de la petite circonférence qu'elles nous semblent décrire ; leur mouvement annuel n'est donc qu'une illusion produite par la combinaison du mouvement de la lumière, avec celui de la terre. Ses rapports avec la position du soleil, pouvoient faire soupçonner qu'il n'est qu'apparent ; mais l'explication précédente le prouve avec évidence. Elle fournit en même temps, une démonstration sensible du mouvement de la terre autour du soleil ; de même que l'accroissement de degrés et de la pesanteur, en allant de l'équateur aux pôles, rend sensible son mouvement de rotation.

L'aberration de la lumière affecte les positions du soleil, des planètes, de leurs satellites et des comètes ; mais d'une manière différente, à raison de leurs mouvemens particuliers. Pour les en dépouiller, et pour avoir la vraie position des astres ; imprimons à chaque instant, à tous les corps, un mouvement égal et contraire à celui de la terre qui, par-là, devient immobile ; ce qui, comme on l'a dit, ne change ni leurs positions respectives, ni leurs apparences. Alors, il est visible qu'un astre, au moment où nous l'observons, n'est plus sur la direction de son rayon lumineux qui vient frapper notre vue ; il s'en est éloigné en vertu de son mouvement réel combiné avec celui de la terre, qu'on lui suppose imprimé en sens contraire. La combinaison de ces deux mouvemens, observée de la terre, forme le mouvement apparent que l'on nomme *mouvement géocentrique*. On aura donc la véritable position de l'astre, en ajoutant à sa longitude et à sa latitude géocentrique observée, son mouvement géocentrique en longitude et en latitude, dans l'intervalle de temps que la lumière emploie à parvenir de l'astre à la terre. Ainsi, le centre du soleil nous paroît constamment moins avancé de $62'',5$ dans son orbe, que si la lumière nous parvenoit dans un instant.

L'aberration change les rapports apparens des phénomènes célestes, soit avec l'espace, soit avec la durée. Au moment où nous
les voyons encore, ils ne sont déjà plus ; il y a vingt-cinq ou trente
minutes, que les satellites de Jupiter ont cessé d'être éclipsés, quand
nous appercevons la fin de leurs éclipses ; et les variations de la
lumière des étoiles changeantes, précèdent de plusieurs années, les
instans de leurs observations. Mais toutes ces causes d'illusion
étant bien connues, nous pouvons toujours rapporter les phénomènes du systême solaire, à leur vrai lieu et à leur veritable
époque.

La considération des mouvemens célestes nous conduit donc à
déplacer la terre, du centre du monde, où nous la supposions,
trompés par les apparences et par le penchant qui porte l'homme
à se regarder comme le principal objet de la nature. Le globe qu'il
habite, est une planète en mouvement sur elle-même et autour
du soleil. En l'envisageant sous cet aspect, tous les phénomènes
s'expliquent de la manière la plus simple ; les loix des mouvemens
célestes sont uniformes; toutes les analogies sont observées. Ainsi
que Jupiter, Saturne et Uranus, la terre est accompagnée d'un
satellite; elle tourne sur elle-même, comme Vénus, Mars, Jupiter,
Saturne, et probablement toutes les planètes; elle emprunte comme
elles, sa lumière du soleil, et se meut autour de lui, suivant la
même direction et les mêmes loix. Enfin, la pensée du mouvement
de la terre, réunit en sa faveur, la simplicité, l'analogie, et généralement tout ce qui caractérise le vrai systême de la nature. Nous
verrons en la suivant dans ses conséquences, les phénomènes célestes ramenés jusque dans leurs plus petits détails, à une seule loi
dont ils sont les développemens nécessaires. Le mouvement de la
terre acquerra ainsi, toute la certitude dont les vérités physiques
sont susceptibles, et qui peut résulter, soit du grand nombre et de
la variété des phénomènes expliqués, soit de la simplicité des loix
dont on les fait dépendre. Aucune branche des connoissances naturelles, ne réunit à un plus haut degré, ces avantages, que la théorie
du systême du monde, fondée sur le mouvement de la terre.

Ce mouvement agrandit l'univers à nos yeux ; il nous donne
pour mesurer les distances des corps célestes, une base immense ;

O

le diamètre de l'orbe terrestre. C'est par son moyen, que l'on a exactement déterminé les dimensions des orbes planétaires. Ainsi, le mouvement de la terre, qui par les illusions dont il est la cause, a pendant long-temps, retardé la connoissance des mouvemens réels des planètes, nous les a fait connoître ensuite, avec plus de précision, que si nous eussions été placés au foyer de ces mouvemens. Cependant, la parallaxe annuelle des étoiles, ou l'angle sous lequel on verroit de leur centre, le diamètre de l'orbe terrestre, est insensible, et ne s'élève pas à six secondes, même relativement aux étoiles qui par leur vif éclat, semblent être le plus près de la terre; elles en sont donc au moins, cent mille fois plus éloignées que le soleil. Une aussi prodigieuse distance jointe à leur vive clarté, nous prouve évidemment qu'elles n'empruntent point, comme les planètes et les satellites, leur lumière du soleil, mais qu'elles brillent d'une lumière qui leur est propre, en sorte qu'elles sont autant de soleils répandus dans l'immensité de l'espace, et qui semblables au nôtre, peuvent être les foyers d'autant de systêmes planétaires. Il suffit en effet, de nous placer sur le plus voisin de ces astres, pour ne voir le soleil, que comme un astre lumineux dont le diamètre est au-dessous d'un trentième de seconde.

Il résulte de l'immense distance des étoiles, que leurs mouvemens en ascension droite et en déclinaison, ne sont que des apparences produites par le mouvement de l'axe de rotation de la terre. Mais quelques étoiles paroissent avoir des mouvemens propres, et il est vraisemblable qu'elles sont toutes en mouvement, ainsi que le soleil qui transporte avec lui dans l'espace, le systême entier des planètes, des comètes et des satellites; de même que chaque planète entraîne ses satellites, dans son mouvement autour du soleil.

CHAPITRE IV.

Des apparences dues aux mouvemens de la terre.

Du point de vue où la comparaison des phénomènes célestes vient de nous placer, considérons les astres, et montrons la parfaite identité de leurs apparences, avec celles que l'on observe. Soit que le ciel tourne autour de l'axe du monde, soit que la terre tourne sur elle-même, en sens contraire du mouvement apparent du ciel immobile; il est clair que tous les astres se présenteront à nous, de la même manière. Il n'y a de différence, qu'en ce que dans le premier cas, ils viendroient se placer successivement au-dessus des divers méridiens terrestres qui, dans le second cas, vont se placer au-dessous d'eux.

Le mouvement de la terre étant commun à tous les corps situés à sa surface, et aux fluides qui la recouvrent; leurs mouvemens relatifs sont les mêmes que si la terre étoit immobile. Ainsi, dans un vaisseau transporté d'un mouvement uniforme, tout se meut comme s'il étoit en repos; un projectile lancé verticalement de bas en haut, retombe au point d'où il étoit parti; il paroît sur le vaisseau, décrire une verticale; mais vu du rivage, il se meut obliquement à l'horizon, et décrit une courbe parabolique. La rotation de la terre ne peut donc être sensible à sa surface, que par les effets de la force centrifuge qui applatit le sphéroïde terrestre aux pôles, et diminue la pesanteur à l'équateur; deux phénomènes que les mesures des degrés du méridien et du pendule, nous ont fait connoître.

Dans la révolution de la terre autour du soleil, son centre et tous les points de son axe de rotation, étant mûs avec des vîtesses égales et parallèles, cet axe reste toujours parallèle à lui-même; en imprimant donc à chaque instant, aux corps célestes, et à toutes

les parties de la terre, un mouvement égal et contraire à celui de
son centre, ce point restera immobile, ainsi que l'axe de rotation ; mais
ce mouvement imprimé ne change point les apparences de celui du
soleil ; il ne fait que transporter en sens contraire, à cet astre, le
mouvement réel de la terre ; les apparences sont par conséquent,
les mêmes dans l'hypothèse de la terre en repos, et dans celle de son
mouvement autour du soleil. Pour suivre plus particulièrement
l'identité de ces apparences, imaginons un rayon mené du centre
du soleil à celui de la terre : ce rayon est perpendiculaire au plan
qui sépare l'hémisphère éclairé de la terre, de son hémisphère
obscur : le point dans lequel il traverse la surface terrestre, voit
le soleil perpendiculairement au-dessus de lui ; et tous les points du
parallèle terrestre que ce rayon rencontre successivement en vertu
de son mouvement diurne, ont à midi, cet astre au zénith. Or,
soit que le soleil se meuve autour de la terre, soit que la terre se
meuve autour du soleil, et sur elle-même, son axe de rotation con-
servant toujours une situation parallèle ; il est visible que ce rayon
trace la même courbe sur la surface de la terre ; il coupe dans les
deux cas, les mêmes parallèles à l'équateur, lorsque le soleil a la
même longitude apparente ; cet astre s'élève donc également sur
l'horizon, et les jours sont d'une égale durée. Ainsi, les saisons et
les jours sont les mêmes dans l'hypothèse du repos du soleil, et dans
celle de son mouvement autour de la terre ; et l'explication des saisons, que nous avons donnée dans le livre précédent, s'applique
également à la première hypothèse.

Les planètes se meuvent toutes dans le même sens autour du
soleil, mais avec des vîtesses différentes ; les durées de leurs révolutions croissent dans un plus grand rapport que leurs distances à
cet astre ; Jupiter, par exemple, emploie douze années à-peu-près
à parcourir son orbe dont le rayon n'est qu'environ cinq fois plus
grand que celui de l'orbe terrestre ; sa vîtesse réelle est donc moindre
que celle de la terre. Cette diminution de vîtesse dans les planètes,
à mesure qu'elles sont plus distantes du soleil, a généralement lieu
depuis Mercure, la plus voisine de cet astre, jusqu'à Uranus, la
plus éloignée ; et il résulte des loix que nous établirons ci-après,

que les vîtesses moyennes des planètes sont réciproques aux racines quarrées de leurs moyennes distances au soleil.

Considérons une planète dont l'orbe est embrassé par celui de la terre, et suivons-la depuis sa conjonction supérieure, jusqu'à sa conjonction inférieure. Son mouvement apparent ou géocentrique est le résultat de son mouvement réel, combiné avec celui de la terre, transporté en sens contraire. Dans la conjonction supérieure, le mouvement réel de la planète est contraire à celui de la terre; son mouvement géocentrique est donc alors la somme de ces deux mouvemens, et il a la même direction que le mouvement géocentrique du soleil, qui résulte du mouvement de la terre transporté en sens contraire, à cet astre : ainsi le mouvement apparent de la planète est direct. Dans la conjonction inférieure, le mouvement de la planète a la même direction que celui de la terre, et comme il est plus grand, le mouvement géocentrique conserve la même direction; mais il n'est que l'excès du mouvement réel de la planète sur celui de la terre; il a donc une direction contraire au mouvement apparent du soleil; et par conséquent, il est rétrograde. On conçoit facilement que dans le passage du mouvement direct au mouvement rétrograde, la planète doit paroître sans mouvement ou stationnaire, et que cela doit avoir lieu entre la plus grande élongation et la conjonction inférieure, quand le mouvement géocentrique de la planète, résultant de son mouvement réel et de celui de la terre appliqué en sens contraire, est dirigé suivant le rayon visuel de la planète. Ces phénomènes sont entièrement conformes aux mouvemens observés de Mercure et de Vénus.

Le mouvement des planètes dont les orbes embrassent l'orbe terrestre, a la même direction dans leurs oppositions, que le mouvement de la terre; mais il est plus petit, et en se composant avec ce dernier mouvement transporté en sens contraire, il prend une direction opposée à sa direction primitive; le mouvement géocentrique de ces planètes est donc alors rétrograde; il est direct dans leurs conjonctions, ainsi que les mouvemens de Mercure et de Vénus dans les conjonctions supérieures.

En transportant en sens contraire, aux étoiles, le mouvement de la terre; elles doivent paroître décrire, chaque année, une circonférence égale et parallèle à l'orbe terrestre, et dont le diamètre sous-tend dans le ciel, un angle égal à celui sous lequel on voit de leur centre, le diamètre de cet orbe : ce mouvement apparent a beaucoup de rapport avec celui qui résulte de la combinaison des mouvemens de la terre et de la lumière, et par lequel les étoiles nous semblent décrire annuellement une circonférence parallèle à l'écliptique, dont le diamètre sous-tend un angle de 125''; mais il en diffère en ce que ces astres ont la même position que le soleil, sur la première circonférence, au lieu que sur la seconde, ils sont moins avancés que lui, de cent degrés. C'est par-là que l'on peut distinguer ces deux mouvemens, et que l'on s'est assuré que le premier est insensible, l'immense distance où nous sommes des étoiles, rendant insensible, l'angle que sous-tend le diamètre de l'orbe terrestre vu de cette distance.

L'axe du monde n'étant que le prolongement de l'axe de rotation de la terre; on doit rapporter à ce dernier axe, le mouvement des pôles de l'équateur céleste, indiqué par les phénomènes de la précession et de la nutation, exposés dans le chapitre XI du premier livre; ainsi, en même temps que la terre se meut sur elle-même et autour du soleil, son axe de rotation se meut très-lentement autour des pôles de l'écliptique, en faisant de petites oscillations dont la période est la même que celle du mouvement des nœuds de l'orbe lunaire. Au reste, ce mouvement n'est point particulier à la terre; car on a vu dans le chapitre IV du premier livre, que l'axe de la lune se meut dans la même période, autour des pôles de l'écliptique.

CHAPITRE V.

De la figure des orbes des planètes, et des loix de leur mouvement autour du soleil.

Rien ne seroit plus facile que de calculer d'après les données précédentes, la position des planètes pour un instant quelconque, si leurs mouvemens autour du soleil étoient circulaires et uniformes; mais ils sont assujétis à des inégalités très-sensibles dont les loix sont un des plus importans objets de l'astronomie, et le seul fil qui puisse nous conduire au principe général des mouvemens célestes. Pour reconnoître ces loix, dans les apparences que nous offrent les planètes; il faut dépouiller leurs mouvemens, des effets du mouvement de la terre, et rapporter au soleil, leur position observée des divers points de l'orbe terrestre; il est donc nécessaire avant tout, de déterminer les dimensions de cet orbe, et la loi du mouvement de la terre.

On a vu dans le chapitre II du premier livre, que l'orbe apparent du soleil est une ellipse dont le centre de la terre occupe un des foyers; mais le soleil étant réellement immobile, il faut le mettre au foyer de l'ellipse, et placer la terre sur sa circonférence; le mouvement apparent du soleil sera le même, et pour avoir la position de la terre vue du centre du soleil, il suffira d'augmenter de deux angles droits, la position de cet astre.

On a vu encore que le soleil paroît se mouvoir dans son orbe, de manière que le rayon vecteur qui joint son centre à celui de la terre, semble tracer autour d'elle, des aires proportionnelles aux temps: mais dans la réalité, ces aires sont tracées autour du soleil. En général, tout ce que nous avons dit dans le chapitre cité, sur l'excentricité de l'orbe solaire et ses variations, sur la position et le mouvement de son périgée, doit s'appliquer à l'orbe terrestre, en observant seulement que le périgée de la terre est à deux angles droits de distance, de celui du soleil.

La figure de l'orbe terrestre, étant ainsi connue; voyons comment on est parvenu à déterminer celle des orbes des autres planètes. Prenons pour exemple la planète Mars qui, par la grande excentricité de son orbe, et par sa proximité de la terre, est très-propre à nous faire découvrir les loix des mouvemens planétaires.

Le mouvement de Mars autour du soleil et son orbe seroient connus; si l'on avoit pour un instant quelconque, l'angle que fait son rayon vecteur avec une droite invariable passant par le centre du soleil, et la longueur de ce rayon. Pour simplifier ce problême, on choisit les positions de Mars, dans lesquelles l'une de ces quantités se montre séparément, et c'est ce qui a lieu à fort peu près, dans les oppositions où l'on voit cette planète répondre au même point de l'écliptique, auquel on la rapporteroit du centre du soleil. La différence des mouvemens de Mars et de la terre fait correspondre la planète à divers points du ciel, dans ses oppositions successives; en comparant donc entr'elles un grand nombre d'oppositions observées, on pourra découvrir la loi qui existe entre le temps, et le mouvement angulaire de Mars autour du soleil, mouvement que l'on nomme *héliocentrique*. L'analyse offre pour cet objet, diverses méthodes qui se simplifient dans le cas présent, par la considération que les principales inégalités de Mars, redevenant les mêmes à chacune de ses révolutions sydérales; leur ensemble peut être exprimé par une série fort convergente de sinus d'angles multiples de son moyen mouvement, série dont il est facile de déterminer les coëfficiens, au moyen de quelques observations choisies.

On aura ensuite la loi du rayon vecteur de Mars, en comparant les observations de cette planète vers les quadratures, ou lorsque étant à-peu-près à cent degrés, du soleil, ce rayon se présente sous le plus grand angle. Dans le triangle formé par les droites qui joignent les centres de la terre, du soleil, et de Mars, l'observation donne directement l'angle à la terre; la loi du mouvement héliocentrique de Mars donne l'angle au soleil, et l'on en conclut le rayon vecteur de Mars, en parties de celui de la terre, qui lui-même est

donné

donné en parties de la distance moyenne de la terre au soleil. La comparaison d'un grand nombre de rayons vecteurs ainsi déterminés, fera connoître la loi de leurs variations correspondantes aux angles qu'ils forment avec une droite invariable, et l'on pourra tracer la figure de l'orbite.

Ce fut par une méthode à-peu-près semblable, que Kepler reconnut l'alongement et l'excentricité de l'orbe de Mars; il eut l'heureuse idée de comparer sa figure avec celle de l'ellipse, en plaçant le soleil à l'un des foyers; et les nombreuses observations de Ticho, exactement représentées dans l'hypothèse d'un orbe elliptique, ne lui laissèrent aucun doute sur la vérité de cette hypothèse.

On nomme *périhélie*, l'extrémité du grand axe, la plus voisine du soleil; et *aphélie*, l'extrémité la plus éloignée. C'est au périhélie, que la vîtesse angulaire de Mars autour du soleil est la plus grande; elle diminue ensuite à mesure que le rayon vecteur augmente, et elle est la plus petite à l'aphélie. En comparant cette vîtesse, aux puissances du rayon vecteur, Kepler trouva qu'elle est proportionnelle à son quarré, en sorte que le produit du mouvement journalier héliocentrique de Mars, par le quarré de son rayon vecteur, est toujours le même. Ce produit est le double du petit secteur que ce rayon trace, chaque jour, autour du soleil; l'aire qu'il décrit en partant d'une ligne invariable passant par le centre du soleil, croît donc comme le nombre des jours écoulés depuis l'époque où la planète étoit sur cette ligne; ce que Kepler énonça, en établissant que les aires décrites par le rayon vecteur de Mars, sont proportionnelles aux temps.

Ces loix du mouvement de Mars sont les mêmes que celles du mouvement apparent du soleil, que nous avons développées dans le chapitre II du premier livre; ainsi elles ont également lieu pour la terre. Il étoit naturel de les étendre aux autres planètes; Kepler établit donc, comme loix fondamentales du mouvement de ces corps, les deux suivantes que toutes les observations ont confirmées.

Les orbes planétaires sont des ellipses dont le centre du soleil occupe un des foyers.

Les aires décrites autour de ce centre, par les rayons vecteurs des planètes, sont proportionnelles aux temps employés à les décrire.

P

Ces loix suffisent pour déterminer le mouvement des planètes autour du soleil ; mais il est nécessaire de connoître pour chacune d'elles, sept quantités que l'on nomme *élémens du mouvement ellip-tique*. Cinq de ces élémens, relatifs au mouvement dans l'ellipse, sont 1°. la durée de la révolution sydérale ; 2°. le demi grand axe de l'orbite, où la moyenne distance de la planète au soleil ; 3°. l'excen-tricité d'où résulte la plus grande équation du centre ; 4°. la longitude moyenne de la planète à une époque donnée ; 5°. la longitude du périhélie à la même époque. Les deux autres élémens se rapportent à la position de l'orbite, et sont, 1°. la longitude à une époque don-née, des nœuds de l'orbite, ou de ses points d'intersection avec un plan que l'on suppose ordinairement être celui de l'écliptique ; 2°. l'inclinaison de l'orbite, sur ce plan. Il y a donc quarante-neuf élémens à déterminer, pour le système entier des planètes connues : le tableau suivant présente tous ces élémens, pour le commence-ment de 1750.

L'examen de ce tableau nous montre que les durées des révolu-tions des planètes, croissent avec leurs moyennes distances au soleil ; cela fit soupçonner à Kepler qu'elles sont liées à ces distances, par un rapport qu'il se proposa de découvrir. Après un grand nombre de tentatives continuées pendant dix-sept ans, il reconnut enfin, que *les quarrés des temps des révolutions des planètes , sont entre eux comme les cubes des grands axes de leurs orbites.*

Telles sont les loix du mouvement des planètes, loix fondamen-tales qui en donnant une face nouvelle à l'astronomie, ont conduit à la découverte de la pesanteur universelle.

Les ellipses planétaires ne sont point inaltérables ; leurs grands axes paroissent être toujours les mêmes ; mais leurs excentricités, leurs inclinaisons sur un plan fixe, les positions de leurs nœuds et de leurs périhélies , sont assujéties à des variations qui, jusqu'à présent, semblent croître proportionnellement aux temps. Ces va-riations ne devenant bien sensibles que par la suite des siècles, elles ont été nommées *inégalités séculaires :* il n'y a aucun doute sur leur existence ; mais les observations modernes n'étant pas assez éloignées entre elles, et les observations anciennes n'étant pas suffi-samment exactes, pour les fixer avec précision ; il reste encore de l'incertitude sur leur quantité. Le tableau suivant offre les valeurs qui paroissent le mieux satisfaire à l'ensemble de ces observations. On remarque encore des inégalités périodiques qui troublent les mouvemens elliptiques des planètes. Celui du soleil en est un peu altéré, comme on l'a vu dans le livre précédent ; mais ces inégalités sont principalement sensibles dans les deux plus grosses planètes, Jupiter et Saturne. En comparant les observations modernes aux anciennes, les astronomes ont remarqué une diminution dans la durée de la révolution de Jupiter, et un accroissement dans celle de la révolution de Saturne ; les observations modernes, comparées entre elles, donnent un résultat contraire ; ce qui semble indiquer dans le mouvement de ces planètes, de grandes inégalités dont les périodes sont fort longues. Dans ce siècle même, la durée de la révolution de Saturne a paru différente, suivant les points de l'orbite où l'on a fixé le départ de la planète ; ses retours ont été plus rapides à l'équinoxe du printemps, qu'à celui d'automne. Enfin, Jupiter et Saturne éprouvent des inégalités qui s'élèvent à plusieurs minutes, et qui paroissent dépendre de la situation de ces planètes, soit entre elles, soit à l'égard de leurs périhélies. Ainsi, tout annonce que dans le systême planétaire, indépendamment de la cause principale qui fait mouvoir les planètes dans des orbes elliptiques autour du soleil ; il existe des causes particulières qui troublent leurs mouvemens, et qui altèrent à la longue, les élémens de leurs ellipses.

TABLEAU

DU MOUVEMENT ELLIPTIQUE DES PLANÈTES.

Durées des révolutions sydérales.

Mercure.	87,	jours 969255.
Vénus.	224,	700817.
La Terre.	365,	256384.
Mars.	686,	979579.
Jupiter.	4332,	602208.
Saturne.	10759,	077213.
Uranus.	30689,	000000.

Demi-grands axes des orbites, ou distances moyennes.

Mercure. . . . . 0,387100.
Vénus. . . . . 0,723332.
La Terre. . . . . 1,000000.
Mars. . . . . 1,523693.
Jupiter . . . . 5,202778.
Saturne. . . . . 9,538785.
Uranus. . . . . 19,183475.

Rapport de l'excentricité au demi-grand axe, au commencement de 1750.

Mercure. . . . . 0,205513.
Vénus. . . . . 0,006885.
La Terre. . . . . 0,016814.
Mars. . . . . 0,093088.
Jupiter. . . . . 0,048077.
Saturne. . . . . 0,056223.
Uranus. . . . . 0,046683.

Variations séculaires de ce rapport. (Le signe — indique une diminution.)

Mercure. . . . . 0,0000003369.
Vénus. . . . . — 0,00062905.
La Terre. . . . . — 0,00045572.
Mars. . . . . 0,00090685.
Jupiter. . . . . 0,00134245.
Saturne. . . . . — 0,00261553.
Uranus. . . . . — 0,00026228.

Longitudes moyennes au commencement de 1750. (Ces longitudes sont comptées de l'équinoxe moyen du printemps, à l'époque du 31 décembre 1749, à midi, temps moyen à Paris.)

Mercure. . . . . 281°,3194.
Vénus. . . . . 51 ,4963.
La Terre. . . . . 311 ,1218.

Mars. 24°,4219.
Jupiter. . . . . 4 ,1201.
Saturne. . . . . 257 ,0438.
Uranus. . . . . 353 ,9610.

Longitudes du périhélie, au commencement de 1750.

Mercure. . . . . 81°,7401.
Vénus. . . . . 141 ,9759.
La Terre. . . . . 309 ,5790.
Mars. . . . . 368 ,3006.
Jupiter. . . . . 11 ,5012.
Saturne. . . . . 97 ,9466.
Uranus. . . . . 185 ,1262.

Mouvement sydéral et séculaire du périhélie. (Le signe — indique un mouvement rétrograde.)

Mercure. . . . . 1735″,50.
Vénus. . . . . — 699 ,07.
La Terre. . . . . 3671 ,63.
Mars. . . . . 4834 ,57.
Jupiter. . . . . 2030 ,25.
Saturne. . . . . 4967 ,64.
Uranus. . . . . 759 ,85.

Inclinaison de l'orbite à l'écliptique, au commencement de 1750.

Mercure. . . . . 7°,7778.
Vénus. . . . . 3 ,7701.
La Terre. . . . . 0 ,0000.
Mars. . . . . 2 ,0556.
Jupiter. . . . . 1 ,4636.
Saturne. . . . . 2 ,7762.
Uranus. . . . . 0 ,8599.

Variation séculaire de l'inclinaison à l'écliptique vraie.

Mercure. . . . . 55″,09.
Vénus. . . . . 13 ,80.

La Terre. . . . .   0″,00.

Mars. . . . . —   4 ,45.

Jupiter. . . . . —   67 ,40.

Saturne.. . . . . —   47 ,87.

Uranus. . . . .   9 ,38.

Longitude du nœud ascendant sur l'écliptique, au commencement de 1750.

Mercure. . . . .   50°,3836.

Vénus. . . . .   82 ,7093.

La Terre. . . . .   0 ,0000.

Mars. . . . .   52 ,9377.

Jupiter.. . . . .   108 ,8062.

Saturne.. . . . .   123 ,9327.

Uranus.. . . . .   80 ,7015.

Mouvement sydéral et séculaire du nœud sur l'écliptique vraie.

Mercure. . . . . —   2332″,90.

Vénus. . . . . —   5673 ,60.

La Terre. . . . .   0 ,00.

Mars. . . . . —   7027 ,41.

Jupiter. . . . . —   4509 ,50.

Saturne.. . . . . —   5781 ,54.

Uranus.. . . . . —   10608 ,00.

CHAPITRE VI.

De la figure des orbes des comètes, et des loix de leur mouvement autour du soleil.

LE soleil étant au foyer des orbes planétaires, il est naturel de le supposer pareillement au foyer des orbes des comètes. Mais ces astres disparoissant après s'être montrés pendant quelques mois; leurs orbes, au lieu d'être presque circulaires comme ceux des planètes, sont très-alongés, et le soleil est fort voisin de la partie dans laquelle ils sont visibles. L'ellipse, au moyen des nuances qu'elle présente depuis le cercle jusqu'à la parabole, peut convenir à ces orbes divers; l'analogie nous porte donc à mettre les comètes en mouvement dans des ellipses dont le soleil occupe un des foyers, et à les y faire mouvoir suivant les mêmes loix que les planètes, en sorte que les aires tracées par leurs rayons vecteurs soient proportionnelles au temps.

Il est presque impossible de connoître la durée de la révolution d'une comète, et par conséquent le grand axe de son orbe, par les observations d'une seule de ses apparitions; on ne peut donc pas alors déterminer rigoureusement l'aire que trace son rayon vecteur dans un temps donné. Mais on doit considérer que la petite portion d'ellipse, décrite par la comète pendant son apparition, peut se confondre avec une parabole, et qu'ainsi l'on peut calculer son mouvement dans cet intervalle, comme s'il étoit parabolique.

Suivant les loix de Kepler, les secteurs tracés dans le même temps par les rayons vecteurs de deux planètes, sont entr'eux comme les surfaces de leurs ellipses, divisées par les temps de leurs révolutions, et les quarrés de ces temps sont comme les cubes des demigrands axes. Il est facile d'en conclure que si l'on imagine une planète mue dans un orbe circulaire dont le rayon soit égal à la

distance périhélie d'une comète ; le secteur décrit par le rayon vecteur de la comète sera au secteur correspondant décrit par le rayon
vecteur de la planète, dans le rapport de la racine quarrée de la
distance aphélie de la comète, à la racine quarrée du demi-grand
axe de son orbe, rapport qui, lorsque l'ellipse se change en parabole, devient celui de la racine quarrée de deux, à l'unité. On a
ainsi le rapport du secteur de la comète à celui de la planète fictive,
et il est aisé par ce qui précède, d'avoir le rapport de ce dernier
secteur, à celui que trace dans le même temps, le rayon vecteur de
la terre. On peut donc déterminer pour un instant quelconque,
à partir de l'instant du passage de la comète par le périhélie, l'aire
tracée par son rayon vecteur, et fixer sa position sur la parabole
qu'elle est censée décrire.

Il ne s'agit plus que de tirer des observations, les élémens du
mouvement parabolique, c'est-à-dire, la distance périhélie de la
comète, la position du périhélie, l'instant du passage par le périhélie,
l'inclinaison de l'orbe à l'écliptique, et la position de ses nœuds. La
recherche de ces cinq élémens présente de plus grandes difficultés,
que celle des élémens des planètes qui, étant toujours visibles, et
ayant été observées pendant une longue suite d'années, peuvent
être comparées dans les positions les plus favorables à la détermination de ces élémens ; au lieu que les comètes ne paroissent que
pendant fort peu de temps, et souvent dans des circonstances où
leur mouvement apparent est très-compliqué par le mouvement
réel de la terre, que nous leur transportons toujours en sens contraire. Malgré ces difficultés, on est parvenu par diverses méthodes,
à déterminer les élémens des orbes des comètes. Trois observations
complètes sont plus que suffisantes pour cet objet ; toutes les autres
servent à confirmer l'exactitude de ces élémens, et la vérité de la
théorie que nous venons d'exposer. Plus de quatre-vingts comètes
dont les nombreuses observations sont exactement représentées
par cette théorie, la mettent à l'abri de toute atteinte. Ainsi, les
comètes que l'on a regardées pendant long-temps, comme des météores, sont de la même nature que les planètes ; leurs mouvemens
et leurs retours sont réglés suivant les mêmes loix que les mouvemens planétaires.

Observons ici, comment le vrai systême de la nature, en se
développant, se confirme de plus en plus. La simplicité des phénomènes célestes dans la supposition du mouvement de la terre,
comparée à leur extrême complication dans celle de son immobilité, rend la première de ces suppositions fort vraisemblable :
les loix du mouvement elliptique, communes alors aux planètes
et à la terre, augmentent beaucoup cette vraisemblance qui devient plus grande encore, par la considération du mouvement des
comètes assujetties aux mêmes loix, dans cette hypothèse.

Les comètes ne se meuvent pas toutes dans le même sens, comme
les planètes : les unes ont un mouvement réel direct, d'autres ont
un mouvement rétrograde. Les inclinaisons de leurs orbes ne sont
point renfermées dans une zône étroite, comme celles des orbes
planétaires : elles offrent toutes les variétés d'inclinaison, depuis
l'orbe couché sur le plan de l'écliptique, jusqu'à l'orbe perpendiculaire à ce plan.

On reconnoît une comète, quand elle reparoît, par l'identité des
élémens de son orbite, avec ceux de l'orbite d'une comète déjà observée. Si la distance périhélie, la position du périhélie et des
nœuds, et l'inclinaison de l'orbite, sont à fort peu près les mêmes ;
il est alors très-probable que la comète qui paroît, est celle que
l'on avoit observée précédemment, et qui, après s'être éloignée à
une distance où elle étoit invisible, revient dans la partie de son
orbite, voisine du soleil. Les durées des révolutions des comètes
étant fort longues, et ces astres n'ayant été observés avec un peu
de soin, que depuis environ deux siècles ; on ne connoît encore
avec certitude, que le temps de la révolution d'une seule comète,
celle de 1682, que l'on avoit déjà observée en 1607 et 1531, et qui
a reparu en 1759. Cette comète emploie environ soixante-seize ans
à revenir à son périhélie ; ainsi, en prenant pour unité, la moyenne
distance du soleil à la terre, le grand axe de son orbite est à-peu-
près 35,9 ; et comme sa distance périhélie n'est que 0,58, elle s'éloigne du soleil au moins trente-cinq fois plus que la terre, en parcourant une ellipse fort excentrique. Son retour au périhélie a été
de treize mois plus long de 1531 à 1607, que de 1607 à 1682 ; il a été
de dix-huit mois plus court de 1607 à 1682, que de 1682 à 1759.

Q

Il paroît donc que des causes semblables à celles qui altèrent le mouvement elliptique des planètes, troublent celui des comètes, d'une manière encore plus sensible.

On a soupçonné le retour de quelques autres comètes : le plus probable de ces retours étoit celui de la comète de 1532, que l'on a cru être la même que la comète de 1661, et dont on a fixé la révolution à cent vingt-neuf ans. Mais cette comète n'ayant point reparu en 1790, comme on s'y attendoit; il y a tout lieu de croire que ces deux comètes ne sont pas la même. Cela doit nous rendre très-circonspects à prononcer sur l'identité de deux comètes observées. Essayons de calculer la vraisemblance de cette identité, quand les élémens sont peu différens.

Supposons que la différence ne soit que d'un degré sur l'inclinaison de l'orbite, et sur les lieux du nœud ascendant et du périhélie; et qu'elle soit d'un centième sur la distance périhélie, la moyenne distance du soleil à la terre, étant prise pour unité. Supposons encore que les erreurs des élémens déduits des observations, et les altérations que ces élémens ont pu éprouver dans l'intervalle des deux apparitions de la comète, soient dans les limites précédentes, en sorte que rien n'empêche de considérer les deux comètes, comme étant la même.

L'inclinaison de l'orbite d'une nouvelle comète, à l'écliptique, peut varier depuis zéro jusqu'à la demi-circonférence; mais au-delà de cent degrés d'inclinaison, le mouvement change de direction; ainsi par l'inclinaison seule, on peut indiquer si le mouvement est direct ou rétrograde. La probabilité que l'inclinaison de l'orbite d'une nouvelle comète ne s'éloignera pas de plus d'un degré, au-dessus ou au-dessous de l'inclinaison de l'orbite d'une ancienne comète, est donc égale à $\frac{1}{100}$. La position du nœud ascendant d'une nouvelle comète, peut varier depuis zéro jusqu'à 400°; la probabilité qu'elle ne différera pas de plus d'un degré, de celle du nœud d'une comète anciennement observée, est par conséquent, $\frac{1}{100}$. Pareillement, la probabilité que la position du périhélie d'une comète ne différera pas de plus d'un degré, de celle du périhélie d'une ancienne comète, est $\frac{1}{100}$. Nous supposerons que la distance périhélie peut également varier dans l'intervalle compris depuis zéro jusqu'à 1,5 : à la vérité, on a vu des comètes dont la distance périhélie a surpassé 1,5; mais ces cas sont assez rares pour que nous puissions nous dispenser d'y avoir égard dans cet essai de calcul, une plus grande distance périhélie rendant presque toujours les comètes invisibles. La probabilité que la distance périhélie d'une nouvelle comète, ne différera pas d'un centième, de la distance périhélie d'une comète anciennement observée, sera donc à fort peu près, $\frac{4}{300}$. Ainsi, la probabilité que les élémens d'une nouvelle comète ne s'écarteront pas de ceux d'une comète ancienne, au-delà des limites précédentes, sera le produit des quatre nombres $\frac{1}{100}$, $\frac{1}{100}$, $\frac{1}{100}$, $\frac{4}{300}$, et par conséquent, elle sera égale à une fraction dont le numérateur, étant l'unité, le dénominateur est égal à trois cents millions.

La théorie des hasards donne la règle suivante, pour avoir la probabilité que la nouvelle comète est la même que la comète anciennement observée. Multipliez cette fraction, par le nombre des comètes visibles et non encore observées, augmenté de l'unité; divisez l'unité, par ce produit plus un; le quotient sera la probabilité cherchée.

Si les limites des erreurs des élémens déduits des observations, sont plus grandes que les précédentes; il faut, au lieu de la fraction un divisé par trois cents millions, employer le produit de cette fraction, par celui des quatre nombres qui expriment combien chaque limite contient la limite supposée précédemment.

Le nombre des comètes visibles et non encore observées, étant inconnu; il est impossible de calculer la probabilité dont il s'agit. Cependant, on peut croire avec vraisemblance, qu'il n'excède pas un million; en le supposant égal à ce nombre, il y a 300 à parier contre l'unité, qu'une comète dont les élémens ne diffèrent de ceux d'une ancienne comète, que des quantités précédentes, est la même. En comparant ainsi les élémens des comètes de 1607 et de 1682, Halley pouvoit annoncer avec une probabilité égale à $\frac{1100}{1101}$, que ces deux comètes sont la même, et qu'elle reparoîtroit vers le milieu de ce siècle. La crainte de se tromper, quoique déjà fort petite, devint presque nulle, lorsqu'il eut reconnu à-peu-près les élémens de cette comète, dans ceux de la comète observée en 1531; et cette

crainte a disparu entièrement pour nous qui avons revu la comète
en 1759.

Mais il n'en est pas ainsi de la comète de 1532 ; ses élémens ont
été déterminés sur les observations d'Appien et de Fracastor, et
ces observations sont si grossières, qu'elles laissent une incertitude
de 41° sur la position du nœud, de 10° sur l'inclinaison, de 22° sur
la position du périhélie, et de 0,255 sur la distance périhélie. Il faut
conséquemment, multiplier la fraction un divisé par trois cents
millions, par le produit 41.10.22.17 ; ce qui la réduit à 0,000517 ; en
supposant donc qu'il y ait encore mille comètes visibles et non
observées, ce qui n'est point invraisemblable ; la probabilité que les
deux comètes de 1532 et de 1661, sont la même, seroit environ $\frac{1}{2}$,
probabilité beaucoup trop petite, pour prononcer l'identité des
deux comètes ; ainsi, l'on ne doit pas être surpris que cette comète
n'ait point reparu dans ces dernières années.

La nébulosité dont les comètes sont presque toujours environnées, paroît être formée des vapeurs que la chaleur solaire élève
de leur surface. On conçoit, en effet, que la grande chaleur qu'elles
éprouvent vers leur périhélie, doit raréfier les matières que con-
geloit le froid excessif qu'elles éprouvoient à leurs aphélies. Il
paroît encore que les queues des comètes ne sont que ces vapeurs
élevées à de très-grandes hauteurs, par cette raréfaction combinée
soit avec l'impulsion des rayons solaires, soit avec la dissolution de
ces vapeurs dans le fluide qui nous réfléchit la lumière zodiacale.
Cela semble résulter de la direction de ces queues qui sont toujours
au-delà des comètes, relativement au soleil, et qui ne devenant
visibles que près du périhélie, ne parviennent au *maximum*, qu'après
le passage à ce point, lorsque la chaleur communiquée aux comètes
par le soleil, s'est accrue par sa durée et par la proximité de cet
astre.

CHAPITRE VII.

Des loix du mouvement des satellites autour de leurs planètes.

No us avons exposé dans le chapitre vi du livre précédent, les loix du mouvement du satellite de la terre, et ses principales iné-galités. Il nous reste à considérer celles du mouvement des satel-lites de Jupiter, de Saturne et d'Uranus.

Si l'on prend pour unité, le demi-diamètre de l'équateur de Jupiter, supposé de 60″,185, à la moyenne distance de la planète au soleil; les distances moyennes de ses satellites à son centre, seront à fort peu près.

I. Satellite. . . . . 5,697300.
II. Satellite. . . . . 9,065898.
III. Satellite. . . . . 14,461628.
IV. Satellite. . . . . 25,436000.

Les durées de leurs révolutions sydérales sont:

I. Satellite. . . . . . . 1ʲ,769137787069931.
II. Satellite. . . . . . . 3,551181016734509.
III. Satellite. . . . . . . 7,154552807541524.
IV. Satellite. . . . . . . 16,689019396008634.

Les durées des révolutions synodiques des satellites, ou les inter-valles des retours de leurs conjonctions moyennes à Jupiter, sont faciles à conclure des durées de leurs révolutions sydérales, et de celle de la révolution sydérale de Jupiter.

Au commencement de 1700, les longitudes moyennes des satellites étoient :

I. Satellite. . . . . 85°,8491.
II. Satellite. . . . . 83 ,5827.
III. Satellite. . . . . 182 ,4495.
IV. Satellite. . . . . 253 ,1545.

En comparant les distances des quatre satellites de Jupiter, aux durées de leurs révolutions; on observe entre ces quantités, le beau rapport que nous avons vu exister entre les distances moyennes des planètes au soleil, et les durées de leurs révolutions; c'est-à-dire que *les quarrés des temps des révolutions sydérales des satellites, sont entr'eux comme les cubes de leurs moyennes distances au centre de Jupiter.*

Les fréquentes éclipses des satellites, ont fourni aux astronomes, le moyen de suivre leurs mouvemens, avec une précision que l'on ne peut pas attendre de l'observation de leur distance à Jupiter; elles ont fait connoître les résultats suivans.

L'ellipticité de l'orbe du premier satellite est insensible; son plan coïncide à très-peu près avec celui de l'équateur de Jupiter, dont l'inclinaison à l'orbe de cette planète, est de 4°,4444.

L'ellipticité de l'orbe du second satellite, est pareillement insensible : son inclinaison sur l'orbe de Jupiter, est variable, ainsi que la position de ses nœuds. Toutes ces variations sont représentées à-peu-près, en supposant l'orbe du satellite, incliné d'environ 5182″ à l'équateur de Jupiter, et en donnant à ses nœuds sur ce plan, un mouvement rétrograde dont la période est de trente années Juliennes.

On observe une petite ellipticité dans l'orbe du troisième satellite; l'extrémité de son grand axe, la plus voisine de Jupiter, et que l'on nomme *périjove,* a un mouvement direct, et l'excentricité de l'orbe paroît assujettie à des variations très-sensibles. Vers la fin du dernier siècle, l'équation du centre étoit à son *maximum* où elle s'élevoit à-peu-près à 2661″: elle a ensuite diminué, et vers 1775, elle étoit à son *minimum* et d'environ 759″. L'inclinaison de l'orbe de ce satellite, sur celui de Jupiter, et la position de ses nœuds sont variables; on représente à-peu-près ces variations, en supposant l'orbe incliné d'environ 2244″ sur l'équateur de Jupiter, et en donnant à ses nœuds, un mouvement rétrograde sur le plan de cet équateur, dans une période de 137 ans.

L'orbe du quatrième satellite a une ellipticité très-sensible; son périjove a un mouvement direct d'environ 7852″; cet orbe est incliné de 272′ à l'orbe de Jupiter. C'est en vertu de cette inclinaison, que le quatrième satellite passe souvent derrière la planète relativement au soleil, sans s'éclipser. Depuis la découverte des satellites, jusqu'en 1760, l'inclinaison a paru constante; mais elle a augmenté d'une quantité sensible dans ces dernières années. Nous reviendrons sur toutes ces variations, quand nous en développerons la cause.

Indépendamment de ces variations, les mouvemens des satellites de Jupiter, sont assujettis à des inégalités qui troublent leurs mouvemens elliptiques, et qui rendent leur théorie fort compliquée; elles sont principalement sensibles dans les trois premiers satellites dont les mouvemens offrent des rapports très-remarquables.

Leurs moyens mouvemens sont tels que celui du premier satellite, plus deux fois celui du troisième, est à très-peu près égal à trois fois le moyen mouvement du second satellite. Le même rapport subsiste entre les moyens mouvemens synodiques; car le mouvement synodique n'étant que l'excès du mouvement sydéral d'un satellite, sur celui de Jupiter; si l'on substitue les mouvemens synodiques, au lieu des moyens mouvemens, dans l'égalité précédente; le moyen mouvement de Jupiter disparoît, et l'égalité reste la même.

Les longitudes moyennes soit synodiques, soit sydérales des trois premiers satellites vus du centre de Jupiter, sont telles que la longitude du premier satellite, moins trois fois celle du second, plus deux fois celle du troisième, est égale à très-peu près, à la demi-circonférence. Cette égalité est si approchée, que l'on est tenté de la regarder comme rigoureuse, et de rejeter sur les erreurs des observations, les quantités très-petites dont elles s'en écartent. On peut

au moins, assurer qu'elle subsistera pendant une longue suite de
siècles ; d'où il résulte que d'ici à un très-grand nombre d'années,
les trois premiers satellites de Jupiter ne pourront pas être éclipsés
à la fois.

Ses périodes et les loix des principales inégalités de ces satellites,
sont les mêmes. L'inégalité du premier, avance ou retarde ses
éclipses ; de 235" en temps, dans son *maximum*. En comparant sa
marche, aux positions respectives des deux premiers satellites, on
a trouvé qu'elle disparoît, lorsque ces satellites vus du centre de
Jupiter sont en même temps en opposition au soleil ; qu'elle
croît ensuite et devient la plus grande, lorsque le premier satellite,
au moment de son opposition, est de 50° plus avancé que le second ;
qu'elle redevient nulle, lorsqu'il est plus avancé de 100° ; qu'au-
delà, elle prend un signe contraire, et retarde les éclipses, et qu'elle
augmente, jusqu'à 150° de distance entre les satellites, où elle est
à son *maximum* négatif ; qu'elle diminue ensuite et disparoît à 200°
de distance ; enfin, que dans la seconde moitié de la circonférence,
elle suit les mêmes loix que dans la première. On a conclu de-là,
qu'il existe dans le mouvement du premier satellite autour de
Jupiter, une inégalité de 5258" dans son *maximum*, et proportionnelle au sinus du double de l'excès de la longitude moyenne du
premier satellite sur celle du second, excès égal à la différence des
longitudes moyennes synodiques des deux satellites. La période de
cette inégalité n'est pas de quatre jours : mais comment dans les
éclipses du premier satellite, se transforme-t-elle dans une période
de 437^j, 75 ? C'est ce que nous allons expliquer.

Supposons que le premier et le second satellites partent ensemble,
de leurs moyennes oppositions au soleil. A chaque circonférence que décrira le premier satellite, en vertu de son moyen mouvement synodique, il sera dans son opposition moyenne. Si l'on
conçoit un astre fictif dont le mouvement angulaire soit égal à
l'excès du moyen mouvement synodique du premier satellite, sur
deux fois celui du second ; alors, le double de la différence des
moyens mouvemens synodiques des deux satellites, sera dans les
éclipses du premier, égal à un multiple de la circonférence, plus
au mouvement de l'astre fictif ; le sinus de ce dernier mouvement

sera donc proportionnel à l'inégalité du premier satellite dans ses éclipses, et pourra la représenter. Sa période est égale à la durée du mouvement de l'astre fictif, durée qui, d'après les moyens mouve-mens synodiques des deux satellites, est de $437^{j},75$; elle est ainsi déterminée avec une plus grande précision, que par l'observation directe.

L'inégalité du second satellite suit une loi semblable à celle du premier, avec cette différence, qu'elle est constamment de signe contraire. Elle avance ou retarde les éclipses de $1059''$ en temps, dans son *maximum*. En la comparant aux positions respectives des deux premiers satellites; on observe qu'elle disparoît, lorsqu'ils sont à-la-fois en opposition au soleil; qu'elle retarde ensuite, de plus en plus, les éclipses du second satellite, jusqu'à ce que les deux satellites soient éloignés entre eux, de cent degrés, à l'instant de ces phénomènes; que ce retard diminue et redevient nul, lorsque la distance mutuelle des deux satellites est de deux cents degrés; enfin, qu'au-delà de ce terme, les éclipses avancent de la manière dont elles avoient précédemment retardé. On a conclu de ces observa-tions, qu'il existe dans le mouvement du second satellite, une inégalité de $11923''$ dans son *maximum*, proportionnelle et affectée d'un signe contraire au sinus de l'excès de la longitude moyenne du premier satellite, sur celle du second, excès égal à la différence des moyens mouvemens synodiques des deux satellites.

Si les deux satellites partent ensemble, de leur opposition moyenne au soleil; le second satellite sera dans son opposition moyenne, à chaque circonférence qu'il décrira en vertu de son moyen mouvement synodique. Si l'on conçoit comme précédem-ment, un astre dont le mouvement angulaire soit égal à l'excès du moyen mouvement synodique du premier satellite, sur deux fois celui du second; alors, la différence des mouvemens synodiques des deux satellites, sera dans les éclipses du second, égal à un mul-tiple de la circonférence, plus au mouvement de l'astre fictif; l'iné-galité du second satellite sera donc dans ses éclipses, proportion-nelle au sinus du mouvement de cet astre fictif. On voit ainsi la raison pour laquelle la période et la loi de cette inégalité, sont les mêmes que celles de l'inégalité du premier satellite.

R

L'influence du premier satellite sur l'inégalité du second, est
très-vraisemblable; mais si le troisième satellite produit dans le
mouvement du second, une inégalité semblable à celle que le second semble produire dans le mouvement du premier, c'est-à-dire,
proportionnelle au sinus du double de la différence des longitudes-
moyennes du second et du troisième satellites ; cette nouvelle inégalité se confondra avec celle qui est due au premier satellite : car,
en vertu du rapport qu'ont entre elles, les longitudes moyennes des
trois premiers satellites, et que nous avons exposé ci-dessus; la
différence des longitudes moyennes des deux premiers satellites, est
égale à la demi-circonférence, plus au double de la différence des
longitudes moyennes du second et du troisième satellites, en sorte
que le sinus de la première différence est le même que le sinus du
double de la seconde différence, avec un signe contraire. L'inégalité
produite par le troisième satellite dans le mouvement du second,
auroit ainsi le même signe, et suivroit la même loi, que l'inégalité
observée dans ce mouvement; il est donc fort probable que cette
inégalité est le résultat de deux inégalités, dépendantes du premier
et du troisième satellites. Si, par la suite des siècles, le rapport précédent entre les longitudes moyennes de ces trois satellites, cessoit
d'avoir lieu; ces deux inégalités maintenant confondues, se sépa-
reroient, et l'on pourroit connoître leur valeur respective. Mais,
suivant les observations, ce rapport doit subsister pendant très-
long-temps, et nous verrons dans le quatrième livre, qu'il est
rigoureux.

Enfin, l'inégalité relative au troisième satellite dans ses éclipses,
comparée aux positions respectives du second et du troisième satellites, offre les mêmes rapports, que l'inégalité du second, comparée aux positions respectives des deux premiers satellites. Il
existe donc dans le mouvement du troisième satellite, une inégalité
proportionnelle au sinus de l'excès de la longitude moyenne du
second satellite sur celle du troisième, inégalité qui, dans son
maximum, est de 827″. Si l'on conçoit un astre dont le mouvement
angulaire soit égal à l'excès du moyen mouvement synodique du
second satellite, sur le double du moyen mouvement synodique du
troisième ; l'inégalité du troisième satellite, sera dans ses éclipses,

proportionnelle au sinus du mouvement de cet astre fictif; or en
vertu du rapport qui existe entre les longitudes moyennes des trois
satellites, le sinus de ce mouvement est, au signe près, le même que
celui du mouvement du premier astre fictif que nous avons considéré. Ainsi, l'inégalité du troisième satellite dans ses éclipses, a la
même période, et suit les mêmes loix, que les inégalités des deux
premiers satellites.

Telle est la marche des principales inégalités des trois premiers
satellites de Jupiter, que Bradley avoit entrevues, et que Vargentin
a exposées ensuite, dans un grand jour. Leur correspondance et
celle des moyens mouvemens et des longitudes moyennes, semblent faire un systême à part, de ces trois corps animés par des
forces communes, et liés par de communs rapports.

Considérons présentement les satellites de Saturne. Si l'on prend
pour unité, le demi-diamètre de cette planète vue de sa moyenne
distance au soleil; les distances des satellites à son centre, seront:

$$I. \dots\dots\dots\dots\dots\dots\dots 3{,}080.$$
$$II. \dots\dots\dots\dots\dots\dots\dots 3{,}952.$$
$$III. \dots\dots\dots\dots\dots\dots\dots 4{,}895.$$
$$IV. \dots\dots\dots\dots\dots\dots\dots 6{,}268.$$
$$V. \dots\dots\dots\dots\dots\dots\dots 8{,}754.$$
$$VI. \dots\dots\dots\dots\dots\dots\dots 20{,}295.$$
$$VII. \dots\dots\dots\dots\dots\dots\dots 59{,}154.$$

Les durées de leurs révolutions sydérales sont:

$$I. \dots\dots\dots\dots\dots\dots\dots 0^{j}{,}94271.$$
$$II. \dots\dots\dots\dots\dots\dots\dots 1{,}57024.$$
$$III. \dots\dots\dots\dots\dots\dots\dots 1{,}88780.$$
$$IV. \dots\dots\dots\dots\dots\dots\dots 2{,}73948.$$
$$V. \dots\dots\dots\dots\dots\dots\dots 4{,}51749.$$
$$VI. \dots\dots\dots\dots\dots\dots\dots 15{,}9453.$$
$$VII. \dots\dots\dots\dots\dots\dots\dots 79{,}3296.$$

En comparant les durées des révolutions de ces satellites, à leurs
moyennes distances au centre de Saturne; on retrouve encore le

R 2

beau rapport découvert par Kepler, relativement aux planètes, et que nous avons vu exister dans le système des satellites de Jupiter; c'est-à-dire, que *les quarrés des temps des révolutions des satellites de Saturne, sont entr'eux, comme les cubes de leurs moyennes distances au centre de cette planète.*

Le grand éloignement des satellites de Saturne, et la difficulté d'observer leur position, n'a pas permis de reconnoître l'ellipticité de leurs orbites, et encore moins, les inégalités auxquelles leurs mouvemens sont assujétis. Cependant, l'ellipticité de l'orbite du sixième satellite est sensible.

Si l'on prend pour unité, le demi-diamètre d'Uranus, supposé de 6″, vu de la moyenne distance de la planète au soleil; les distances de ses satellites à son centre, seront:

I. . . . . 13,120.
II. . . . . 17,022.
III. . . . . 19,845.
IV. . . . . 22,752.
V. . . . . 45,507.
VI. . . . . 91,008.

Les durées de leurs révolutions sydérales sont:

I. . . . . 5^j,8926.
II. . . . . 8 ,7068.
III. . . . . 10 ,9611.
IV. . . . . 13 ,4559.
V. . . . . 38 ,0750.
VI. . . . . 107 ,6944.

Ces durées, à l'exception de la seconde et de la quatrième, ont été conclues des plus grandes élongations observées, et de l'hypothèse que les quarrés des temps des révolutions des satellites sont comme les cubes de leurs distances moyennes au centre de la planète, hypothèse que les observations confirment relativement au second et au quatrième satellites d'Uranus, en sorte qu'elle doit être regardée comme une loi générale du mouvement d'un système de corps qui circulent autour d'un foyer commun.

Maintenant, quelles sont les forces principales qui retiennent les planètes, les satellites et les comètes, dans leurs orbes respectifs? Quelles forces particulières troublent leurs mouvemens elliptiques? Quelle cause fait rétrograder les équinoxes, et mouvoir les axes de rotation de la terre et de la lune? Par quelles forces, enfin, les eaux de la mer sont-elles soulevées deux fois par jour? La supposition d'un seul principe dont tous ces effets dépendent, est digne de la simplicité et de la majesté de la nature. La généralité des loix que présentent les mouvemens célestes, semble en indiquer l'existence; déjà même, on entrevoit ce principe, dans les rapports de ces phénomènes, avec la position respective des corps du système solaire. Mais pour l'en faire sortir avec évidence, il faut connoître les loix du mouvement de la matière.

LIVRE TROISIÈME.

DES LOIX DU MOUVEMENT.

At nunc per maria ac terras sublimaque cœli,
Multa modis multis, varia ratione moveri
Cernimus ante oculos.

LUCRET. lib. I.

Au milieu de l'infinie variété des phénomènes qui se succèdent continuellement sur la terre; on est parvenu à démêler le petit nombre de loix générales que la matière suit dans ses mouvemens. Tout leur obéit dans la nature; tout en dérive aussi nécessairement que le retour des saisons; et la courbe décrite par l'atôme léger que les vents semblent emporter au hasard, est réglée d'une manière aussi certaine, que les orbes planétaires. L'importance de ces loix dont nous dépendons sans cesse, auroit dû exciter la curiosité dans tous les temps; mais, par une indifférence trop ordinaire à l'esprit humain, elles ont été ignorées jusqu'au commencement du dernier siècle, époque à laquelle Galilée jeta les premiers fondemens de la science du mouvement, par ses belles découvertes sur la chute des corps. Les géomètres, en marchant sur les traces de ce grand homme, ont enfin réduit la mécanique entière, à des formules générales qui ne laissent plus à desirer que la perfection de l'analyse.

CHAPITRE PREMIER.

Des forces et de leur composition.

Un corps nous paroît être en mouvement, lorsqu'il change de situation par rapport à un système de corps que nous jugeons en repos. Ainsi, dans un vaisseau mu d'une manière uniforme, les corps nous semblent se mouvoir, lorsqu'ils répondent successivement à ses diverses parties. Ce mouvement n'est que relatif; car le vaisseau se meut sur la surface de la mer qui tourne autour de l'axe de la terre dont le centre se meut autour du soleil qui lui-même est emporté dans l'espace avec la terre et les planètes. Pour concevoir un terme à ces mouvemens, et pour arriver enfin à des points fixes d'où l'on puisse compter le mouvement absolu des corps; on imagine un espace sans bornes, immobile et pénétrable à la matière. C'est aux parties de cet espace réel ou idéal, que nous rapportons par la pensée, la position des corps; et nous les concevons en mouvement, lorsqu'ils répondent successivement à divers lieux de cet espace.

La nature de cette modification singulière en vertu de laquelle un corps est transporté d'un lieu dans un autre, est et sera toujours inconnue. Elle a été désignée sous le nom de *force;* on ne peut déterminer que ses effets, et les loix de son action.

L'effet d'une force agissante sur un point matériel, est de le mettre en mouvement, si rien ne s'y oppose. La direction de la force, est la droite qu'elle tend à lui faire décrire. Il est visible que si deux forces agissent dans le même sens, elles s'ajoutent l'une à l'autre; et que si elles agissent en sens contraire, le point ne se meut qu'en vertu de leur différence, en sorte qu'il resteroit en repos, si elles étoient égales.

Si les directions des deux forces font entre elles, un angle quelconque; leur résultante prendra une direction moyenne, et l'on démontre par la seule géométrie, que si, à partir du point de concours des forces, on prend sur leurs directions, des droites pour les représenter; si l'on forme ensuite, sur ces droites, un parallélogramme; sa diagonale représentera pour la direction et pour la quantité, leur résultante.

On peut, à deux forces composantes, substituer leur résultante; et réciproquement, on peut, à une force quelconque, en substituer deux autres dont elle seroit la résultante; on peut donc décomposer une force, en deux autres parallèles à deux axes situés dans son plan et perpendiculaires entre eux. Il suffit pour cela, de mener par la première extrémité de la droite qui représente cette force, deux lignes parallèles à ces axes, et de former sur ces lignes, un rectangle dont cette droite soit la diagonale. Les deux côtés du rectangle représenteront les forces dans lesquelles la proposée peut se décomposer parallèlement aux axes.

Si la force est inclinée à un plan donné de position; en prenant sur sa direction, à partir du point où elle rencontre le plan, une ligne pour la représenter; la perpendiculaire abaissée de l'extrémité de cette ligne sur le plan, sera la force primitive décomposée perpendiculairement à ce plan. La droite qui, menée dans le plan, joint la force et la perpendiculaire, sera cette force décomposée parallèlement au plan. Cette seconde force partielle peut elle-même se décomposer en deux autres parallèles à deux axes situés dans le plan, et perpendiculaires l'un à l'autre. Ainsi, toute force peut être décomposée en trois autres parallèles à trois axes perpendiculaires entre eux.

De-là naît un moyen simple d'avoir la résultante d'un nombre quelconque de forces qui agissent sur un point matériel; car en décomposant chacune d'elles, en trois autres parallèles à trois axes donnés de position, et perpendiculaires entre eux; il est clair que toutes les forces parallèles au même axe, se réduiront à une seule égale à la somme de celles qui agissent dans un sens, moins la somme de celles qui agissent en sens contraire. Ainsi, le point sera sollicité par trois forces perpendiculaires entre elles ; et si l'on prend sur chacune de leurs directions, à partir du point de concours, trois droites pour les représenter ; si l'on forme ensuite sur ces droites, un parallélépipède rectangle ; la diagonale de ce solide représentera pour la quantité et pour la direction, la résultante de toutes les forces qui agissent sur le point.

CHAPITRE II.

Du mouvement d'un point matériel.

Un point en repos, ne peut se donner aucun mouvement; puisqu'il ne renferme pas en soi, de raison pour se mouvoir dans un sens plutôt que dans un autre. Lorsqu'il est sollicité par une force quelconque, et ensuite abandonné à lui-même, il se meut constamment d'une manière uniforme dans la direction de cette force, s'il n'éprouve aucune résistance; c'est-à-dire, qu'à chaque instant, sa force et la direction de son mouvement sont les mêmes. Cette tendance de la matière à persévérer dans son état de mouvement ou de repos, est ce que l'on nomme *inertie ;* c'est la première loi du mouvement des corps.

La direction du mouvement en ligne droite, suit évidemment de ce qu'il n'y a aucune raison pour que le point s'écarte plutôt à droite, qu'à gauche de sa direction primitive; mais l'uniformité de son mouvement n'est pas de la même évidence. La nature de la force motrice, étant inconnue; il est impossible de savoir *à priori*, si cette force doit se conserver sans cesse. A la vérité, un corps étant incapable de se donner aucun mouvement, il paroît également incapable d'altérer celui qu'il a reçu; en sorte que la loi d'inertie est au moins, la plus naturelle et la plus simple que l'on puisse imaginer. Elle est d'ailleurs confirmée par l'expérience : en effet, nous observons sur la terre, que les mouvemens se perpétuent plus long-temps, à mesure que les obstacles qui s'y opposent, viennent à diminuer, ce qui nous porte à croire que, sans ces obstacles, ils dureroient toujours. Mais l'inertie de la matière est principalement remarquable dans les mouvemens célestes qui, depuis un grand nombre de siècles, n'ont point éprouvé d'altération sensible. Ainsi, nous regarderons l'inertie, comme une loi de la nature, et lorsque nous observerons de l'altération dans le mouvement d'un corps, nous supposerons qu'elle est due à l'action d'une cause étrangère.

Dans le mouvement uniforme, les espaces parcourus sont proportionnels aux temps : mais les temps employés à décrire un espace déterminé, sont plus ou moins longs, suivant la grandeur de la force motrice. Ces différences ont fait naître l'idée de vîtesse qui, dans le mouvement uniforme, est le rapport de l'espace au temps employé à le parcourir. Pour ne pas comparer ensemble des quantités hétérogènes, telles que l'espace et le temps ; on prend un intervalle de temps, la seconde par exemple, pour unité de temps ; on choisit pareillement une unité d'espace, telle que le mètre ; et alors, l'espace et le temps sont des nombres abstraits qui expriment combien ils renferment d'unités de leur espèce ; on peut donc les comparer l'un à l'autre. La vîtesse devient ainsi le rapport de deux nombres abstraits, et son unité est la vîtesse d'un corps qui parcourt un mètre dans une seconde. En réduisant de cette manière, l'espace, le temps et la vîtesse, à des nombres abstraits ; on voit que l'espace est égal au produit de la vîtesse par le temps qui, conséquemment, est égal à l'espace divisé par la vîtesse.

La force n'étant connue que par l'espace qu'elle fait décrire dans un temps déterminé, il est naturel de prendre cet espace, pour sa mesure ; mais cela suppose que plusieurs forces agissantes dans le même sens, feront parcourir durant une unité de temps, un espace égal à la somme des espaces que chacune d'elles eût fait parcourir séparément, ou, ce qui revient au même, que la force est proportionnelle à la vîtesse. C'est ce que nous ne pouvons pas savoir *à priori*, vu notre ignorance sur la nature de la force motrice ; il faut donc encore, sur cet objet, recourir à l'expérience ; car tout ce qui n'est pas une suite nécessaire du peu de données que nous avons sur la nature des choses, n'est pour nous qu'un résultat de l'observation.

La force peut être exprimée par une infinité de fonctions de la vîtesse, qui n'impliquent point contradiction. Il n'y en a pas à la supposer proportionnelle au quarré de la vîtesse. Dans cette hypothèse, il est facile de déterminer le mouvement d'un point sollicité par un nombre quelconque de forces dont les vîtesses sont connues ; car si l'on prend sur les directions de ces forces, à partir de leur point de concours, des droites pour représenter leurs vîtesses, et si l'on détermine sur ces mêmes directions, en partant du même point, de nouvelles droites qui soient entre elles, comme les quarrés des premières; ces droites pourront représenter les forces elles-mêmes. En les composant ensuite par ce qui précède, on aura la direction de leur résultante, ainsi que la droite qui l'exprime, et qui sera au quarré de la vîtesse correspondante, comme la droite qui représente une des forces composantes, est au quarré de sa vîtesse. On voit par-là, comment on peut déterminer le mouvement d'un point, quelle que soit la fonction de la vîtesse qui exprime la force. Parmi toutes les fonctions mathématiquement possibles, examinons quelle est celle de la nature.

On observe sur la terre, qu'un corps sollicité par une force quelconque, se meut de la même manière, quel que soit l'angle que la direction de cette force, fait avec la direction du mouvement commun au corps et à la partie de la surface terrestre à laquelle il répond. Une légère différence à cet égard feroit varier très-sensiblement la durée des oscillations du pendule, suivant la position du plan vertical dans lequel il oscille; et l'expérience fait voir que dans tous les plans verticaux, cette durée est exactement la même. Dans un vaisseau dont le mouvement est uniforme, un mobile soumis à l'action d'un ressort, de la pesanteur, ou de toute autre force, se meut relativement aux parties du vaisseau, de la même manière, quelle que soit la vîtesse du vaisseau, et sa direction. On peut donc établir comme une loi générale des mouvemens terrestres, que si dans un système de corps emportés d'un mouvement commun, on imprime à l'un d'eux, une force quelconque; son mouvement relatif ou apparent, sera le même, quel que soit le mouvement général du système, et l'angle que fait sa direction avec celle de la force imprimée.

La proportionnalité de la force à la vîtesse, résulte de cette loi supposée rigoureuse; car si l'on conçoit deux corps mus sur une même droite, avec des vîtesses égales, et qu'en imprimant à l'un d'eux, une force qui s'ajoute à la première, sa vîtesse relativement

à l'autre corps, soit la même que si les deux corps étoient primitivement en repos ; il est visible que l'espace décrit par le corps, en
vertu de sa force primitive, et de celle qui lui est ajoutée, est alors
égal à la somme des espaces que chacune d'elles eût fait décrire
séparément dans le même temps ; ce qui suppose la force proportionnelle à la vîtesse.

Réciproquement, si la force est proportionnelle à la vîtesse,
les mouvemens relatifs d'un système de corps animés de forces
quelconques, sont les mêmes, quel que soit leur mouvement commun ; car ce mouvement décomposé en trois autres parallèles à
trois axes fixes, ne fait qu'accroître d'une même quantité, les vîtesses
partielles de chaque corps parallèlement à ces axes ; et comme la
vîtesse relative ne dépend que de la différence de ces vîtesses partielles ; elle est la même, quel que soit le mouvement commun
à tous les corps. Il est donc impossible alors de juger du mouvement absolu d'un système dont on fait partie, par les apparences
que l'on y observe ; et c'est-là ce qui caractérise cette loi dont l'ignorance a retardé la connoissance du vrai système du monde, par la
difficulté de concevoir les mouvemens relatifs des projectiles, au-
dessus de la surface de la terre emportée par un double mouvement
de rotation sur elle-même, et de révolution autour du soleil.

Mais vu l'extrême petitesse des mouvemens les plus considérables que nous puissions imprimer aux corps, eu égard au mouvement qui les emporte avec la terre ; il suffit, pour que les apparences d'un système de corps, soient indépendantes de la direction
de ce mouvement, qu'un petit accroissement dans la force dont la
terre est animée, soit à l'accroissement correspondant de sa vîtesse,
dans le rapport de ces quantités elles-mêmes. Ainsi, nos expériences prouvent seulement la réalité de cette proportion qui, si
elle avoit lieu, quelle que fût la vîtesse de la terre, donneroit la loi
de la vîtesse proportionnelle à la force. Elle donneroit encore cette
loi, si la fonction de la vîtesse, qui exprime la force, n'étoit composée que d'un seul terme. Il faudroit donc, si la vîtesse n'étoit
pas proportionnelle à la force, supposer que dans la nature, la
fonction de la vîtesse, qui exprime la force, est formée de plusieurs
termes, ce qui est peu probable. Il faudroit supposer de plus, que

la vîtesse de la terre est exactement celle qui convient à la proportion précédente, ce qui est contre toute vraisemblance. D'ailleurs, la vîtesse de la terre varie dans les diverses saisons de l'année; elle est d'un trentième environ, plus grande en hiver qu'en été; cette variation est plus considérable encore, si comme tout paroît l'indiquer, le systême solaire est en mouvement dans l'espace; car selon que ce mouvement progressif conspire avec celui de la terre, ou selon qu'il lui est contraire, il doit en résulter pendant le cours de l'année, de grandes variations dans le mouvement absolu de la terre; ce qui devroit altérer la proportion dont il s'agit, et le rapport de la force imprimée à la vîtesse relative qui en résulte; si cette proportion et ce rapport n'étoient pas indépendans du mouvement de la terre. Cependant, les expériences les plus précises n'y font appercevoir aucune altération sensible.

Tous les phénomènes célestes viennent à l'appui de ces preuves. La vîtesse de la lumière, déterminée par les éclipses des satellites de Jupiter, se compose avec celle de la terre, exactement comme dans la loi de la proportionnalité de la force à la vîtesse; et tous les mouvemens du systême solaire, calculés d'après cette loi, sont entièrement conformes aux observations.

Voilà donc deux loix du mouvement, savoir, la loi d'inertie et celle de la force proportionnelle à la vîtesse, qui sont données par l'observation. Elles sont les plus naturelles et les plus simples que l'on puisse imaginer, et sans doute, elles dérivent de la nature même de la matière; mais cette nature étant inconnue, ces loix ne sont pour nous, que des faits observés, les seuls, au reste, que la mécanique emprunte de l'expérience.

La vîtesse étant proportionnelle à la force, ces deux quantités peuvent être représentées l'une par l'autre; on aura donc par ce qui précède, la vîtesse d'un point sollicité par un nombre quelconque de forces dont on connoît les directions et les vîtesses.

Si le point est sollicité par des forces agissantes d'une manière continue; il décrira d'un mouvement sans cesse variable, une courbe dont la nature dépend des forces qui la font décrire. Pour la déterminer; il faut considérer la courbe dans ses élémens, voir comment ils naissent les uns des autres, et remonter de la loi d'accroissement des coordonnées, à leur expression finie. C'est ici que le calcul infinitésimal devient indispensable, et l'on sent combien il est utile de perfectionner ce puissant instrument de l'esprit humain.

Nous avons dans la pesanteur, un exemple journalier d'une force qui semble agir sans interruption. A la vérité, nous ignorons si ses actions successives sont séparées par des intervalles de temps, dont la durée est insensible ; mais les phénomènes étant à très-peu près les mêmes, dans cette hypothèse et dans celle d'une action continue ; les géomètres ont adopté celle-ci, comme étant plus commode et plus simple. Développons les loix de ces phénomènes.

La pesanteur paroît agir de la même manière sur les corps, dans l'état du repos, et dans celui du mouvement. Au premier instant, un corps abandonné à son action, acquiert un degré de vîtesse, infiniment petit; un nouveau degré de vîtesse s'ajoute au premier, dans le second instant, et ainsi de suite, en sorte que la vîtesse augmente en raison des temps.

Si l'on imagine un triangle rectangle dont un des côtés représente le temps, et croisse avec lui; l'autre côté pourra représenter la vîtesse. L'élément de la surface de ce triangle, étant égal au produit de l'élément du temps par la vîtesse, il représentera l'élément de l'espace que la pesanteur fait décrire; ainsi, cet espace sera représenté par la surface entière du triangle qui croissant comme le quarré d'un de ses côtés, nous montre que dans le mouvement accéléré par l'action de la pesanteur, les vîtesses augmentent comme les temps, et les hauteurs dont le corps tombe en partant du repos, croissent comme les quarrés des temps ou des vîtesses. En exprimant donc par l'unité, l'espace dont un corps descend dans la première seconde; il descendra de quatre unités, en deux secondes ; de neuf unités en trois secondes, et ainsi du reste; en sorte qu'à chaque seconde, il décrira des espaces croissans comme les nombres impairs, 1, 3, 5, 7, &c.

L'espace qu'un corps, en vertu de la vîtesse acquise à la fin de sa chute, décriroit pendant un temps égal à sa durée, seroit le produit de ce temps par sa vîtesse ; ce produit est le double de la surface du triangle; ainsi, le corps mu uniformément en vertu de sa vîtesse acquise, décriroit dans un temps égal à celui de sa chute, un espace double de celui qu'il a parcouru.

Le rapport de la vîtesse acquise, au temps, est constant pour une même force accélératrice; il augmente ou diminue, suivant qu'elles sont plus ou moins grandes; il peut donc servir à les exprimer. Le double de l'espace parcouru, étant le produit du temps par la vîtesse; la force accélératrice est égale à ce double espace divisé par le quarré du temps. Elle est encore égale au quarré de la vîtesse divisé par ce double espace. Ces trois manières d'exprimer les forces accélératrices, sont utiles dans diverses circonstances; elles ne donnent pas les valeurs absolues de ces forces, mais seulement leurs rapports, soit entr'elles, soit avec l'une d'elles, prise pour unité; et dans la mécanique, on n'a besoin que de ces rapports.

Sur un plan incliné, l'action de la pesanteur se décompose en deux, l'une perpendiculaire au plan, et qui est détruite par sa résistance; l'autre parallèle au plan, et qui est à la pesanteur primitive, comme la hauteur du plan est à sa longueur; le mouvement est donc uniformément accéléré sur les plans inclinés; mais les vîtesses et les espaces parcourus, sont aux vîtesses et aux espaces parcourus dans le même temps, suivant la verticale, dans le rapport de la hauteur du plan, à sa longueur. Il suit de-là que toutes les cordes d'un cercle, qui aboutissent à l'une des extrémités de son diamètre vertical, sont parcourues par l'action de la pesanteur, dans le même temps que ce diamètre.

Un projectile lancé suivant une droite quelconque, s'en écarte sans cesse, en décrivant une courbe concave vers l'horizon, et dont cette droite est la première tangente. Son mouvement rapporté à cette droite par des lignes verticales, est uniforme; mais il s'accélère suivant ces verticales, conformément aux loix que nous venons d'exposer; en élevant donc de chaque point de la courbe, des verticales sur la première tangente, elles seront proportionnelles aux quarrés des parties correspondantes de cette tangente, propriété qui caractérise la parabole. Si la force de projection est dirigée suivant la verticale elle-même, la parabole se confond alors avec elle; ainsi, les formules du mouvement parabolique donnent celles les mouvemens accélérés ou retardés dans la verticale.

Telles sont les loix de la chute des graves, découvertes par Galilée. Il nous semble aujourd'hui, qu'il étoit facile d'y parvenir; mais puisqu'elles avoient échappé aux recherches des philosophes, malgré les phénomènes qui les reproduisoient sans cesse, il falloit un rare génie pour les démêler dans ces phénomènes.

On a vu dans le premier livre, qu'un point matériel suspendu à l'extrémité d'une droite sans masse, et fixe à son autre extrémité, forme le pendule simple. Ce pendule écarté de la verticale, tend à y revenir par sa pesanteur, et cette tendance est à très-peu près proportionnelle à cet écart, s'il est peu considérable. Imaginons deux pendules de même longueur, et partant au même instant, avec des vîtesses très-petites, de la situation verticale. Ils décriront au premier instant, des arcs proportionnels à ces vîtesses. Au commencement d'un second instant égal au premier, les vîtesses seront retardées proportionnellement aux arcs décrits, et aux vîtesses primitives; les arcs décrits dans cet instant, seront donc encore proportionnels à ces vîtesses : il en sera de même des arcs décrits au troisième instant, au quatrième, &c. Ainsi, à chaque instant, les vîtesses et les arcs mesurés depuis la verticale, seront proportionnels aux vîtesses primitives; les pendules arriveront donc au même moment, à l'état du repos. Ils reviendront ensuite vers la verticale, par un mouvement accéléré suivant les mêmes loix par lesquelles leur vîtesse a été retardée, et ils y parviendront au même instant et avec leur vîtesse primitive. Ils oscilleront de la même manière, de l'autre côté de la verticale, et ils continueroient d'osciller à l'infini, sans les résistances qu'ils éprouvent. Il est visible que l'étendue de leurs oscillations est proportionnelle à leur vîtesse primitive; mais la durée de ces oscillations est la même, et par conséquent indépendante de leur grandeur. La force qui accélère le pendule, n'étant pas exactement en raison de l'arc mesuré depuis la verticale, cet isocronisme n'est qu'approché relativement aux petites oscillations d'un corps pesant mû dans un cercle : il est rigoureux dans la courbe sur laquelle la pesanteur décomposée parallèlement à la tangente, est proportionnelle à l'arc compté du point le plus bas, ce qui donne immédiatement son équation différentielle. Huyghens à qui l'on doit l'application du pendule aux

T

horloges, avoit intérêt de connoître cette courbe, et la manière de
la faire décrire au pendule. Il trouva qu'elle est une cicloïde placée
verticalement en sorte que son sommet soit le point le plus bas, et
que pour la faire décrire à un corps suspendu à l'extrémité d'un fil
inextensible, il suffit de fixer l'autre extrémité, à l'origine commune de deux cicloïdes égales à celle que l'on veut faire décrire,
et placées verticalement en sens contraire, de manière que le fil
en oscillant, enveloppe alternativement une portion de chacune
de ces courbes. Quelqu'ingénieuses que soient ces recherches,
l'expérience a fait préférer le pendule circulaire, comme étant
beaucoup plus simple, et d'une précision suffisante dans la pratique;
mais la théorie des développées qu'elles ont fait naître, est devenue
très-importante, par ses applications au système du monde.

La durée des oscillations fort petites d'un pendule circulaire,
est au temps qu'un corps pesant emploieroit à tomber d'une hauteur
égale au double de la longueur du pendule, comme la demi-confé-
rence est au diamètre. Ainsi, le temps de la chute d'un corps, le
long d'un petit arc de cercle terminé par un diamètre vertical, est
au temps de la chute le long de ce diamètre, ou ce qui revient au
même, par la corde de l'arc, comme le quart de la circonférence
est au diamètre; la droite menée entre deux points donnés, n'est donc
pas la ligne de la plus vîte descente de l'un à l'autre. La recherche
de cette ligne a excité la curiosité des géomètres, et ils ont trouvé
qu'elle est une cicloïde dont l'origine est au point le plus élevé.

La longueur du pendule simple qui bat les secondes, est au double
de la hauteur dont la pesanteur fait tomber les corps dans la première seconde de leur chute, comme le quarré du diamètre est au
quarré de la circonférence. On a vu dans le premier livre, que des
expériences très-exactes ont donné la longueur du pendule à
secondes à Paris, de $0^{mc},741887$: il en résulte que la pesanteur y fait
tomber les corps, de $3^{me},66107$, dans la première seconde. Ce passage du mouvement d'oscillation dont on peut observer avec une
grande précision, la durée, au mouvement rectiligne des graves,
est une remarque ingénieuse dont on est encore redevable à
Huyghens.

Les durées des oscillations fort petites des pendules de longueurs différentes, et animés par la même pesanteur, sont comme les racines quarrées de ces longueurs. Si les pendules sont de même longueur, et animés de pesanteurs différentes; les durées des oscillations, sont réciproques aux racines quarrées des pesanteurs.

C'est au moyen de ces théorêmes, que l'on a déterminé la variation de la pesanteur à la surface de la terre, et au sommet des montagnes. Les observations du pendule ont pareillement fait connoître que la pesanteur ne dépend ni de la surface, ni de la figure des corps; mais qu'elle pénètre leurs parties les plus intimes, et qu'elle tend à leur imprimer, dans le même temps, des vîtesses égales. Pour s'en assurer, Newton a fait osciller un grand nombre de corps de même poids, et différens soit par la figure, soit par la matière, en les plaçant dans l'intérieur d'une même surface, afin que la résistance de l'air fût la même. Quelque précision qu'il ait apportée dans ses expériences, il n'a point remarqué de différence sensible entre les durées des oscillations de ces corps; d'où il suit que sans les résistances qu'ils éprouvent, leur vîtesse acquise par l'action de la pesanteur, seroit la même en temps égal.

Nous avons encore dans le mouvement circulaire, l'exemple d'une force agissante d'une manière continue. Le mouvement de la matière abandonnée à elle-même, étant uniforme et rectiligne; il est clair qu'un corps mû sur une circonférence, tend sans cesse à s'éloigner du centre par la tangente. L'effort qu'il fait pour cela, se nomme *force centrifuge*, et l'on nomme *force centrale* ou *centripète*, toute force dirigée vers un centre. Dans le mouvement circulaire, la force centrale est égale et directement contraire à la force centrifuge; elle tend sans cesse à rapprocher le corps, du centre de la circonférence, et dans un intervalle de temps très-court, son effet est mesuré par le sinus verse du petit arc décrit.

On peut, au moyen de ce résultat, comparer à la pesanteur, la force centrifuge due au mouvement de rotation de la terre. A l'équateur, les corps décrivent en vertu de cette rotation, dans chaque seconde de temps, un arc de 40″,1095 de la circonférence de l'équateur terrestre. Le rayon de cet équateur étant de 6375793me, à fort peu près; le sinus verse de cet arc est de $0^{me},0126541$. Pendant une seconde, la pesanteur fait tomber les corps à l'équateur, de $3^{me},64933$;

T 2

ainsi la force centrale nécessaire pour retenir les corps à la surface de la terre, et par conséquent, la force centrifuge due à son mouvement de rotation, est à la pesanteur à l'équateur, dans le rapport de l'unité, à 288,4. La force centrifuge diminue la pesanteur, et les corps ne tombent à l'équateur, qu'en vertu de la différence de ces deux forces ; en nommant donc *gravité*, la pesanteur entière qui auroit lieu sans la diminution qu'elle éprouve ; la force centrifuge à l'équateur est à fort peu près, $\frac{1}{289}$ de la gravité. Si la rotation de la terre étoit dix-sept fois plus rapide, l'arc décrit dans une seconde, à l'équateur, seroit dix-sept fois plus grand, et son sinus verse seroit 289 fois plus considérable ; la force centrifuge seroit alors égale à la gravité, et les corps cesseroient de peser sur la terre, à l'équateur.

En général, l'expression d'une force accélératrice constante qui agit toujours dans le même sens, est égale au double de l'espace qu'elle fait décrire, divisé par le quarré du temps ; toute force accélératrice, dans un intervalle de temps très-court, peut être supposée constante et agir suivant la même direction ; d'ailleurs, l'espace que la force centrale fait décrire dans le mouvement circulaire, est le sinus verse du petit arc décrit, et ce sinus est à très-peu près égal au quarré de l'arc, divisé par le diamètre ; l'expression de cette force est donc le quarré de l'arc décrit, divisé par le quarré du temps et par le rayon du cercle. L'arc divisé par le temps est la vîtesse même du corps ; la force centrale et la force centrifuge sont donc égales au quarré de la vîtesse, divisé par le rayon.

Rapprochons ce résultat, de celui que nous avons trouvé précédemment, et suivant lequel la pesanteur est égale au quarré de la vîtesse acquise, divisée par le double de l'espace parcouru ; nous verrons que la force centrifuge est égale à la pesanteur, si la vîtesse du corps qui circule, est la même que celle acquise par un corps pesant qui tomberoit d'une hauteur égale à la moitié du rayon de la circonférence décrite.

Les vîtesses de plusieurs corps mus circulaireme t, sont entre elles comme les circonférences qu'ils décrivent, divisées par les temps de leurs révolutions ; les circonférences sont comme les rayons ; ainsi, les quarrés des vîtesses sont comme les quarrés des rayons, divisés par les quarrés de ces temps; les forces centrifuges sont donc entr'elles comme les rayons des circonférences, divisés par les quarrés des temps des révolutions. Il suit de-là que sur les divers parallèles terrestres, la force centrifuge due au mouvement de rotation de la terre, est proportionnelle aux rayons de ces parallèles.

Ces beaux théorêmes découverts par Huyghens, ont conduit Newton à la théorie générale du mouvement dans les courbes, et à la loi de la pesanteur universelle.

Un corps qui décrit une courbe quelconque, tend à s'en écarter par la tangente; or on peut toujours imaginer un cercle qui passe par deux élémens contigus de la courbe, et que l'on nomme *cercle osculateur*; dans deux instans consécutifs, le corps est mû sur la circonférence de ce cercle; sa force centrifuge est donc égale au quarré de sa vîtesse, divisé par le rayon du cercle osculateur; mais la position et la grandeur de ce cercle varient sans cesse.

Si la courbe est décrite en vertu d'une force dirigée vers un point fixe; on peut décomposer cette force en deux, l'une suivant le rayon osculateur, l'autre suivant l'élément de la courbe : la première fait équilibre à la force centrifuge; la seconde augmente ou diminue la vîtesse du corps; cette vîtesse est donc continuellement variable. Mais elle est toujours telle que *les aires décrites par le rayon vecteur, autour de l'origine de la force, sont proportionnelles aux temps. Réciproquement, si les aires tracées par le rayon vecteur autour d'un point fixe, croissent comme le temps; la force qui sollicite le corps, est constamment dirigée vers ce point.* Ces propositions fondamentales dans la théorie du système du monde, se démontrent aisément de cette manière.

La force accélératrice peut être supposée n'agir qu'au commencement de chaque instant pendant lequel le mouvement du corps est uniforme; le rayon vecteur trace alors un petit triangle. Si la force cessoit d'agir dans l'instant suivant; le rayon vecteur traceroit dans ce nouvel instant, un nouveau triangle égal au premier, puisque ces deux triangles ayant leur sommet au point fixe origine de la force, leurs bases situées sur une même droite, seroient égales, comme étant décrites avec la même vîtesse, pendant des instans que nous supposons égaux. Mais, au commencement du nouvel instant, la force accélératrice se combine avec la force tangentielle du corps, et fait décrire la diagonale du parallélogramme dont les côtés représentent ces forces. Le triangle que le rayon vecteur décrit en vertu de cette force combinée, est égal à celui qu'il eût décrit, sans l'action de la force accélératrice; car ces deux triangles ont pour base commune, le rayon vecteur de la fin du premier instant, et leurs sommets sont sur une droite parallèle à cette base; l'aire tracée par le rayon vecteur, est donc égale dans deux instans consécutifs égaux, et par conséquent le secteur décrit par ce rayon, croît comme le nombre de ces instans, ou comme les temps. Il est visible que cela n'a lieu qu'autant que la force accélératrice est dirigée vers le point fixe; autrement, les triangles que nous venons de considérer, n'auroient pas même hauteur et même base; ainsi, la proportionnalité des aires aux temps, démontre que la force accélératrice est dirigée constamment vers l'origine du rayon vecteur.

Dans ce cas, si l'on imagine un très-petit secteur décrit pendant un intervalle de temps fort court; que de la première extrémité de l'arc de ce secteur, on mène une tangente à la courbe, et que l'on prolonge jusqu'à cette tangente, le rayon vecteur mené de l'origine de la force, à l'autre extrémité de l'arc; la partie de ce rayon, interceptée entre la courbe et la tangente, sera visiblement l'espace que la force centrale a fait décrire. En divisant le double de cet espace, par le quarré du temps, on aura l'expression de la force; or le secteur est proportionnel au temps; la force centrale est donc comme la partie du rayon vecteur, interceptée entre la courbe et la tangente, divisée par le quarré du secteur. A la rigueur, la force centrale dans les divers points de la courbe, n'est pas proportionnelle à ces quotiens; mais elle approche d'autant plus de l'être, que les secteurs sont plus petits, en sorte qu'elle est exactement proportionnelle à la limite de ces quotiens. L'analyse différentielle donne cette limite, en fonction du rayon vecteur, lorsque la nature de la courbe est connue, et alors, on a la fonction de la distance, à laquelle la force centrale est proportionnelle.

Si la loi de la force est donnée, la recherche de la courbe qu'elle fait décrire, présente plus de difficulté; mais quelles que soient les forces dont un corps est animé, on déterminera facilement de la manière suivante, les variations élémentaires de son mouvement. Imaginons trois axes fixes perpendiculaires entr'eux ; la position du corps à un instant quelconque, sera déterminée par trois coordonnées parallèles à ces axes. En décomposant chacune des forces qui agissent sur le point, en trois autres dirigées parallèlement aux mêmes axes ; le produit de la résultante de toutes les forces parallèles à l'une des coordonnées, par l'élément du temps pendant lequel elle agit, exprimera l'accroissement de la vîtesse du corps parallèlement à cette coordonnée ; or cette vîtesse, pendant cet élément, peut être considérée comme étant uniforme et égale à l'élément de la coordonnée, divisé par l'élément du temps ; la variation élémentaire du quotient de cette division, est donc égale au produit précédent. La considération des deux autres coordonnées fournit deux égalités semblables : ainsi, la détermination du mouvement du corps devient une recherche de pure analyse, qui se réduit à l'intégration de ces équations différentielles.

Cette intégration est facile, quand la force est dirigée vers un point fixe ; mais souvent, la nature des forces la rend impossible. Cependant, la considération des équations différentielles conduit à quelques principes intéressans de mécanique, tels que le suivant : La variation élémentaire du quarré de la vîtesse d'un corps soumis à l'action de forces accélératrices quelconques, est égale au double de la somme des produits de chaque force, par le petit espace dont le corps, dans un instant, s'avance suivant la direction de cette force. Il est aisé d'en conclure que la vîtesse acquise par un corps pesant, le long d'une ligne ou d'une surface courbe, est la même que s'il fût tombé verticalement de la même hauteur.

Plusieurs philosophes frappés de l'ordre qui règne dans la nature, et de la fécondité de ses moyens dans la production des phénomènes, ont pensé qu'elle parvient toujours à son but, par les voies les plus simples. En étendant cette manière de voir, à la mécanique ; ils ont cherché l'économie que la nature avoit eue pour objet, dans l'emploi des forces. Après diverses tentatives infructueuses, ils ont enfin reconnu que, *parmi toutes les courbes qu'un corps peut décrire en allant d'un point à un autre, il choisit toujours celle dans laquelle l'intégrale du produit de la masse du corps, par sa vîtesse et par l'élément de la courbe,* est *un* minimum : ainsi, la vîtesse d'un corps mû dans une surface courbe, et qui n'est sollicité par aucune force, étant constante ; il parvient d'un point à un autre, par la ligne la plus courte. On a nommé l'intégrale précédente, *action d'un corps ;* et la réunion des intégrales semblables, relatives à chaque corps d'un système, a été nommée *action du systéme.* L'économie de la nature consiste donc, suivant ces philosophes, à épargner cette action, en sorte qu'elle soit la plus petite qu'il est possible; c'est-là ce qui constitue *le principe de la moindre action.*

Ce principe n'est au fond, qu'un résultat curieux des loix primordiales du mouvement, loix qui, comme on l'a vu, sont les plus naturelles et les plus simples que l'on puisse imaginer, et qui parlà, semblent découler de l'essence même de la matière. Il convient à toutes les loix mathématiquement possibles entre la force et la vîtesse, en y substituant au lieu de la vîtesse, la fonction de la vîtesse, par laquelle la force est exprimée. Le principe de la moindre action ne doit donc point être érigé en cause finale, et loin d'avoir donné naissance aux loix du mouvement, il n'a pas même contribué à leur découverte sans laquelle on disputeroit encore, sur ce qu'il faut entendre par la moindre action de la nature.

CHAPITRE

CHAPITRE III.

De l'équilibre d'un systême de corps.

Le cas le plus simple de l'équilibre de plusieurs corps, est celui de deux points matériels qui se rencontrent avec des vîtesses égales, et directement contraires. Leur impénétrabilité mutuelle, cette propriété de la matière, en vertu de laquelle deux corps ne peuvent pas occuper le même lieu au même instant, anéantit évidemment leurs vîtesses, et les réduit à l'état du repos. Mais, si deux corps de masses différentes, viennent à se choquer avec des vîtesses opposées; quel est le rapport des vîtesses aux masses, dans le cas de l'équilibre? Pour résoudre ce problème, imaginons un systême de points matériels contigus, rangés sur une même droite, et animés d'une vîtesse commune, dans la direction de cette droite; imaginons pareillement, un second systême de points matériels contigus, disposés sur la même droite, et animés d'une vîtesse commune et contraire à la précédente, de manière que les deux systêmes se choquent mutuellement, en se faisant équilibre. Il est clair que, si le premier systême n'étoit composé que d'un seul point matériel, chaque point du second systême éteindroit dans le point choquant, une partie de sa vîtesse, égale à la vîtesse de ce systême; la vîtesse du point choquant doit donc être, dans le cas de l'équilibre, égale au produit de la vîtesse du second systême, par le nombre de ses points, et l'on peut substituer au premier systême, un seul point animé d'une vîtesse égale à ce produit. On peut semblablement substituer au second systême, un point matériel animé d'une vîtesse égale au produit de la vîtesse du premier systême, par le nombre de ses points. Ainsi, au lieu des deux systêmes, on aura deux points qui se feront équilibre avec des vîtesses contraires dont l'une sera le produit de la vîtesse du premier systême par le nombre de ses

V

points, et dont l'autre sera le produit de la vîtesse des points du second systême, par leur nombre; ces produits doivent donc être égaux, dans le cas de l'équilibre.

La masse d'un corps est la somme de ses points matériels. On nomme *quantité de mouvement*, le produit de la masse par la vîtesse; c'est aussi ce que l'on entend par la *force d'un corps*. Pour l'équilibre de deux corps, ou de deux systêmes de points matériels qui se choquent en sens contraire; les quantités de mouvement ou les forces opposées doivent être égales, et par conséquent, les vîtesses doivent être réciproques aux masses.

Deux points matériels ne peuvent évidemment agir l'un sur l'autre, que suivant la droite qui les joint : l'action que le premier exerce sur le second, lui communique une quantité de mouvement; or on peut avant l'action, concevoir le second corps sollicité par cette quantité, et par une autre égale et directement opposée; l'action du premier corps se réduit ainsi à détruire cette dernière quantité de mouvement; mais, pour cela, il doit employer une quantité de mouvement, égale et contraire, qui sera détruite. On voit donc généralement, que dans l'action mutuelle des corps, la réaction est toujours égale et contraire à l'action. On voit encore que cette égalité ne suppose point une force particulière dans la matière; elle résulte de ce qu'un corps ne peut acquérir du mouvement, par l'action d'un autre corps, sans l'en dépouiller; de même qu'un vase se remplit aux dépens d'un vase plein qui communique avec lui.

L'égalité de l'action à la réaction, se manifeste dans toutes les actions de la nature; le fer attire l'aimant, comme il en est attiré; on observe la même chose dans les attractions et dans les répulsions électriques, dans le développement des forces élastiques, et même dans celui des forces animales; car quel que soit le principe moteur de l'homme et des animaux; il est constant qu'ils reçoivent par la réaction de la matière, une force égale et contraire à celle qu'ils lui communiquent, et qu'ainsi, sous ce rapport, ils sont assujétis aux mêmes loix que les êtres inanimés.

La réciprocité des vîtesses aux masses, dans le cas de l'équilibre, sert à déterminer le rapport des masses des différens corps. Celles des corps homogènes, sont proportionnelles à leurs volumes que la géométrie apprend à mesurer; mais tous les corps ne sont pas homogènes, et les différences qui existent, soit dans leurs molécules intégrantes, soit dans le nombre et la grandeur des intervalles ou pores qui séparent ces molécules, en apportent de très-grandes entre leurs masses renfermées sous le même volume. La géométrie devient alors insuffisante pour déterminer le rapport de ces masses, et il est indispensable de recourir à la mécanique.

Si l'on conçoit deux globes de matières différentes, et que l'on fasse varier leurs diamètres, jusqu'à ce qu'en les animant de vîtesses égales et directement contraires, ils se fassent équilibre; on sera sûr qu'ils renfermeront le même nombre de points matériels, et par conséquent, des masses égales. On aura donc ainsi le rapport des volumes de ces substances, à égalité de masse; ensuite, à l'aide de la géométrie, on en conclura le rapport des masses de deux volumes quelconques des mêmes substances. Mais cette méthode seroit d'un usage très-pénible dans les comparaisons nombreuses qu'exigent à chaque instant, les besoins du commerce. Heureusement, la nature nous offre dans la pesanteur des corps, un moyen très-simple de comparer leurs masses.

On a vu dans le chapitre précédent, que chaque point matériel, dans le même lieu de la terre, tend à se mouvoir avec la même vîtesse, par l'action de la pesanteur. La somme de ces tendances est ce qui constitue le poids d'un corps; ainsi, les poids sont proportionnels aux masses. Il suit de-là, que si deux corps suspendus aux extrémités d'un fil qui passe sur une poulie, se font équilibre, lorsque les deux parties du fil, sont égales de chaque côté de la poulie; les masses de ces corps sont égales, puisque tendant à se mouvoir avec la même vîtesse, par l'action de la pesanteur, elles agissent l'une sur l'autre, comme si elles se choquoient avec des vîtesses égales et directement contraires. On peut encore mettre les deux corps en équilibre, au moyen d'une balance dont les bras et les bassins sont parfaitement égaux; et alors, on sera sûr de l'égalité de leurs masses. On aura ainsi, le rapport des masses de différens corps, au moyen d'une balance exacte et sensible, et d'un grand nombre de petits poids égaux, en déterminant à combien de ces poids elles font équilibre.

La densité d'un corps dépend du nombre de ses points matériels renfermés sous un volume donné ; elle est donc proportionnelle au rapport de la masse au volume. Si l'on avoit une substance qui n'eût point de pores, sa densité seroit la plus grande qu'il est possible, et en lui comparant la densité des autres corps, on auroit la quantité de matière qu'ils renferment ; mais, ne connoissant point de substances semblables, nous ne pouvons avoir que les densités relatives des corps. Ces densités sont en raison des poids sous un même volume, puisque les poids sont proportionnels aux masses ; en prenant ainsi pour unité de densité, celle d'une substance quelconque, de l'eau distillée, par exemple, à la température de la glace fondante ; la densité d'un corps sera le rapport de son poids, à celui d'un pareil volume d'eau, rapport que l'on nomme *pesanteur spécifique*.

Ce que nous venons de dire, semble supposer que la matière est homogène, et que les corps ne diffèrent que par la figure, et la grandeur de leurs pores et de leurs molécules intégrantes ; il est possible cependant qu'il y ait des différences essentielles dans la nature même de ces molécules ; mais cela est indifférent à la mécanique qui ne considère les corps que par rapport à leurs mouvemens. On peut alors, sans craindre aucune erreur, admettre l'homogénéité de la matière ; pourvu que l'on entende par masses égales, des masses qui animées de vîtesses égales et contraires, se font équilibre.

Dans la théorie de l'équilibre et du mouvement des corps, on fait abstraction du nombre et de la figure des pores dont ils sont parsemés. On peut avoir égard à la différence de leurs densités respectives, en les supposant formés de points matériels plus ou moins denses, parfaitement libres dans les fluides, unis entr'eux, par des droites sans masse et inflexibles dans les corps durs, flexibles et extensibles dans les corps élastiques et mous. Il est clair que dans ces suppositions, les corps offriroient les mêmes apparences qu'ils nous présentent.

Les conditions de l'équilibre d'un système de corps, peuvent toujours se déterminer par la loi de la composition des forces, exposée dans le chapitre premier de ce livre; car on peut concevoir la force dont chaque point matériel est animé, appliquée au point de sa direction, où vont concourir les directions des forces qui la détruisent, ou qui en se composant avec elle, forment une résultante qui, dans le cas de l'équilibre, est anéantie par les points fixes du système. Considérons, par exemple, deux points matériels attachés aux extrémités d'un levier inflexible, et supposons ces points animés de forces dont les directions soient dans le plan du levier. En concevant ces forces réunies au point de concours de leurs directions, la résultante qui naît de leur composition, doit pour l'équilibre, passer par le point d'appui qui peut seul la détruire; et suivant la loi de la composition des forces, les deux composantes doivent être alors réciproques aux perpendiculaires menées du point d'appui, sur leurs directions.

Si l'on imagine deux corps pesans attachés aux extrémités d'un levier rectiligne et inflexible, dont la masse soit supposée infiniment petite par rapport à celle des corps; on pourra concevoir les directions parallèles de la pesanteur, réunies à une distance infinie: dans ce cas, les forces dont chaque corps pesant est animé, ou ce qui revient au même, leurs poids doivent pour l'équilibre, être réciproques aux perpendiculaires menées du point d'appui, sur les directions de ces forces; ces perpendiculaires sont proportionnelles aux bras du levier; ainsi les poids des corps en équilibre, sont réciproques aux bras du levier, auxquels ils sont attachés.

Un très-petit poids peut donc au moyen du levier et des machines qui s'y rapportent, faire équilibre à un poids très-considérable, et l'on peut de cette manière, soulever un énorme fardeau, avec un léger effort; mais il faut pour cela, que le bras du levier, auquel la puissance est appliquée, soit fort long par rapport à celui qui soutient le fardeau, et que la puissance parcoure un grand espace, pour élever le fardeau à une petite hauteur. Alors, on perd en temps, ce que l'on gagne en force, et c'est ce qui a lieu généralement dans les machines. Mais souvent, on peut disposer du temps à volonté, tandis que l'on ne peut employer qu'une force limitée. Dans d'autres circonstances où il faut se procurer une grande vîtesse, on peut y parvenir au moyen du levier, en appliquant la puissance, au bras le plus court. C'est dans cette possibilité d'augmenter suivant les besoins, la masse ou la vîtesse des corps à mouvoir, que consiste le principal avantage des machines.

La considération du levier a fait naître celle des momens. On nomme *moment* d'une force pour faire tourner le système autour d'un point, le produit de cette force, par la distance de sa direction à ce point. Ainsi, dans le cas de l'équilibre d'un levier sollicité par des forces quelconques, les momens de ces forces par rapport au point d'appui, doivent être égaux et contraires, ou, ce qui revient au même, la somme des momens doit être nulle relativement à ce point.

La projection d'une force sur un plan mené par un point fixe, multipliée par la distance de cette projection à ce point, est ce que l'on nomme moment de la force, pour faire tourner le système autour de l'axe qui passant par le point fixe, est perpendiculaire au plan.

Le moment de la résultante d'un nombre quelconque de forces, par rapport à un point, ou à un axe, est égal à la somme des momens semblables des forces composantes.

Les forces parallèles pouvant être supposées se réunir à une distance infinie, elles sont réductibles à une résultante égale à leur somme et qui leur est parallèle; en décomposant donc chaque force d'un système de corps, en deux, l'une située dans un plan, l'autre perpendiculaire à ce plan; toutes les forces situées dans le plan seront réductibles à une seule, ainsi que toutes les forces perpendiculaires au plan; or il existe toujours un plan passant par le point fixe, et tel que la résultante des forces qui lui sont perpendiculaires, est ou nulle, ou passe par ce point. Dans ces deux cas, le moment de cette résultante est nulle relativement aux axes qui ont ce point pour origine, et le moment des forces du système par rapport à ces axes, se réduit au moment de la résultante située dans le plan dont il s'agit. L'axe autour duquel ce moment est un *maximum* est celui qui est perpendiculaire à ce plan, et le moment des forces du système, relatif à un axe qui passant par le point fixe, forme un angle quelconque avec l'axe du plus grand moment, est égal au plus grand moment du système, multiplié par le cosinus de cet angle; d'où il suit que ce moment est nul pour tous les axes situés dans le plan auquel l'axe du plus grand moment est perpendiculaire.

Les carrés des trois sommes de momens des forces, relativement à trois axes quelconques perpendiculaires entr'eux, et passant par le point fixe, sont égaux au carré du plus grand moment.

Pour l'équilibre d'un système de corps, autour d'un point fixe, la somme des momens des forces doit être nulle par rapport à un axe quelconque passant par ce point, et il résulte de ce qui précède, que cela aura lieu généralement, si cette somme est nulle, relativement à trois axes fixes perpendiculaires entre eux.

S'il n'y a pas de point fixe dans le système; il faut de plus pour l'équilibre, que les trois sommes des forces décomposées parallèlement à ces axes, soient nulles séparément.

Considérons un système de points pesans liés fixement ensemble et rapportés à trois plans perpendiculaires entre eux. En décomposant l'action de la pesanteur, parallèlement à ces plans; toutes les forces parallèles au même plan, pourront se réduire à une seule résultante parallèle à ce plan, et égale à leur somme. Les trois résultantes relatives aux trois plans, doivent concourir au même point, puisque les actions de la pesanteur sur les divers points du système, étant parallèles, elles ont une résultante unique. Ce point de concours est indépendant de l'inclinaison des plans sur la direction de la pesanteur; car une inclinaison plus ou moins grande ne fait que changer les valeurs des trois résultantes partielles, sans altérer leur position; en supposant donc ce point, fixe; tous les efforts des poids du système seront anéantis, quelle que soit sa situation autour de ce point que l'on a nommé par cette raison, *centre de gravité* du système.

Concevons sa position et celle des divers points du système, déterminées par des coordonnées parallèles à trois axes perpendiculaires entre eux. Les actions de la pesanteur étant égales et parallèles, et la résultante de ces actions sur le système, passant dans toutes ses positions, par son centre de gravité; si l'on suppose cette résultante successivement parallèle à chacun des trois axes; l'égalité du moment de la résultante à la somme des momens des composantes, donne l'une quelconque des coordonnées de ce centre, multipliée par la masse entière du système, égale à la somme des produits de la masse de chaque point, par sa coordonnée correspondante. Ainsi, la détermination du centre de gravité, dont la pesanteur a fait naître l'idée, en est indépendante. La considération de ce centre, étendue à un système de corps pesans ou non pesans, libres ou liés entre eux d'une manière quelconque, est très-utile dans la mécanique.

En examinant avec attention, dans un grand nombre de cas, les conditions de l'équilibre d'un système de corps, et les rapports de chaque force, à la vîtesse que prend le corps auquel elle est appliquée, quand l'équilibre du système commence à se rompre; on est parvenu au principe suivant qui renferme de la manière la plus générale, les conditions de l'équilibre d'un système de points matériels animés par des forces quelconques.

Si l'on change infiniment peu la position du système, d'une manière compatible avec les conditions de la liaison de ses parties; chaque point matériel s'avancera dans la direction de la force qui le sollicite, d'une quantité égale à la partie de cette direction, comprise entre la première position du point, et la perpendiculaire abaissée de la seconde position du point, sur cette direction. Cela posé : *dans le cas de l'équilibre, la somme des produits de chaque force, par la quantité dont le point auquel elle est appliquée, s'avance dans sa direction, est nulle.* C'est en cela que consiste le principe des vîtesses virtuelles, principe dont on est redevable à Jean Bernoulli; mais pour en faire usage, il faut observer de prendre négativement, les produits que nous venons d'indiquer, relatifs aux points qui, dans le changement de position du système, s'avancent en sens contraire de la direction de leurs forces; il faut se rappeler encore que la force est le produit de la masse d'un point matériel, par la vîtesse qu'elle lui feroit prendre, s'il étoit libre.

En concevant la position de chaque point du système, déterminée par trois coordonnées rectangles; la somme des produits de chaque force, par la quantité dont le point qu'elle sollicite, s'avance dans sa direction, lorsqu'on fait mouvoir infiniment peu le système, tême, sera exprimée par une fonction linéaire des variations de toutes les coordonnées de ces points. Ces variations ont entre elles des rapports résultans de la liaison des parties du système ; en réduisant donc au moyen des conditions de cette liaison, les variations arbitraires, au plus petit nombre possible, dans la somme précédente qui doit être nulle pour l'équilibre ; il faudra pour que l'équilibre ait lieu dans tous les sens, égaler séparément à zéro, le coëfficient de chacune des variations restantes ; ce qui donnera autant d'équations, qu'il y aura de ces variations arbitraires. Ces équations réunies à celles que donne la liaison des parties du système, renfermeront toutes les conditions de son équilibre.

CHAPITRE IV.

De l'équilibre des fluides.

On a vu dans le premier livre, que les fluides élastiques, tels que l'air, sont dus à la chaleur; et que les fluides incompressibles, tels que l'eau, sont dus à la pression et à la chaleur. Mais pour déterminer les loix de leur équilibre, nous n'avons besoin que de les considérer comme étant formés d'un nombre infini de molécules parfaitement mobiles entre elles, en sorte qu'elles cèdent à la plus petite pression qu'elles éprouvent d'un côté plutôt que d'un autre.

Il suit de cette propriété caractéristique des fluides, que la force qui anime chaque molécule de la surface libre d'un fluide en équilibre, est perpendiculaire à cette surface; la pesanteur est donc perpendiculaire à la surface des eaux stagnantes, qui par conséquent est horizontale.

En vertu de la mobilité de ses parties, un fluide pesant peut exercer une pression beaucoup plus grande que son poids; un filet d'eau, par exemple, qui se termine par une large surface horizontale, presse autant la base sur laquelle il repose, qu'un cylindre d'eau, de même base et de même hauteur. Pour rendre sensible, la vérité de ce paradoxe, imaginons un vase cylindrique fixe, et dont le fond horizontal soit mobile; supposons ce vase rempli d'eau, et son fond maintenu en équilibre par une force égale et contraire à la pression qu'il éprouve. Il est clair que l'équilibre subsisteroit toujours, dans les cas où une partie de l'eau viendroit à se consolider et à s'unir aux parois du vase; car, en général, l'équilibre d'un système de corps n'est point troublé, en supposant que dans cet état, plusieurs d'entr'eux viennent à s'unir ou à s'attacher à des points fixes. On peut donc former ainsi une infinité de vases de figures différentes, qui tous auront même fond et même hauteur que le vase cylindrique, et dans lesquels l'eau exercera la même pression sur le fond mobile.

La pression qu'un fluide exerce contre une surface quelconque, est perpendiculaire à chacun de ses élémens ; autrement, la molécule fluide qui lui est contiguë, glisseroit par la décomposition de la pression qu'elle éprouve. Si le fluide n'agit que par son poids, sa pression entière équivaut au poids d'un prisme de ce fluide, dont la base est égale à la surface pressée, et dont la hauteur est la distance du centre de gravité de cette surface, au plan de niveau du fluide.

Un corps plongé dans un fluide, y perd une partie de son poids, égale au poids du volume de fluide déplacé ; car avant l'immersion, le fluide environnant faisoit équilibre au poids de ce volume de fluide, qui, sans troubler l'équilibre, pouvoit être supposé former une masse solide ; la résultante de toutes les actions du fluide sur cette masse doit donc faire équilibre à son poids, et passer par son centre de gravité ; or il est clair que ces actions sont les mêmes sur le corps qui en occupe la place ; l'action du fluide détruit donc une partie du poids de ce corps, égale au poids du volume de fluide déplacé. Ainsi les corps pèsent moins dans l'air que dans le vide : la différence, très-peu sensible pour la plupart, n'est point à négliger dans des expériences délicates.

On peut, au moyen d'une balance qui porte à l'extrémité d'un de ses fléaux, un corps que l'on plonge dans un fluide, mesurer exactement la diminution de poids que le corps éprouve dans cette immersion, et déterminer sa pesanteur spécifique, ou sa densité relative à celle du fluide. Cette pesanteur est le rapport du poids du corps dans le vide, à la diminution de ce poids, lorsque le corps est entièrement plongé dans le fluide. C'est ainsi que l'on a déterminé les pesanteurs spécifiques des corps comparés à l'eau distillée.

Pour qu'un corps plus léger qu'un fluide, soit en équilibre à sa surface, il faut que son poids soit égal à celui du volume de fluide déplacé. Il faut de plus que les centres de gravité de cette portion du fluide et du corps, soient sur une même verticale ; car la résultante des actions de la pesanteur sur toutes les molécules du corps, passe par son centre de gravité, et la résultante de toutes les actions du fluide sur ce corps, passe par le centre de gravité du volume de

X 2

fluide déplacé : ces résultantes devant être sur la même ligne, pour
se détruire; les centres de gravité sont sur la même verticale.

Il existe deux états très-distincts d'équilibre; dans l'un, si l'on
trouble un peu l'équilibre, tous les corps du système, ne font que
de petites oscillations autour de leur position primitive, et alors
l'équilibre est *ferme* ou *stable.* Cette stabilité est absolue, si elle a
lieu quelles que soient les oscillations du système; elle n'est que
relative, si elle n'a lieu que par rapport aux oscillations d'une certaine espèce. Dans l'autre état d'équilibre, les corps s'éloignent
de plus en plus de leur position primitive, lorsqu'on vient à les en
écarter. On aura une juste idée de ces deux états, en considérant
une ellipse placée verticalement sur un plan horizontal. Si l'ellipse est en équilibre sur son petit axe; il est clair qu'en l'écartant un peu de cette situation, elle tend à y revenir, en faisant des
oscillations que les frottemens et la résistance de l'air auront bientôt anéanties : mais si l'ellipse est en équilibre sur son grand axe;
une fois écartée de cette situation, elle tend à s'en éloigner davantage, et finit par se renverser sur son petit axe. La stabilité de
l'équilibre dépend donc de la nature des petites oscillations que le
système troublé d'une manière quelconque, fait autour de cet état.
Souvent, cette recherche présente beaucoup de difficultés; mais
dans plusieurs cas, et particulièrement dans celui des corps flottans, il suffit pour juger de la stabilité de l'équilibre, de savoir si
la force qui sollicite le système un peu dérangé de cet état, tend à
l'y ramener. On y parviendra relativement aux corps flottans sur
l'eau, ou sur tout autre fluide, par la règle suivante.

Si par le centre de gravité de la section à fleur d'eau, d'un corps
flottant, on conçoit un axe horizontal tel que la somme des produits de chaque élément de la section, par le quarré de sa distance
à cet axe, soit plus petite que relativement à tout autre axe horizontal mené par le même centre; l'équilibre est stable dans tous
les sens, lorsque cette somme surpasse le produit du volume de
fluide déplacé, par la hauteur du centre de gravité du corps, au-
dessus du centre de gravité de ce volume. Cette règle est principalement utile dans la construction des vaisseaux auxquels il importe
de donner une stabilité suffisante pour résister aux efforts des tem-

pêtes. Dans un vaisseau, l'axe mené de la poupe à la proue, est celui par rapport auquel la somme dont il s'agit, est un *minimum;* il est donc facile de reconnoître et de mesurer sa stabilité, par la règle précédente.

Deux fluides renfermés dans un vase, s'y disposent de manière que le plus pesant occupe le fond du vase, et que la surface qui les sépare, soit horizontale.

Si deux fluides communiquent au moyen d'un tube recourbé ; la surface qui les sépare dans l'état d'équilibre, est horizontale , et leurs hauteurs au-dessus de cette surface, sont réciproques à leurs densités spécifiques. En supposant donc à toute l'atmosphère, la densité de l'air, à la température de la glace fondante, et comprimé par une colonne de mercure de soixante-seize centimètres; sa hauteur seroit de 7815me; mais parce que la densité des couches atmosphériques diminue à mesure que l'on s'élève au-dessus de la surface de la terre, la hauteur de l'atmosphère est beaucoup plus grande.

Pour avoir les loix générales de l'équilibre d'une masse fluide animée par des forces quelconques ; nous observerons que chaque point de l'intérieur de cette masse, éprouve une pression qui, dans l'atmosphère, est mesurée par la hauteur du baromètre , et qui peut l'être d'une manière semblable, pour tout autre fluide. En considérant chaque molécule, comme un parallélépipède rectangle infiniment petit ; la pression du fluide environnant sera perpendiculaire aux faces de ce parallélépipède qui tendra à se mouvoir perpendiculairement à chaque face, en vertu de la différence des pressions que le fluide exerce sur les deux faces opposées. De ces différences de pressions, résultent trois forces perpendiculaires entr'elles, qu'il faut combiner avec les autres forces qui sollicitent la molécule fluide. Ainsi, cette molécule devant être en équilibre en vertu de toutes ces forces ; le principe des vîtesses virtuelles donnera les équations générales de son équilibre, quelle que soit sa position dans la masse entière. Les conditions d'intégrabilité de ces équations différentielles, feront connoître les rapports qui doivent exister entre les forces dont le fluide est animé, pour la possibilité de l'équilibre ; leur intégration donnera la pression que chaque molécule fluide éprouve, et cette pression déterminera son ressort et sa densité, si le fluide est élastique et compressible.

CHAPITRE V.

Du mouvement d'un systême de corps.

Considérons d'abord l'action de deux points matériels de masses différentes, et qui mûs sur une même droite, viennent à se rencontrer. On peut concevoir immédiatement avant le choc, leurs mouvemens décomposés de manière qu'ils aient une vîtesse commune, et deux vîtesses contraires telles qu'en vertu de ces seules vîtesses, ils se feroient mutuellement équilibre. La vîtesse commune aux deux points, n'est pas altérée par leur action mutuelle ; cette vîtesse doit donc subsister seule après le choc. Pour la déterminer, nous observerons que la quantité de mouvement des deux points, en vertu de cette commune vîtesse, plus la somme des quantités de mouvement dues aux vîtesses détruites, représente la somme des quantités de mouvement avant le choc, pourvu que l'on prenne en sens contraire, les quantités de mouvement dues aux vîtesses contraires : mais par la condition de l'équilibre, la somme des quantités de mouvement dues aux vîtesses détruites, est nulle ; la quantité de mouvement relative à la vîtesse commune, est donc égale à celle qui existoit primitivement dans les deux points ; et par conséquent, cette vîtesse est égale à la somme des quantités de mouvement, divisée par la somme des masses.

Quand les points sont parfaitement élastiques ; il faut, pour avoir leur vîtesse après le choc, ajouter ou retrancher de la vîtesse commune qu'ils prendroient s'ils étoient sans ressort, la vîtesse qu'ils acquerroient ou perdroient dans cette hypothèse ; car l'élasticité parfaite double ces effets, par le rétablissement des ressorts que le choc comprime ; on aura donc la vîtesse de chaque point après le choc, en retranchant sa vîtesse avant le choc, du double de cette vîtesse commune.

De-là il est aisé de conclure que la somme des produits de chaque masse, par le quarré de sa vîtesse, est la même avant et après le choc des deux points ; ce qui a lieu généralement dans le choc d'un nombre quelconque de corps parfaitement élastiques, de quelque manière qu'ils agissent les uns sur les autres.

Le choc de deux points matériels, est purement idéal ; mais il est facile d'y ramener celui de deux corps quelconques, en observant que si ces corps se choquent suivant une droite passant par leurs centres de gravité, et perpendiculaire à leurs surfaces de contact, ils agissent l'un sur l'autre, comme si leurs masses étoient réunies à ces centres ; le mouvement se communique donc alors entr'eux, comme entre deux points matériels dont les masses seroient respectivement égales à ces corps.

Telles sont les loix de la communication du mouvement, loix que l'expérience confirme, et qui dérivent mathématiquement des deux loix fondamentales du mouvement, que nous avons exposées dans le chapitre second de ce livre. Plusieurs philosophes ont essayé de les déterminer par la considération des causes finales. Descartes persuadé que la quantité de mouvement devoit se conserver toujours la même dans l'univers, a déduit de cette fausse hypothèse, de fausses loix de la communication du mouvement, qui sont un exemple des erreurs auxquelles on s'expose en cherchant à deviner les loix de la nature, par les vues qu'on lui suppose.

Lorsqu'un corps reçoit une impulsion suivant une direction qui passe par son centre de gravité ; toutes ses parties se meuvent avec une égale vîtesse. Si cette direction passe à côté de ce point ; les diverses parties du corps ont des vîtesses inégales, et de cette inégalité de vîtesses, il résulte un mouvement de rotation du corps autour de son centre de gravité, en même temps que ce centre est transporté avec la vîtesse qu'il auroit prise, si la direction de l'impulsion eût passé par ce point. Ce cas est celui de la terre et des planètes. Ainsi, pour expliquer le double mouvement de rotation et de translation de la terre ; il suffit de supposer qu'elle a reçu primitivement une impulsion dont la direction a passé à une petite distance de son centre de gravité, distance qui, dans l'hypothèse de l'homogénéité de cette planète, est à-peu-près, la centsoixantième

partie de son rayon. Il est infiniment peu probable que la projection primitive des planètes, des satellites et des comètes, a
passé exactement par leurs centres de gravité; tous ces corps doivent donc tourner sur eux-mêmes. Par une raison semblable, le
soleil qui tourne sur lui-même, doit avoir reçu une impulsion qui
n'ayant point passé par son centre de gravité, le transporte dans
l'espace avec le systême planétaire, à moins qu'une impulsion dans
un sens contraire, n'ait anéanti ce mouvement; ce qui n'est pas
vraisemblable.

L'impulsion donnée à une sphère homogène, suivant une direction qui ne passe point par son centre, la fait tourner constamment
autour du diamètre perpendiculaire au plan mené par son centre
et par la direction de la force imprimée. De nouvelles forces qui
sollicitent tous ses points, et dont la résultante passe par son centre,
n'altèrent point le parallélisme de son axe de rotation. C'est ainsi
que l'axe de la terre reste toujours à très-peu près, parallèle à lui-
même dans sa révolution autour du soleil; sans qu'il soit nécessaire
de supposer avec Copernic, un mouvement annuel des pôles de la
terre, autour de ceux de l'écliptique.

Si le corps a une figure quelconque, son axe de rotation peut
varier à chaque instant. La recherche de ces variations, quelles que
soient les forces qui agissent sur le corps, est le problême le plus
intéressant de la mécanique des corps durs, par ses rapports avec
la précession des équinoxes, et avec la libration de la lune. En le
résolvant, on a été conduit à ce résultat curieux et très-utile, savoir
que, dans tout corps, il existe trois axes perpendiculaires entre
eux, autour desquels il peut tourner uniformément, quand il n'est
point sollicité par des forces étrangères : ces axes ont été pour cela,
nommés *axes principaux de rotation*.

Un corps ou un systême de corps pesans, de figure quelconque,
oscillant autour d'un axe fixe et horizontal, forme un pendule
composé. Il n'en existe point d'autres dans la nature, et les pendules
simples dont nous avons parlé ci-dessus, ne sont que de purs concepts géométriques, propres à simplifier les objets. Il est facile d'y
rapporter les pendules composés dont tous les points sont fixement
attachés ensemble. Si l'on multiplie la longueur du pendule simple
dont

dont les oscillations sont de même durée que celles du pendule composé, par la masse entière de ce dernier pendule, et par la distance de son centre de gravité à l'axe d'oscillation ; le produit sera égal à la somme des produits de chaque molécule du pendule composé, par le quarré de sa distance au même axe. C'est au moyen de cette règle trouvée par Huyghens, que les expériences sur les pendules composés ont fait connoître la longueur du pendule simple qui bat les secondes.

Imaginons un pendule faisant de très-petites oscillations dans un même plan ; et supposons qu'au moment où il est le plus éloigné de la verticale, on lui imprime une petite force perpendiculaire au plan de son mouvement : il décrira une ellipse autour de la verticale. Pour se représenter son mouvement, on peut concevoir un pendule fictif qui continue d'osciller comme l'eût fait le pendule réel sans la nouvelle force qui lui a été imprimée, tandis que ce dernier pendule oscille de chaque côté du pendule idéal, comme si ce pendule étoit immobile et vertical. Ainsi, le mouvement du pendule réel est le résultat de deux oscillations simples qui existent ensemble, et qu'il est facile de déterminer.

Cette manière d'envisager les petites oscillations des corps, peut être étendue à un système quelconque. Si l'on suppose le système dérangé par de très-petites impulsions, de son état d'équilibre, et qu'ensuite, on vienne à lui donner de nouvelles impulsions ; il oscillera par rapport aux états successifs qu'il auroit pris en vertu des premières impulsions, de la même manière qu'il oscilleroit par rapport à son état d'équilibre, si les nouvelles impulsions lui étoient seules imprimées dans cet état. Les oscillations très-petites d'un système de corps, quelque composées qu'elles soient, peuvent donc être considérées comme étant formées d'oscillations simples, parfaitement semblables à celles du pendule. En effet, si l'on conçoit le système très-peu dérangé de son état d'équilibre, en sorte que la force qui sollicite chaque corps, tende à le ramener au point qu'il occupoit dans cet état, et de plus, soit proportionnelle à sa distance à ce point ; il est clair que cela aura lieu pendant l'oscillation du système, et qu'à chaque instant, les vîtesses des différens corps seront proportionnelles à leurs distances à la position d'équilibre ;

Y

ils arriveront donc tous au même instant à cette position, et
ils oscilleront de la même manière qu'un pendule simple. Mais
l'état de dérangement que nous venons de supposer au système,
n'est pas unique. Si l'on éloigne un des corps, de sa position d'équilibre, et que l'on cherche les positions des autres corps, qui satisfont
aux conditions précédentes ; on parvient à une équation d'un degré
égal au nombre des corps du système, mobiles entr'eux ; ce qui
donne autant d'oscillations simples, qu'il y a de ces corps. Concevons
au système, la première de ces oscillations ; et à un instant quelconque, éloignons par la pensée, tous les corps de leur position,
proportionnellement aux quantités relatives à la seconde oscillation
simple. En vertu de la coexistence des oscillations, le système
oscillera par rapport aux états successifs qu'il auroit eus par la première oscillation simple, comme il auroit oscillé par la seconde
seule, autour de son état d'équilibre ; son mouvement sera donc
formé des deux premières oscillations simples. On peut semblablement combiner avec ce mouvement, la troisième oscillation simple ; et en continuant ainsi de combiner toutes ces oscillations, de
la manière la plus générale, on représentera tous les mouvemens
possibles du système.

De-là résulte un moyen facile de reconnoître la stabilité absolue
de son équilibre. Si dans toutes les positions relatives à chaque
oscillation simple, les forces qui sollicitent les corps, tendent à les
ramener à l'état d'équilibre, cet état sera stable : il ne le sera pas,
ou il n'aura qu'une stabilité relative, si dans quelqu'une de ces
positions, les forces tendent à en éloigner les corps.

Il est visible que cette manière d'envisager les mouvemens très-
petits d'un système, peut s'étendre aux fluides eux-mêmes dont les
oscillations sont le résultat d'oscillations simples existantes à-la-fois,
et souvent en nombre infini.

On a un exemple sensible de la coexistence des oscillations très-
petites, dans les ondes. Quand on agite légèrement un point de la
surface d'une eau stagnante ; on voit des ondes circulaires se former
et s'étendre autour de lui. En agitant la surface dans un autre point,
de nouvelles ondes se forment et se mêlent aux premières ; elles se
superposent à la surface agitée par les premières ondes, comme elles

se seroient disposées sur cette surface tranquille, en sorte qu'on les distingue parfaitement dans leur mélange. Ce que l'œil apperçoit relativement aux ondes, l'oreille le sent par rapport aux sons ou aux vibrations de l'air, qui se propagent simultanément sans s'altérer, et font des impressions très-distinctes.

Le principe de la coexistence des oscillations simples, que l'on doit à Daniel Bernoulli, est un de ces résultats généraux qui intéressent par la facilité qu'ils donnent à l'imagination, de se représenter les phénomènes et leurs changemens successifs. On peut aisément le déduire de la théorie analytique des petites oscillations d'un système. Elles dépendent d'équations différentielles linéaires dont les intégrales complètes sont la somme des intégrales particulières. Ainsi, les oscillations simples se superposent les unes aux autres, pour former le mouvement du système; comme les intégrales particulières qui les représentent, s'ajoutent ensemble pour former les intégrales complètes. Il est intéressant de suivre ainsi dans les phénomènes de la nature, les vérités intellectuelles de l'analyse. Cette correspondance dont le système du monde nous offrira de nombreux exemples, fait l'un des plus grands charmes attachés aux spéculations mathématiques.

Il est naturel de ramener à un principe général, les loix du mouvement des corps; comme on a renfermé dans le seul principe des vîtesses virtuelles, les loix de leur équilibre. Pour y parvenir, considérons le mouvement d'un système de corps agissans les uns sur les autres, sans être sollicités par des forces accélératrices. Leurs vîtesses changent à chaque instant; mais on peut concevoir chacune de ces vîtesses à un instant quelconque, comme étant composée de celle qui a lieu dans l'instant suivant, et d'une autre vîtesse qui doit être détruite au commencement de ce second instant. Si cette vîtesse détruite étoit connue, il seroit facile par la loi de la décomposition des forces, d'en conclure la vîtesse des corps au second instant; or, il est clair que si les corps n'eussent été animés que des vîtesses détruites, ils se seroient fait mutuellement équilibre : ainsi, les loix de l'équilibre donneront les rapports des vîtesses perdues, et il sera facile d'en conclure les vîtesses restantes et leurs directions; on aura donc par l'analyse infinitésimale, les variations successives du mouvement du système, et sa position à tous les instans.

Il est clair .que si les corps sont animés de forces accélératrices, on pourra toujours employer la même décomposition des vîtesses ; mais alors, l'équilibre doit avoir lieu entre les vîtesses détruites et ces forces.

Cette manière de ramener les loix du mouvement à celles de l'équilibre, dont on est principalement redevable à d'Alembert, est générale et très-lumineuse. On auroit lieu d'être surpris qu'elle ait échappé aux géomètres qui s'étoient occupés avant lui, de dynamique ; si l'on ne savoit pas que les idées les plus simples sont presque toujours celles qui s'offrent les dernières à l'esprit humain.

Il restoit encore à unir le principe que nous venons d'exposer, à celui des vîtesses virtuelles, pour donner à la mécanique, toute la perfection dont elle paroît susceptible. C'est ce que Lagrange a fait, et par ce moyen, il a réduit la recherche du mouvement d'un système quelconque de corps, à l'intégration d'équations différentielles : alors, l'objet de la mécanique est rempli, et c'est à l'analyse pure, à achever la solution des problêmes. Voici la manière la plus simple de former ces équations.

Si l'on imagine trois axes fixes perpendiculaires entr'eux, et qu'à un instant quelconque, on décompose la vîtesse de chaque point matériel d'un système de corps, en trois autres parallèles à ces axes ; on pourra considérer chaque vîtesse partielle, comme étant uniforme pendant cet instant ; on pourra ensuite concevoir à la fin de l'instant, le point animé parallèlement à l'un de ces axes, de trois vîtesses, savoir, de sa vîtesse dans cet instant, de la petite variation qu'elle reçoit dans l'instant suivant, et de cette même variation appliquée en sens contraire. Les deux premières de ces vîtesses subsistent dans l'instant suivant ; la troisième doit donc être détruite par les forces qui sollicitent le point, et par l'action des autres points du système. Ainsi, en concevant les variations instantanées des vîtesses partielles de chaque point du système, appliquées à ce point, en sens contraire ; le système doit être en équilibre en vertu de toutes ces variations et des forces qui l'animent. On aura par le principe des vîtesses virtuelles, les équations de cet équilibre; et en les combinant avec celles de la liaison des parties du système, on aura les équations différentielles du mouvement de chacun de ses points.

Il est visible que l'on peut ramener de la même manière, les loix du mouvement des fluides, à celles de leur équilibre. Dans ce cas, les conditions relatives à la liaison des parties du système, se réduisent à ce que le volume d'une molécule quelconque du fluide reste toujours le même, si le fluide est incompressible, et qu'il dépende de la pression, suivant une loi donnée, si le fluide est élastique et compressible. Les équations qui expriment ces conditions et les variations du mouvement du fluide, renferment les différences partielles des coordonnées de la molécule, prises soit par rapport au temps, soit par rapport aux coordonnées primitives. L'intégration de ce genre d'équations offre de grandes difficultés, et l'on n'a pu y réussir encore, que dans quelques cas particuliers relatifs au mouvement des fluides pesans dans des vases, à la théorie du son, et aux oscillations de la mer et de l'atmosphère.

La considération des équations différentielles du mouvement d'un système de corps, a fait découvrir plusieurs principes généraux de mécanique, très-utiles, et qui sont une extension de ceux que nous avons présentés sur le mouvement d'un point, dans le chapitre second de ce livre.

Un point matériel se meut uniformément en ligne droite, s'il n'éprouve pas l'action de causes étrangères. Dans un système de corps qui agissent les uns sur les autres, sans éprouver l'action de causes extérieures, le centre commun de gravité se meut uniformément en ligne droite, et son mouvement est le même que si tous les corps étant supposés réunis à ce point, toutes les forces qui les animent, lui étoient immédiatement appliquées; en sorte que la direction et la quantité de leur résultante, restent constamment les mêmes.

On a vu que le rayon vecteur d'un corps sollicité par une force dirigée vers un point fixe, décrit des aires proportionnelles aux temps. Si l'on suppose un système de corps agissans les uns sur les autres d'une manière quelconque, et sollicités par une force dirigée vers un point fixe; si de ce point, on mène à chacun d'eux, des rayons vecteurs que l'on projette sur un plan invariable passant par ce point; la somme des produits de la masse de chaque corps, par l'aire que trace la projection de son rayon vecteur, est proportionnelle au temps. C'est en cela que consiste le principe de *la conservation des aires*.

S'il n'y a pas de point fixe vers lequel le système soit attiré, et qu'il ne soit soumis qu'à l'action mutuelle de ses parties; on peut prendre alors, tel point que l'on veut, pour origine des rayons vecteurs.

Le produit de la masse d'un corps, par l'aire que décrit la projection de son rayon vecteur, pendant une unité de temps, est égale à la projection de la force entière de ce corps, multipliée par la perpendiculaire abaissée du point fixe, sur la direction de la force ainsi projetée : ce dernier produit est le moment de la force, pour faire tourner le système autour de l'axe qui passant par le point fixe, est perpendiculaire au plan de projection ; le principe de la conservation des aires revient donc à ce que la somme des momens des forces finies pour faire tourner le système autour d'un axe quelconque, somme qui dans l'état d'équilibre est nulle, est constante dans l'état de mouvement. Présenté de cette manière, ce principe convient à toutes les loix possibles entre la force et la vîtesse.

On nomme *force vive* d'un système, le produit de la masse de chaque corps, par le quarré de sa vîtesse. Lorsqu'un corps se meut sur une courbe ou sur une surface, sans éprouver d'action étrangère, sa force vive est toujours la même, puisque sa vîtesse est constante : si les corps d'un système n'éprouvent d'autres actions, que leurs tractions et pressions mutuelles, soit immédiatement, soit par l'entremise de verges et de fils inextensibles et sans ressort; la force vive du système est constante, dans le cas même où plusieurs de ces corps sont astreints à se mouvoir sur des lignes ou sur des surfaces courbes. C'est le principe de la conservation des forces vives, principe qui s'étend à toutes les loix possibles entre la force et la vîtesse, si l'on désigne par *force vive* d'un corps, le double de l'intégrale du produit de sa vîtesse, par la différentielle de la force finie dont il est animé.

Dans le mouvement d'un point sollicité par des forces quelconques, la variation de la force vive est égale à deux fois la somme
des produits de la masse du point, par chacune des forces accélératrices multipliées respectivement par les quantités élémentaires
dont le point s'avance vers leurs origines. Dans le mouvement d'un
systême quelconque, le double de la somme de tous ces produits,
est la variation de la force vive du systême.

Concevons que dans le mouvement du systême, tous les corps
soient au même instant dans la position où il seroit en équilibre
en vertu des forces accélératrices qui l'animent ; la variation de la
force vive y sera nulle, par le principe des vîtesses virtuelles; la
force vive sera donc alors à son *maximum* ou à son *minimum.* Si le
systême n'étoit mu que par une seule de ses oscillations simples ;
les corps en partant de la situation d'équilibre, tendroient à y
revenir si l'équilibre est stable; leur vîtesse diminueroit donc à
mesure qu'ils s'en éloigneroient, et par conséquent la force vive
seroit dans cette position, un *maximum* ; mais elle seroit un
minimum, si l'équilibre n'étant pas stable, les corps en s'éloignant
de la position qui est relative à cet état, tendoient à s'en écarter
davantage. De-là on peut conclure que si la force vive est constamment un *maximum* lorsque les corps parviennent au même
instant à la position de l'équilibre, quelle que soit d'ailleurs leur
vîtesse, l'équilibre est stable; et qu'au contraire, il n'a ni stabilité
absolue, ni stabilité relative, si la force vive dans cette position du
systême, est constamment un *minimum.*

Enfin, on a vu dans le second chapitre, que la somme des intégrales du produit de chaque force finie du systême, par l'élément
de sa direction, somme qui dans l'état d'équilibre, est nulle, est un
minimum dans l'état de mouvement. C'est en cela que consiste le
principe de la moindre action, principe qui diffère de ceux du
mouvement uniforme du centre de gravité, de la conservation des
aires et des forces vives, en ce que ces principes sont de véritables
intégrales des équations différentielles du mouvement des corps; au
lieu que celui de la moindre action, n'est qu'une combinaison singulière de ces mêmes équations.

On doit faire une remarque importante sur l'étendue de ces divers principes : celui du mouvement uniforme du centre de gravité, et le principe de la conservation des aires, subsistent dans le cas même où par l'action mutuelle des corps, il survient des changemens brusques dans leurs mouvemens ; et cela rend ces principes très-utiles dans plusieurs circonstances : mais le principe de la conservation des forces vives, et celui de la moindre action, exigent que les variations des mouvemens du système, se fassent par des nuances insensibles.

Si le système éprouve des changemens brusques, par l'action mutuelle des corps, ou par la rencontre d'obstacles ; la force vive reçoit à chacun de ces changemens, une diminution égale à la somme des produits de chaque corps par le quarré de sa vîtesse détruite, en concevant sa vîtesse avant le changement, décomposée en deux, l'une qui subsiste, l'autre qui est anéantie, et dont le quarré est évidemment égal à la somme des quarrés des variations que le changement fait éprouver à la vîtesse décomposée parallèlement à trois axes quelconques perpendiculaires entr'eux.

Tous ces principes subsisteroient encore, eu égard au mouvement relatif des corps du système, s'il étoit emporté d'un mouvement général et commun aux foyers des forces que nous avons supposés fixes. Ils ont pareillement lieu dans le mouvement relatif des corps sur la terre ; car il est impossible, comme nous l'avons déjà observé, de juger du mouvement absolu d'un système de corps, par les seules apparences de son mouvement relatif.

Quels que soient le mouvement du système et les variations qu'il éprouve par l'action mutuelle de ses parties ; la somme des produits de chaque corps, par l'aire que trace sa projection autour du centre commun de gravité, sur un plan qui passant par ce point, reste toujours parallèle à lui-même, est constante. Le plan sur lequel cette somme est un *maximum*, conserve une situation parallèle, pendant le mouvement du système : la même somme est nulle par rapport à tout plan qui passant par le centre de gravité, est perpendiculaire à celui dont nous venons de parler ; et les quarrés des trois sommes semblables relatives à trois plans quelconques menés par le centre de gravité, et perpendiculaires entr'eux, sont égaux au quarré de la somme qui est un *maximum*. Le plan correspondant

pondant à cette somme, jouit encore de cette propriété remarquable ; savoir, que la somme des projections des aires tracées par les corps, les uns autour des autres, et multipliées respectivement par le produit des masses des deux corps qui joignent chaque rayon vecteur, est un *maximum* sur ce plan et sur tous ceux qui lui sont parallèles. On peut donc ainsi retrouver à tous les instans, un plan qui passant par l'un quelconque des points du systême, conserve toujours une situation parallèle ; et comme en y rapportant le mouvement des corps, deux des constantes arbitraires de ce mouvement disparoissent, et par-là simplifient les calculs ; il est aussi naturel de choisir ce plan pour celui des coordonnées, que d'en fixer l'origine, au centre de gravité du systême.

LIVRE QUATRIÈME.

DE LA THÉORIE DE LA PESANTEUR UNIVERSELLE.

Opinionum commenta delet dies, naturæ judicia confirmat.

Cɪc. de Nat. Deor.

Aᴘʀès avoir exposé dans les livres précédens, les loix des mouvemens célestes, et celles de l'action des causes motrices ; il nous reste à les comparer, pour connoître les forces qui animent les corps du systême solaire, et pour nous élever sans hypothèse et par des raisonnemens géométriques, au principe général de la pesanteur dont elles dérivent. C'est dans l'espace céleste, que les loix de la mécanique s'observent avec le plus de précision : tant de circonstances en compliquent les résultats sur la terre, qu'il est difficile de les démêler, et plus difficile encore de les assujétir au calcul. Mais les corps du systême solaire, séparés par d'immenses distances, et soumis à l'action d'une force principale dont il est aisé de calculer les effets, ne sont troublés dans leurs mouvemens respectifs, que par des forces assez petites pour que l'on ait pu embrasser dans des formules générales, tous les changemens que la suite des temps a produits et doit amener dans ce systême. Il ne s'agit point ici de causes vagues, impossibles à soumettre à l'analyse, et que l'imagination modifie à son gré, pour expliquer les phénomènes. La loi de la pesanteur universelle a le précieux avantage de pouvoir être réduite au calcul, et d'offrir dans la comparaison de ses résultats aux observations, le plus sûr moyen d'en constater l'existence. On verra que cette grande loi de la nature représente tous les phénomènes célestes, jusque dans leurs plus petits détails; qu'il n'y a pas une seule de leurs inégalités, qui n'en découle avec une précision admirable; et qu'elle a donné la cause de plusieurs mouvemens singuliers, entrevus par les astronomes, mais qui, trop compliqués ou trop lents, n'auroient pu être déterminés par l'observation, qu'après un grand nombre de siècles. Ainsi, loin d'avoir à craindre que de nouveaux phénomènes viennent à la détruire; on peut être assuré d'avance, qu'ils ne feront que la confirmer de plus en plus, et l'on doit la regarder comme une source de découvertes aussi certaines, que si elles étoient immédiatement observées. La plus profonde géométrie a été indispensable pour en établir les diverses théories : je les ai rassemblées dans mon Traité de Mécanique céleste : je me bornerai ici, à présenter les principaux résultats de cet ouvrage, en indiquant la route que les géomètres ont suivie pour y parvenir, et en essayant d'en faire sentir les raisons, autant que cela se peut sans le secours de l'analyse.

CHAPITRE PREMIER.

Du principe de la pesanteur universelle.

Parmi les phénomènes du systême solaire, le mouvement ellip-tique des planètes et des comètes, semble le plus propre à nous conduire à la loi générale des forces dont il est animé. L'observa-tion a fait connoître que les aires tracées par les rayons vecteurs des planètes et des comètes, autour du soleil, sont proportionnelles aux temps; or on a vu dans le second chapitre du livre précédent, qu'il faut pour cela, que la force qui détourne sans cesse, chacun de ces corps, de la ligne droite, soit dirigée constamment vers l'origine des rayons vecteurs; la tendance des planètes et des comètes vers le soleil, est donc une suite nécessaire de la proportionnalité des aires décrites par les rayons vecteurs, aux temps employés à les décrire.

Pour déterminer la loi de cette tendance; supposons les planètes mues dans des orbes circulaires, ce qui s'éloigne peu de la vérité. Les quarrés de leurs vîtesses réelles, sont alors proportionnels aux quarrés des rayons de ces orbes, divisés par les quarrés des temps de leurs révolutions; mais par les loix de Kepler, les quarrés de ces temps sont entr'eux comme les cubes des mêmes rayons; les quarrés des vîtesses sont donc réciproques à ces rayons. On a vu précédemment, que les forces centrales de plusieurs corps mus circulairement, sont comme les quarrés des vîtesses, divisés par les rayons des circonférences décrites; les tendances des planètes vers le soleil, sont donc réciproques aux quarrés des rayons de leurs orbes supposés circulaires. Cette hypothèse, il est vrai, n'est pas rigoureuse ; mais le rapport constant des quarrés des temps des révolutions des planètes, aux cubes des grands axes de leurs orbes, étant indépendant des excentricités; il est naturel de penser qu'il subsisteroit encore, dans le cas où ces orbes seroient circulaires. Ainsi, la loi de la pesanteur vers le soleil, réciproque au quarré des distances, est clairement indiquée par ce rapport.

L'analogie nous porte à croire que cette loi qui s'étend d'une planète à l'autre, a également lieu pour la même planète, dans ses diverses distances au soleil : son mouvement elliptique ne laisse aucun doute à cet égard. Pour le faire voir, suivons ce mouvement, en faisant partir la planète, du périhélie. Sa vîtesse est alors à son *maximum*, et sa tendance à s'éloigner du soleil, l'emportant sur sa pesanteur vers cet astre, son rayon vecteur augmente et forme des angles obtus avec la direction de son mouvement ; la pesanteur vers le soleil, décomposée suivant cette direction, diminue donc de plus en plus la vîtesse, jusqu'à ce que la planète ait atteint son aphélie. A ce point, le rayon vecteur redevient perpendiculaire à la courbe ; la vîtesse est à son *minimum*, et la tendance à s'éloigner du soleil, étant moindre que la pesanteur solaire, la planète s'en rapproche en décrivant la seconde partie de son ellipse. Dans cette partie, sa pesanteur vers le soleil, accroît sa vîtesse, comme auparavant elle l'avoit diminuée ; la planète se retrouve au périhélie avec sa vîtesse primitive, et recommence une nouvelle révolution semblable à la précédente. Maintenant, la courbure de l'ellipse étant la même au périhélie et à l'aphélie, les rayons osculateurs y sont les mêmes, et par conséquent, les forces centrifuges dans ces deux points, sont entr'elles comme les quarrés des vîtesses. Les secteurs décrits pendant le même temps, étant égaux ; les vîtesses périhélie et aphélie, sont réciproquement comme les distances correspondantes de la planète au soleil ; les quarrés de ces vîtesses sont donc réciproques aux quarrés des mêmes distances ; or, au périhélie et à l'aphélie, les forces centrifuges dans les circonférences osculatrices, sont évidemment égales aux pesanteurs de la planète vers le soleil ; ces pesanteurs sont donc en raison inverse du quarré des distances à cet astre.

Ainsi, les théorêmes d'Huyghens sur la force centrifuge, suffisoient pour reconnoître la loi de la tendance des planètes vers le soleil ; car il est très-vraisemblable qu'une loi qui a lieu d'une planète à l'autre, et qui se vérifie pour chaque planète, au périhélie et à l'aphélie, s'étend à tous les points des orbes planétaires, et généralement à toutes les distances du soleil. Mais pour l'établir d'une manière incontestable, il falloit avoir l'expression générale de la force qui, dirigée vers le foyer d'une ellipse, la fait décrire à un projectile. Newton trouva qu'en effet, cette force est réciproque au quarré du rayon vecteur. Il falloit encore démontrer rigoureusement que la pesanteur vers le soleil, ne varie d'une planète à l'autre, qu'à raison de la distance à cet astre. Ce grand géomètre fit voir que cela suit de la loi des quarrés des temps des révolutions, proportionnels aux cubes des grands axes des orbites. En supposant donc toutes les planètes en repos à la même distance du soleil, et abandonnées à leur pesanteur vers son centre; elles descendroient de la même hauteur, en temps égal; résultat que l'on doit étendre aux comètes, quoique les grands axes de leurs orbes soient inconnus; car on a vu dans le second livre, que la grandeur des aires décrites par leurs rayons vecteurs, suppose la loi des quarrés des temps de leurs révolutions, proportionnels aux cubes de ces axes.

L'analyse qui dans ses généralités, embrasse tout ce qui peut résulter d'une loi donnée, nous montre que non-seulement l'ellipse, mais toute section conique, peut être décrite en vertu de la force qui retient les planètes dans leurs orbes; une comète peut donc se mouvoir dans une hyperbole; mais alors, elle ne seroit visible qu'une fois, et après son apparition, elle s'éloigneroit au-delà des limites du systême solaire, et s'approcheroit de nouveaux soleils pour s'en éloigner encore, en parcourant ainsi, les divers systêmes répàndus dans l'immensité des cieux. Il est probable, vu l'infinie variété de la nature, qu'il existe des corps semblables. Leurs apparitions doivent être fort rares, et nous ne devons observer le plus souvent, que des comètes qui, mues dans des orbes rentrans, reviennent à des intervalles plus ou moins longs, dans les régions de l'espace, voisines du soleil.

Les satellites tendent pareillement vers cet astre. Si la lune n'étoit pas soumise à son action; au lieu de décrire un orbe presque circulaire autour de la terre, elle finiroit bientôt par l'abandonner; et si ce satellite et ceux de Jupiter n'étoient pas sollicités vers le soleil, suivant la même loi que les planètes ; il en résulteroit dans leurs mouvemens, des inégalités sensibles que l'observation ne fait point appercevoir. Les comètes, les planètes et les satellites sont donc assujétis à la même loi de pesanteur vers cet astre. En même temps que les satellites se meuvent autour de leur planète, le système entier de la planète et de ses satellites, est emporté d'un mouvement commun, dans l'espace, et retenu par la même force, autour du soleil : ainsi le mouvement relatif de la planète et de ses satellites, est à-peu-près le même que si la planète étoit en repos, et n'éprouvoit aucune action étrangère.

Nous voilà donc conduits sans aucune hypothèse, et par une suite nécessaire des loix des mouvemens célestes, à regarder le centre du soleil, comme le foyer d'une force qui s'étend indéfiniment dans l'espace, en diminuant en raison du quarré des distances, et qui attire tous les corps compris dans sa sphère d'activité. Chacune des loix de Kepler, nous découvre une propriété de cette force attractive ; la loi des aires proportionnelles aux temps, nous montre qu'elle est constamment dirigée vers le centre du soleil ; la figure elliptique des orbes planétaires nous prouve que cette force diminue, comme le quarré de la distance augmente ; enfin, la loi des quarrés des temps des révolutions, proportionnels aux cubes des grands axes des orbites, nous apprend que la pesanteur de tous les corps, vers le soleil, est la même, à distances égales. Nous nommerons cette pesanteur, *attraction solaire,* quand nous la considérerons relativement au centre du soleil, vers lequel elle est dirigée ; car sans en connoître la cause, nous pouvons, par un de ces concepts dont les géomètres font souvent usage, supposer cette force produite par un pouvoir attractif qui réside dans le soleil.

Les erreurs dont les observations sont susceptibles, et les petites altérations du mouvement elliptique des planètes, laissant un peu d'incertitude sur les résultats que nous venons de tirer des loix de ce mouvement ; on peut douter que la pesanteur solaire diminue exactement en raison inverse du quarré des distances. Mais pour peu qu'elle s'écartât de cette loi ; la différence seroit très-sensible sur les mouvemens des périhélies des orbes planétaires. Le périhélie de l'orbe terrestre auroit un mouvement annuel de 200″, si l'on augmentoit seulement d'un dix millième, la puissance de la distance à laquelle la pesanteur solaire est réciproquement proportionnelle : ce mouvement n'est que de $36'',4$, suivant les observations, et nous en verrons ci-après, la cause; la loi de la pesanteur réciproque au quarré des distances, est donc au moins, extrêmement approchée, et sa grande simplicité doit la faire admettre, tant que les observations ne forceront pas de l'abandonner. Sans doute, il ne faut pas mesurer la simplicité des loix de la nature, par notre facilité à les concevoir; mais lorsque celles qui nous paroissent les plus simples, s'accordent parfaitement avec tous les phénomènes; nous sommes bien fondés à les regarder comme étant rigoureuses.

La pesanteur des satellites vers le centre de leur planète, est un résultat nécessaire de la proportionnalité des aires décrites par leurs rayons vecteurs, aux temps; et la loi de la diminution de cette force, en raison du quarré des distances, est indiquée par l'ellipticité de leurs orbes. Cette ellipticité est peu sensible dans les orbes des satellites de Jupiter, de Saturne et d'Uranus; ce qui rend la loi de la diminution de la pesanteur, difficile à constater par le mouvement de chaque satellite : mais le rapport constant des quarrés des temps de leurs révolutions, aux cubes des grands axes de leurs orbes, l'indique avec évidence, en nous montrant que d'un satellite à l'autre, la pesanteur vers la planète, est réciproque au quarré des distances à son centre.

Cette preuve nous manque pour la terre qui n'a qu'un satellite: on peut y suppléer par les considérations suivantes.

La pesanteur s'étend au sommet des plus hautes montagnes, et le peu de diminution qu'elle y éprouve, ne permet pas de douter qu'à des hauteurs beaucoup plus grandes, son action seroit encore sensible. N'est-il pas naturel de l'étendre jusqu'à la lune, et de penser que la force qui retient cet astre dans son orbite, est sa pesanteur vers la terre; de même que la pesanteur solaire retient les planètes dans leurs orbes respectifs? En effet, ces deux forces paroissent être de la même nature. Elles pénètrent, l'une et l'autre, les parties intimes de la matière, et les animent de la même vîtesse; car on vient de voir que la pesanteur solaire sollicite également tous les corps placés à la même distance du soleil; comme la pesanteur terrestre les fait tomber dans le vide, de la même hauteur, en temps égal.

Un projectile lancé horizontalement avec force, d'une grande hauteur, retombe au loin sur la terre, en décrivant une courbe sensiblement parabolique. Il retomberoit plus loin, si sa vîtesse de projection étoit plus considérable, et en la supposant d'environ sept mille mètres dans une seconde, le projectile, sans la résistance de l'atmosphère, ne retomberoit point, et circuleroit comme un satellite autour de la terre. Pour former la lune, de ce projectile; il ne faut que l'élever à la même hauteur que cet astre, et lui donner le même mouvement de projection.

Mais ce qui achève de démontrer l'identité de la tendance de la lune vers la terre, avec la pesanteur; c'est qu'il suffit pour avoir cette tendance, de diminuer la pesanteur terrestre, suivant la loi générale de la variation de la force attractive des corps célestes. Entrons dans les détails convenables à l'importance de cet objet.

La force qui écarte à chaque instant la lune, de la tangente de son orbite, lui fait parcourir dans une seconde, un espace égal au sinus verse de l'arc qu'elle décrit dans le même temps; puisque ce sinus est la quantité dont la lune, à la fin de la seconde, s'est éloignée de la direction qu'elle avoit au commencement. On peut le déterminer par la distance de la lune à la terre, que la parallaxe lunaire donne en parties du rayon terrestre; mais pour avoir un résultat indépendant des inégalités du mouvement de la lune, il faut prendre pour sa parallaxe moyenne, la partie de cette parallaxe, qui est indépendante de ces inégalités. Cette partie relative au rayon mené du centre de gravité de la terre, à sa surface, sur le parallèle dont le quarré du sinus de latitude est $\frac{1}{3}$, égale suivant les observations, 10541″. Nous choisissons ce parallèle; parce que l'attraction de la terre sur les points correspondans de sa surface, est à très-peu près comme à la distance de la lune, égale à la masse de la terre, divisée par le quarré de la distance à son centre de gravité. Le rayon mené d'un point de ce parallèle, au centre de gravité de la terre, est de 6369374 mètres; il est facile d'en conclure que la force qui sollicite la lune vers la terre, la fait tomber dans une seconde, de 0me,00101727. On verra ci-après, que l'action du soleil diminue la pesanteur lunaire, de sa 358eme partie; il faut donc augmenter d'un 358eme, la hauteur précédente, pour la rendre indé-pendante de l'action du soleil, et alors elle devient 0me,00102011. Mais dans son mouvement relatif autour de la terre, la lune est sollicitée par une force égale à la somme des masses de la terre et de la lune, divisée par le quarré de leur distance mutuelle : ainsi pour avoir la hauteur dont la lune tomberoit dans une seconde, par l'action seule de la terre, il faut diminuer l'espace précédent, dans le rapport de la masse de la terre, à la somme des masses de la terre et de la lune; or les phénomènes du flux et du reflux de la mer m'ont donné la masse de la lune, égale à $\frac{1}{58,7}$ de celle de la terre; en multipliant donc cet espace par $\frac{58,7}{59,7}$, on aura 0me,00100300 pour la hauteur dont l'attraction de la terre fait tomber la lune, pendant une seconde.

Comparons cette hauteur, à celle qui résulte des observations du pendule. Sur le parallèle que nous considérons, la hauteur dont la pesanteur fait tomber les corps dans la première seconde est, par le chapitre xii du premier livre, égale à 3me,65706 : mais sur ce paral-lèle, l'attraction de la terre est plus petite que la gravité, des deux tiers de la force centrifuge due au mouvement de rotation à l'équa-teur, et cette force est $\frac{1}{288}$ de la pesanteur; il faut donc augmenter l'espace précédent, de sa 432eme partie, pour avoir l'espace dû à l'action seule de la terre, qui sur ce parallèle, est égale à sa masse divisée par le quarré du rayon terrestre; on aura ainsi, 3me,66553, pour cet espace. A la distance de la lune, il doit être diminué dans le rapport du quarré du rayon du sphéroïde terrestre, au quarré de la distance de cet astre; et il est visible qu'il suffit pour cela, de le multiplier par le quarré du sinus de la parallaxe lunaire ou de 10541″; on aura donc 0me,00100483, pour la hauteur dont la lune doit tomber dans une seconde, par l'attraction de la terre. Cette hauteur donnée par les expériences du pendule, diffère peu de celle qui résulte de l'observation directe de la parallaxe; et pour les faire coïncider, il suffit de diminuer de 6″, la parallaxe lunaire, et de la réduire à 10535″. Telle est donc la parallaxe qui résulte de la théorie de la pesanteur, et qui ne diffère pas d'un 1600ᵉᵐᵉ, de la parallaxe observée à laquelle je la crois préférable, vu l'exactitude des élémens qui servent à la déterminer. Il suffiroit de diminuer un peu la masse de la lune, pour avoir par la théorie de la pesanteur, la même parallaxe que suivant les observations ; mais tous les phénomènes des marées concourent à donner à cette masse, la valeur dont nous venons de faire usage. Quoi qu'il en soit, la petite différence des deux parallaxes est dans les limites des erreurs des observations et des élémens employés dans le calcul ; il est donc certain que la force principale qui retient la lune dans son orbite, est la pesanteur terrestre affoiblie en raison du quarré de la distance. Ainsi, la loi de la diminution de la pesanteur, qui pour les planètes accompagnées de plusieurs satellites, est prouvée par la comparaison de la durée de leurs révolutions, et de leurs distances, est démontrée pour la lune, par la comparaison de son mouvement avec celui des projectiles à la surface de la terre. Déjà les observations du pendule faites au sommet des montagnes, indiquoient cette diminution de la pesanteur terrestre ; mais elles étoient insuffisantes pour en découvrir la loi, à cause du peu de hauteur des montagnes les plus élevées, par rapport au rayon de la terre ; il falloit un astre éloigné de nous, comme la lune, pour rendre cette loi très-sensible, et pour nous convaincre que la pesanteur sur la terre, n'est qu'un cas particulier d'une force répandue dans tout l'univers.

Chaque phénomène éclaire d'une lumière nouvelle, les loix de la nature, et les confirme : c'est ainsi que la comparaison des expériences sur la pesanteur, avec le mouvement lunaire, nous montre clairement que l'on doit fixer l'origine des distances, au centre de gravité du soleil et des planètes, dans le calcul de leurs forces attractives ; car il est visible que cela a lieu pour la terre dont la force attractive est de la même nature que celles des planètes et du soleil.

Le soleil et les planètes accompagnées de satellites, étant doués d'une force attractive réciproque au quarré des distances ; une forte analogie nous porte à étendre cette propriété, aux autres planètes. La sphéricité commune à tous ces corps, indique évidemment que leurs molécules sont réunies autour de leurs centres de gravité, par une force qui, à distances égales, les sollicite également vers ces points; mais la considération suivante ne laisse aucun doute à cet égard. On a vu que si les planètes et les comètes étoient placées à la même distance du soleil, leurs poids vers cet astre, seroient proportionnels à leurs masses; or c'est une loi générale de la nature, que la réaction est égale et contraire à l'action; tous ces corps réagissent donc sur le soleil, et l'attirent en raison de leurs masses, et par conséquent, ils sont doués d'une force attractive proportionnelle aux masses, et réciproque au quarré des distances. Par le même principe, les satellites attirent les planètes et le soleil suivant la même loi; cette propriété attractive est donc commune à tous les corps célestes.

Elle ne trouble point le mouvement elliptique d'une planète autour du soleil, lorsque l'on ne considère que leur action mutuelle. En effet, le mouvement relatif des corps d'un système, ne change point, en leur donnant une vîtesse commune; en imprimant donc en sens contraire au soleil et à la planète, le mouvement du premier de ces deux corps, et l'action qu'il éprouve de la part du second, le soleil pourra être regardé comme immobile; mais alors, la planète sera sollicitée vers lui, par une force réciproque au quarré des distances, et proportionnelle à la somme de leurs masses; son mouvement autour du soleil sera donc elliptique, et l'on voit par le même raisonnement, qu'il le seroit encore, en supposant le système de la planète et du soleil, emporté d'un mouvement commun dans l'espace. Il est pareillement visible que le mouvement elliptique d'un satellite n'est point troublé par le mouvement de translation de sa planète, et qu'il ne le seroit point par l'action du soleil, si cette action étoit exactement la même sur la planète et sur le satellite.

Cependant, l'action d'une planète sur le soleil influe sur la durée de sa révolution qui devient plus courte, quand la planète est plus considérable; en sorte que le rapport du quarré du temps de sa révolution, au cube du grand axe de son orbite, dépend de sa masse. Mais puisque ce rapport est à très-peu près le même pour toutes les planètes; leurs masses doivent être fort petites, eu égard à celle du soleil; ce qui est également vrai pour les satellites comparés à leur planète principale : c'est ce que confirment les volumes de ces différens corps.

La propriété attractive des corps célestes, ne leur appartient pas seulement en masse, mais elle est propre à chacune de leurs molécules. Si le soleil n'agissoit que sur le centre de la terre, sans attirer particulièrement chacune de ses parties ; il en résulteroit dans l'océan, des oscillations incomparablement plus grandes, et très-différentes de celles que l'on y observe ; la pesanteur de la terre vers le soleil est donc le résultat des pesanteurs de toutes ses molécules qui, par conséquent, attirent le soleil, en raison de leurs masses respectives. D'ailleurs, chaque corps sur la terre pèse vers son centre, proportionnellement à sa masse ; il réagit donc sur elle, et l'attire suivant le même rapport. Si cela n'étoit pas, et si une partie quelconque de la terre, quelque petite qu'on la suppose, n'attiroit pas l'autre partie, comme elle en est attirée ; le centre de gravité de la terre seroit mu dans l'espace, en vertu de la pesanteur ; ce qui est inadmissible.

Les phénomènes célestes comparés aux loix du mouvement, nous conduisent donc à ce grand principe de la nature, savoir, que *toutes les molécules de la matière s'attirent mutuellement, en raison des masses, et réciproquement au quarré des distances.* Déjà l'on entrevoit dans cette gravitation universelle, la cause des perturbations que les corps célestes éprouvent ; car les planètes et les comètes étant soumises à leur action réciproque, elles doivent s'écarter un peu des loix du mouvement elliptique, qu'elles suivroient exactement, si elles n'obéissoient qu'à l'action du soleil. Les satellites troublés dans leurs mouvemens autour de leurs planètes, par leur attraction mutuelle et par celle du soleil, s'écartent pareillement de ces loix. On voit encore que les molécules de chaque corps céleste, réunies par leur attraction, doivent former une masse à-peu-près sphérique, et que la résultante de leur action à la surface du corps, doit y produire tous les phénomènes de la pesanteur. On voit pareillement que le mouvement de rotation des corps célestes, doit altérer un peu la sphéricité de leur figure, et l'applatir aux pôles ; et qu'alors la résultante de leurs actions mutuelles, ne passant point exactement par leurs centres de gravité, elle doit

produire dans leurs axes de rotation, des mouvemens semblables à
ceux que l'observation y fait appercevoir. Enfin, on entrevoit que
les molécules de l'océan, inégalement attirées par le soleil et la
lune, doivent avoir un mouvement d'oscillation pareil au flux et
au reflux de la mer. Mais il convient de développer ces divers
effets du principe général de la pesanteur, pour lui donner toute
la certitude dont les vérités physiques sont susceptibles.

CHAPITRE II.

Des masses des planètes, et de la pesanteur à leur surface.

Il semble au premier coup-d'œil, impossible de déterminer les masses respectives du soleil et des planètes, et de mesurer la hauteur dont la pesanteur fait tomber, dans un temps donné, les corps à leur surface. Mais l'enchaînement des vérités, les unes aux autres, conduit à des résultats qui paroissoient inaccessibles, quand le principe dont ils dépendent, étoit inconnu. Ainsi, la mesure de l'intensité de la pesanteur sur les planètes, est devenue possible par la découverte de la gravitation universelle.

Reprenons les théorêmes sur la force centrifuge, exposés dans le livre précédent. Il en résulte que la pesanteur d'un satellite vers sa planète, est à la pesanteur de la terre vers le soleil, comme le rayon moyen de l'orbe du satellite, divisé par le quarré du temps de sa révolution sydérale, est à la moyenne distance de la terre au soleil, divisée par le quarré d'une année sydérale. Pour ramener ces pesanteurs, à la même distance des corps qui les produisent; il faut les multiplier respectivement, par les quarrés des rayons des orbes qu'elles font décrire; et comme à distances égales, les masses sont proportionnelles à leurs attractions; la masse de la planète est à celle du soleil, comme le cube du rayon moyen de l'orbe du satellite, divisé par le quarré du temps de sa révolution sydérale, est au cube de la distance moyenne de la terre au soleil, divisé par le quarré de l'année sydérale.

Appliquons ce résultat à Jupiter. Pour cela, nous observerons que le rayon moyen de l'orbe du quatrième satellite, sous-tend à la moyenne distance de Jupiter au soleil, un angle de 1530″,86. Vu de la distance moyenne de la terre au soleil, ce rayon paroîtroit sous un angle de 7964″,75; le rayon du cercle renferme 636619″,8;

ainsi les rayons moyens de l'orbe du quatrième satellite et de l'orbe terrestre, sont dans le rapport de ces deux derniers nombres. La durée de la révolution sydérale du quatrième satellite, est de $16^j,6890$, et l'année sydérale est de $365^j,2564$. En partant de ces données, on trouve $\dfrac{1}{1066,08}$ pour la masse de Jupiter, celle du soleil étant représentée par l'unité. Il faut pour plus d'exactitude, augmenter d'une unité, le dénominateur de cette fraction; parce que la force qui retient Jupiter dans son orbite relative autour du soleil, est la somme des attractions du soleil et de Jupiter; la masse de cette planète est donc $\dfrac{1}{1067,08}$.

J'ai déterminé par le même procédé, les masses de Saturne et d'Uranus. Celle de la terre peut être calculée de la même manière; mais la méthode suivante est encore plus précise.

Si l'on prend pour unité, la moyenne distance de la terre au soleil; l'arc décrit par la terre, dans une seconde de temps, sera le rapport de la circonférence au rayon, divisé par le nombre des secondes de l'année sydérale, ou par $36525638'',4$. En divisant le quarré de cet arc, par le diamètre, on aura $\dfrac{1479565}{10^{10}}$ pour son sinus verse; c'est la quantité dont la terre tombe vers le soleil, pendant une seconde, en vertu de son mouvement relatif autour de cet astre. On a vu dans le chapitre précédent, que sur le parallèle terrestre dont le quarré du sinus de latitude est $\frac{1}{3}$, l'attraction de la terre fait tomber les corps dans une seconde, de $3^{me},66553$. Pour réduire cette attraction, à la distance moyenne de la terre au soleil, il faut la multiplier par le quarré du sinus de la parallaxe solaire, et diviser le produit, par le nombre de mètres que renferme cette distance; or le rayon terrestre, sur le parallèle que nous considérons, est de 6369374 mètres; en divisant donc ce nombre, par le sinus de la parallaxe solaire ou de $27'',2$, on aura le rayon moyen de l'orbe terrestre, exprimé en mètres. Il suit de-là, que l'effet de l'attraction de la terre, à la distance moyenne de cette planète au soleil, est égal au produit de la fraction $\dfrac{3,66553}{6369374}$, par le cube du sinus

de

de $27'',2$; il est par conséquent égal à $\dfrac{4,48855}{10^{10}}$. En retranchant cette

fraction, de $\dfrac{1479565}{10^{10}}$; on aura $\dfrac{1479560,5}{10^{10}}$ pour l'effet de l'attraction du soleil, à la même distance. Les masses du soleil et de la terre sont donc dans le rapport des nombres 1479560,5 et 4,48855; d'où il suit que la masse de la terre est $\dfrac{1}{329630}$. Si la parallaxe du soleil est un peu différente de celle que nous avons admise; la valeur de la masse de la terre doit varier comme le cube de cette parallaxe, comparé à celui de $27'',2$.

Les valeurs suivantes des masses des planètes qui n'ont point de satellites, ont été déterminées par les changemens séculaires que l'action de ces corps produit dans les élémens du système solaire. J'ai conclu les masses de Vénus et de Mars, de la diminution séculaire de l'obliquité de l'écliptique, supposée de $154'',3$, et de l'accélération du moyen mouvement de la lune, en la fixant à $34'',36$, pour le premier siècle, à partir de 1700. La masse de Mercure a été déterminée par son volume, et en supposant les densités de cette planète et de la terre, réciproques à leurs moyennes distances au soleil; hypothèse, à la vérité, fort précaire; mais qui satisfait assez exactement aux densités respectives de la terre, de Jupiter et de Saturne. Il faudra rectifier toutes ces valeurs, quand le temps aura fait mieux connoître les variations séculaires des mouvemens et des orbes célestes. Les masses des planètes accompagnées de satellites, doivent être encore rectifiées par des observations très-précises de la plus grande élongation des satellites à leurs planètes, sans négliger la considération de l'ellipticité de leurs orbes.

Masses des planètes, celle du soleil étant prise pour unité.

Mercure. . . . . $\dfrac{1}{2025810}$

Vénus. . . . . $\dfrac{1}{383137}$

La Terre. . . . . $\dfrac{1}{329630}$

B b

Mars.	$\dfrac{1}{1846082}$
Jupiter.	$\dfrac{1}{1067,09}$
Saturne.	$\dfrac{1}{3359,40}$
Uranus.	$\dfrac{1}{19504}$

Les densités des corps sont proportionnelles aux masses divisées par les volumes, et quand les corps sont à-peu-près sphériques, leurs volumes sont comme les cubes de leurs rayons; les densités sont donc alors comme les masses divisées par les cubes des rayons: mais pour plus d'exactitude, il faut prendre pour le rayon d'une planète, celui qui correspond au parallèle dont le quarré du sinus de latitude est $\frac{1}{3}$, et qui égale le tiers de la somme du rayon du pôle, ajouté au diamètre de l'équateur. On trouve ainsi, qu'en prenant pour unité, la moyenne densité du soleil; celles de la terre, de Jupiter, de Saturne et d'Uranus, sont 3,9393; 0,8601; 0,4951; 1,1376. Nous devons observer que les erreurs des mesures des diamètres apparens des planètes, et l'irradiation dont nous n'avons point tenu compte par la difficulté de l'apprécier, peuvent influer très-sensiblement sur ces résultats. Nous observerons encore que la valeur précédente de la densité de la terre, est indépendante de la parallaxe solaire; car sa masse et son volume comparés au soleil, croissent l'un et l'autre, comme le cube de cette parallaxe.

Les mesures des plus grandes élongations des satellites à leurs planètes, et celles des diamètres planétaires, méritent particulièrement l'attention des observateurs; puisque de-là dépend la connoissance des masses et des densités des planètes. Newton a proposé un moyen fort simple pour dépouiller les diamètres apparens, de l'effet de l'irradiation: il consiste à observer pendant la nuit, la lumière d'une lampe à travers une ouverture placée à une grande distance, et assez petite pour ne laisser voir qu'une partie de la lampe. On diminue la vivacité de la lumière et l'on s'éloigne de l'ouverture, jusqu'à ce qu'elle paroisse exactement de la même grandeur et du même éclat que la planète. Le rapport de l'ouverture apparente à sa distance à l'observateur, fera connoître avec beaucoup de précision, le diamètre de cette planète. On pourroit représenter ainsi les apparences de l'anneau de Saturne, et mesurer les dimensions de ses anneaux intérieur et extérieur, sur lesquelles l'irradiation laisse une grande incertitude.

Pour avoir l'intensité de la pesanteur, à la surface du soleil et des planètes ; considérons que si Jupiter et la terre étoient exactement sphériques et privés de leurs mouvemens de rotation, les pesanteurs à leur équateur, seroient proportionnelles aux masses de ces corps, divisées par les quarrés de leurs diamètres ; or à la moyenne distance du soleil à la terre, le diamètre de l'équateur de Jupiter est de 626″,26, et celui de l'équateur de la terre est de 54″,5 ; en représentant donc par l'unité, le poids d'un corps à l'équateur terrestre, le poids de ce corps transporté à l'équateur de Jupiter seroit 2,509 : mais il faut diminuer ce poids d'environ un neuvième, pour avoir égard aux effets des forces centrifuges dues à la rotation de ces planètes. Le même corps pèseroit 27,65, à l'équateur du soleil ; et les graves y parcourent cent mètres, dans la première seconde de leur chute.

CHAPITRE III.

Des perturbations du mouvement elliptique des planètes.

Si les planètes n'obéissoient qu'à l'action du soleil, elles décriroient autour de lui, des orbes elliptiques; mais elles agissent les unes sur les autres; elles agissent également sur le soleil, et de ces attractions diverses, il résulte dans leurs mouvemens elliptiques, des perturbations que les observations font entrevoir, et qu'il est nécessaire de déterminer, pour avoir des tables exactes des mouvemens planétaires. La solution rigoureuse de ce problême, surpasse les moyens actuels de l'analyse, et nous sommes forcés de recourir aux approximations. Heureusement, la petitesse des masses des planètes, eu égard à celle du soleil, et le peu d'excentricité et d'inclinaison de leurs orbites, donnent de grandes facilités pour cet objet. Il reste encore très-compliqué, et l'analyse la plus délicate et la plus épineuse est indispensable, pour démêler dans le nombre infini des inégalités auxquelles les planètes sont assujetties, celles qui sont sensibles, et pour assigner leurs valeurs.

Les perturbations du mouvement elliptique des planètes, peuvent être partagées en deux classes très-distinctes; les unes affectent les élémens du mouvement elliptique, elles croissent avec une extrême lenteur; on les a nommées *inégalités séculaires*. Les autres dépendent de la configuration des planètes, soit entr'elles, soit à l'égard de leurs nœuds et de leurs périhélies, et se rétablissent toutes les fois que ces configurations redeviennent les mêmes; elles ont été nommées *inégalités périodiques*, pour les distinguer des inégalités séculaires qui sont également périodiques, mais dont les périodes beaucoup plus longues sont indépendantes de la configuration mutuelle des planètes.

La manière la plus simple d'envisager ces diverses perturbations, consiste à imaginer une planète mue conformément aux loix du mouvement elliptique, sur une ellipse dont les élémens varient par des nuances insensibles; et à concevoir en même-temps, que la vraie planète oscille autour de cette planète fictive, dans un très-petit orbe dont la nature dépend de ses inégalités périodiques. Ainsi, ses inégalités séculaires sont représentées par celles de la planète fictive, et ses inégalités périodiques sont représentées par son mouvement autour de la même planète.

Considérons d'abord les inégalités séculaires qui, en se développant avec les siècles, doivent changer à la longue, la forme et la position de tous les orbes planétaires. La plus importante de ces inégalités est celle qui peut affecter les moyens mouvemens des planètes. En comparant entr'elles, les observations faites depuis le renouvellement de l'astronomie; le mouvement de Jupiter a paru plus rapide, et celui de Saturne, plus lent que par la comparaison de ces mêmes observations, aux observations anciennes. Les astronomes en ont conclu que le premier de ces mouvemens s'accélère, tandis que le second se ralentit de siècle en siècle; et pour avoir égard à ces changemens, ils ont introduit dans les tables de ces planètes, deux équations séculaires croissantes comme les quarrés des temps, l'une additive au mouvement de Jupiter, et l'autre soustractive de celui de Saturne. Suivant Halley, l'équation séculaire de Jupiter est de 106″,02 pour le premier siècle, à partir de 1700; l'équation correspondante de Saturne est de 256″,94. Il étoit naturel d'en chercher la cause dans l'action mutelle de ces deux planètes les plus considérables de notre systême. Euler qui s'en occupa le premier, trouva une équation séculaire égale pour ces deux planètes, et additive à leurs moyens mouvemens; ce qui répugne aux observations. Lagrange obtint ensuite des résultats qui leur sont plus conformes: d'autres géomètres trouvèrent d'autres équations. Frappé de ces différences, j'examinai de nouveau cet objet, en apportant le plus grand soin à sa discussion, et je parvins à la véritable expression analytique de l'inégalité séculaire du moyen mouvement des planètes. En y substituant les valeurs numériques relatives à Jupiter et à Saturne, je fus surpris de voir qu'elle devenoit nulle. Je soupçonnai que cela n'étoit point particulier à ces planètes, et que si l'on mettoit cette expression, sous la forme la plus simple dont elle étoit susceptible, en réduisant au plus petit nombre, les diverses quantités qu'elle renferme, au moyen des relations qui existent entr'elles ; tous ses termes se détruiroient d'eux-mêmes. Le calcul confirma ce soupçon, et m'apprit qu'en général, les moyens mouvemens des planètes et leurs distances moyennes au soleil, sont invariables, du moins, quand on néglige les quatrièmes puissances des excentricités et des inclinaisons des orbites, et les quarrés des masses perturbatrices, ce qui est plus que suffisant pour les besoins actuels de l'astronomie. Lagrange a depuis, confirmé ce résultat, en faisant voir par une très-belle méthode, qu'il a lieu en ayant même égard aux puissances et aux produits d'un ordre quelconque, des excentricités et des inclinaisons. Ainsi, les variations observées dans les moyens mouvemens de Jupiter et de Saturne, ne dépendent point de leurs inégalités séculaires.

La constance des moyens mouvemens des planètes et des grands axes de leurs orbites, est un des phénomènes les plus remarquables du système du monde. Tous les autres élémens des ellipses planétaires sont variables; ces ellipses s'approchent ou s'éloignent insensiblement de la forme circulaire; leurs inclinaisons sur un plan fixe et sur l'écliptique, augmentent ou diminuent; leurs périhélies et leurs nœuds sont en mouvement. Ces variations produites par l'action mutuelle des planètes, s'exécutent avec tant de lenteur, que pendant plusieurs siècles, elles sont à-peu-près proportionnelles aux temps. Déjà, les observations les ont fait appercevoir; on a vu dans le premier livre, que le périhélie de l'orbe terrestre a un mouvement annuel direct, de 36",7, et que son inclinaison à l'équateur diminue, chaque année, de 154",3. Euler a développé, le premier, la cause de cette diminution que toutes les planètes concourent maintenant à produire, par la situation respective des plans de leurs orbes. Les observations anciennes ne sont pas assez précises, et les observations modernes sont trop rapprochées, pour fixer les quantités de ces grands changemens; cependant, elles se réunissent à prouver leur existence, et à faire voir que leur marche est la même que celle qui dérive de la théorie de la pesanteur. On pourroit donc, au moyen de cette théorie, devancer les observations, et assigner les vraies valeurs des inégalités séculaires des planètes, si l'on avoit exactement leurs masses ; mais nous ne connoissons encore que celles des planètes accompagnées de satellites ; les autres ne seront bien déterminées, que lorsque la suite des temps aura suffisamment développé ces inégalités, pour en conclure avec précision la grandeur de ces masses. Alors, on pourra remonter par la pensée, aux changemens successifs que le système planétaire a éprouvés ; on pourra prévoir ceux que les siècles à venir offriront aux observateurs ; et le géomètre embrassera d'un coup-d'œil, dans ses formules, tous les états passés et futurs de ce système. Le tableau du chapitre v du second livre, renferme les variations séculaires qui résultent des valeurs assignées précédemment aux masses des planètes.

Ici, se présentent plusieurs questions intéressantes. Les ellipses planétaires ont-elles toujours été et seront-elles toujours, à-peu-près circulaires ? Quelques-unes des planètes n'ont-elles pas été originairement des comètes dont les orbes ont peu à peu approché du cercle, par l'attraction des autres planètes ? La diminution de l'obliquité de l'écliptique, continuera-t-elle au point de faire coïncider l'écliptique avec l'équateur, ce qui produiroit l'égalité constante des jours et des nuits, sur toute la terre. L'analyse répond à ces questions, d'une manière satisfaisante. Je suis parvenu à démontrer que, quelles que soient les masses des planètes, par cela seul qu'elles se meuvent toutes dans le même sens, et dans des orbes peu excentriques et peu inclinés les uns aux autres ; leurs inégalités séculaires sont périodiques et renfermées dans d'étroites limites, en sorte que le système planétaire ne fait qu'osciller autour d'un état moyen dont il ne s'écarte jamais que d'une très-petite quantité. Les ellipses des planètes ont donc toujours été et seront toujours, presque circulaires ; d'où il suit qu'aucune planète n'a été primitivement une comète, du moins, si l'on n'a égard qu'à l'action mutuelle des corps du système planétaire. L'écliptique ne coïncidera jamais avec l'équateur, et l'étendue entière des variations de son inclinaison, ne peut pas excéder trois degrés.

Les mouvemens des orbes planétaires et des étoiles, embarrasseront, un jour, les astronomes, lorsqu'ils chercheront à comparer des observations précises, éloignées par de longs intervalles de temps. Déjà, cet embarras commence à se faire sentir; il est donc intéressant de pouvoir retrouver au milieu de tous ces changemens, un plan invariable ou qui conserve toujours, une situation parallèle. Nous avons exposé à la fin du livre précédent, un moyen simple pour déterminer un plan semblable, dans le mouvement d'un systême de corps qui ne sont soumis qu'à leur action mutuelle: ce moyen appliqué au systême solaire, donne la règle suivante.

Si à un instant quelconque, et sur un plan passant par le centre du soleil, on mène des droites, aux nœuds ascendans des orbes planétaires rapportés à ce dernier plan; si l'on prend sur ces droites, à partir du centre du soleil, des lignes égales aux tangentes des inclinaisons des orbes, sur ce plan; si l'on suppose ensuite, aux extrémités de ces lignes, des masses proportionnelles aux masses des planètes, multipliées respectivement par les racines quarrées des paramètres des orbes, et par les cosinus de leurs inclinaisons; enfin, si l'on détermine le centre de gravité de ce nouveau systême de masses; la droite menée du centre du soleil, à ce point, sera la tangente de l'inclinaison du plan invariable, sur le plan donné; et en la prolongeant au-delà de ce point, jusqu'au ciel, elle y marquera la position de son nœud ascendant.

Quels que soient les changemens que la suite des siècles amène dans les orbes planétaires, et le plan auquel on les rapporte; le plan déterminé par cette règle, conservera toujours une situation parallèle. Sa position dépend, à la vérité, des masses des planètes; mais celles qui sont accompagnées de satellites, ont le plus d'influence sur cette position, et les masses des autres planètes seront bientôt, suffisamment connues, pour la fixer avec exactitude. En adoptant les valeurs précédentes des masses des planètes, et celles des élémens de leurs orbes, que renferme le tableau du chapitre v du second livre; on trouve que la longitude du nœud ascendant du plan invariable, étoit de 114°,5877, au commencement de 1750, et que son inclinaison à l'écliptique, étoit de 1°,7719, à la même époque.

Nous faisons abstraction des comètes qui, cependant, doivent entrer dans la détermination de ce plan invariable; puisqu'elles

font partie du système solaire. Il seroit facile d'y avoir égard par
la règle précédente, si leurs masses et les élémens de leurs orbes
étoient connus. Mais dans l'ignorance où nous sommes sur ces
objets, nous supposons les masses des comètes, assez petites pour
que leur action sur le système planétaire, soit insensible; et cela
paroît fort vraisemblable, puisque la théorie de l'attraction mutuelle des planètes suffit pour représenter toutes les inégalités
observées dans leurs mouvemens. Au reste, si l'action des comètes
est sensible à la longue, elle doit principalement altérer la position
du plan que nous supposons invariable; et sous ce nouveau point
de vue, la considération de ce plan sera encore utile, si l'on parvient à reconnoître ses variations, ce qui présentera de grandes
difficultés.

La théorie des inégalités séculaires et périodiques du mouvement des planètes, fondée sur la loi de la pesanteur universelle, a
donné aux tables astronomiques, une précision qui prouve la justesse et l'utilité de cette théorie. Par son moyen, les tables solaires
qui s'écartoient de deux minutes au moins, des observations, ont
acquis l'exactitude des observations mêmes. C'est sur-tout dans les
mouvemens de Jupiter et de Saturne, que ces inégalités sont sensibles : elles s'y présentent sous une forme si compliquée, et la
durée de leurs périodes est si considérable, qu'il eût fallu plusieurs
siècles, pour en déterminer les loix par les seules observations que
sur ce point, la théorie a devancées.

Après avoir reconnu l'invariabilité des moyens mouvemens planétaires; je soupçonnai que les altérations observées dans ceux de
Jupiter et de Saturne, venoient de l'action des comètes. Lalande
avoit remarqué dans le mouvement de Saturne, des irrégularités
qui ne paroissoient pas dépendre de l'action de Jupiter; il trouvoit
ses retours à l'équinoxe du printemps, plus prompts dans ce siècle,
que ses retours à l'équinoxe d'automne, quoique les positions de
Jupiter et de Saturne, soit entr'eux, soit à l'égard de leurs périhélies,
fussent à-peu-près les mêmes. Lambert avoit encore observé que
le moyen mouvement de Saturne, qui paroissoit se ralentir de siècle
en siècle, par la comparaison des observations modernes aux anciennes, sembloit au contraire, s'accélérer, par la comparaison

C c

des observations modernes entr'elles; tandis que le moyen mouvement de Jupiter, offroit des phénomènes opposés. Tout cela portoit à croire que des causes indépendantes de l'action de Jupiter et de Saturne, avoient altéré leurs mouvemens. Mais en y réfléchissant davantage, la marche des variations observées dans les moyens mouvemens de ces deux planètes, me parut si bien d'accord avec leur attraction mutuelle; que je ne balançai point à rejeter l'hypothèse de toute action étrangère.

C'est un résultat remarquable de l'action réciproque des planètes, que si l'on n'a égard qu'aux inégalités qui ont de très-longues périodes, la somme des masses de chaque planète, divisées respectivement par les grands axes de leurs orbes considérés comme des ellipses variables, est toujours, à très-peu près constante. De-là il suit que les quarrés des moyens mouvemens étant réciproques aux cubes de ces axes; si le mouvement de Saturne se ralentit par l'action de Jupiter, celui de Jupiter doit s'accélérer par l'action de Saturne, ce qui est conforme à ce que l'on observe. Je voyois de plus, que le rapport de ces variations étoit le même que suivant le théorème précédent. En supposant avec Halley, le retardement de Saturne de 256″,94 pour le premier siècle, à partir de 1700; l'accélération correspondante de Jupiter seroit de 109″,80, et Halley avoit trouvé 106″,02 par les observations. Il étoit donc fort probable que les variations observées dans les moyens mouvemens de Jupiter et de Saturne, sont un effet de leur action mutuelle; et puisqu'il est certain que cette action ne peut y produire aucunes inégalités, soit constamment croissantes, soit périodiques, mais d'une période indépendante de la configuration de ces planètes, et qu'elle n'y cause que des inégalités relatives à cette configuration; il étoit naturel de penser qu'il existe dans leur théorie, une inégalité considérable de ce genre, dont la période est fort longue, et d'où naissent ces variations.

Les inégalités de cette espèce, quoique très-petites et presque insensibles dans les équations différentielles, augmentent considérablement par les intégrations, et peuvent acquérir de grandes valeurs, dans l'expression de la longitude des planètes. Il me fut aisé de reconnoître l'existence de semblables inégalités, dans les équations différentielles des mouvemens de Jupiter et de Saturne. Ces mouvemens approchent beaucoup d'être commensurables ; et cinq fois le moyen mouvement de Saturne, est à très-peu près égal à deux fois celui de Jupiter. De-là je conclus que les termes qui ont pour argument, cinq fois la longitude moyenne de Saturne, moins deux fois celle de Jupiter, pouvoient devenir très-sensibles par les intégrations, quoiqu'ils fussent multipliés par les cubes et les produits de trois dimensions, des excentricités et des inclinaisons des orbites. Je regardai conséquemment ces termes, comme une cause fort vraisemblable des variations observées dans les moyens mouvemens de ces planètes. La probabilité de cette cause, et l'importance de l'objet, me déterminèrent à entreprendre le calcul pénible, nécessaire pour m'en assurer. Le résultat de ce calcul confirma pleinement ma conjecture, en me faisant voir, 1°. qu'il existe dans la théorie de Saturne, une grande inégalité de 9024″,7 dans son *maximum*, et dont la période est de 917 ans ¼; 2°. que le mouvement de Jupiter est soumis à une inégalité correspondante, dont la période et la loi sont les mêmes, mais qui, affectée d'un signe contraire, ne s'élève qu'à 3856″,5.

C'est à ces deux inégalités auparavant inconnues, que l'on doit rapporter le ralentissement apparent de Saturne, et l'accélération apparente de Jupiter. Ces phénomènes ont atteint leur *maximum* vers 1560 : depuis cette époque, les moyens mouvemens apparens de ces deux planètes, se sont rapprochés de leurs véritables moyens mouvemens, et ils leur ont été égaux, en 1790. Voilà pourquoi Halley, en comparant les observations modernes aux anciennes, trouva le moyen mouvement de Saturne, plus lent, et celui de Jupiter, plus rapide, que par la comparaison des observations modernes entr'elles ; au lieu que ces dernières ont indiqué à Lambert, une accélération dans le mouvement de Saturne, et un retardement dans celui de Jupiter ; et il est remarquable que les quantités de ces phénomènes, déduites des seules observations par Halley et Lambert, sont à très-peu près celles qui résultent des deux grandes inégalités dont je viens de parler. Si l'astronomie eût été renouvelée quatre siècles et demi plus tard, les observations auroient présenté des phénomènes contraires ; les moyens mouvemens que l'astronomie d'un peuple assigne à Jupiter et à Saturne, peuvent donc nous éclairer sur le temps où elle a été fondée. On trouve ainsi, que les Indiens ont déterminé les moyens mouvemens de ces planètes, dans la partie de la période des inégalités précédentes, où le moyen mouvement de Saturne étoit le plus lent, et celui de Jupiter, le plus rapide. Deux de leurs principales époques astronomiques dont l'une remonte à l'an 3102 avant l'ère chrétienne, et dont l'autre se rapporte à l'an 1491, remplissent à-peu-près cette condition.

Le rapport presque commensurable des mouvemens de Jupiter et de Saturne, donne naissance à d'autres inégalités très-sensibles. La plus considérable affecte le mouvement de Saturne; elle se confondroit avec l'équation du centre, si le double du moyen mouvement de Jupiter, étoit exactement égal à cinq fois celui de Saturne. C'est d'elle que vient en grande partie, la différence observée dans ce siècle, entre les durées des retours de Saturne aux équinoxes du printemps et d'automne. En général, lorsque j'eus reconnu ces diverses inégalités, et déterminé avec plus de soin qu'on ne l'avoit fait encore, celles que l'on avoit déjà soumises au calcul; je vis tous les phénomènes observés dans le mouvement de ces deux planètes, s'adapter naturellement à la théorie : ils sembloient auparavant, faire exception de la loi de la pesanteur universelle; et ils en sont devenus une des preuves les plus frappantes. Tel a été le sort de cette brillante découverte, que chaque difficulté qui s'est élevée, a été pour elle, le sujet d'un nouveau triomphe; ce qui est le plus sûr caractère du vrai système de la nature.

Je ne puis m'empêcher ici, de comparer ces effets réels du rapport qui existe entre les moyens mouvemens de Jupiter et de Saturne, avec ceux que l'astrologie lui avoit attribués. En vertu de ce rapport, si la conjonction des deux planètes arrive au premier point d'aries; environ vingt ans après, elle a lieu dans le signe du Sagittaire, et vingt ans encore après, elle arrive dans le signe du Lion. Elle continue d'avoir lieu dans ces trois signes, pendant près de deux cents ans; ensuite, elle parcourt de la même manière, dans les deux cents années suivantes, les trois signes du Taureau, du Capricorne et de la Vierge; elle emploie pareillement deux siècles,

à parcourir les signes des Gémeaux, du Verseau et de la Balance ;
enfin, dans les deux siècles suivans, elle parcourt les signes de
l'Ecrevisse, des Poissons et du Scorpion, et recommence après,
dans le signe d'aries. De-là se compose une grande année dont
chaque saison est de deux siècles. On attribuoit une diverse température, à ces différentes saisons, ainsi qu'aux signes qui leur
répondent ; l'ensemble de ces trois signes se nommoit *trigone* ; le
premier trigone étoit celui du feu ; le second, celui de la terre ; le
troisième, celui de l'air, et le quatrième, celui de l'eau. On conçoit
que l'astrologie a dû faire un grand usage de ces trigones que Kepler
lui-même a expliqués avec beaucoup de détail, dans plusieurs
ouvrages. Mais il est remarquable que la saine astronomie, en
faisant disparoître cette influence imaginaire du rapport qu'ont
entr'eux, les moyens mouvemens de Jupiter et de Saturne, ait
reconnu dans ce rapport, la source des plus grandes perturbations
du système planétaire.

La planète Uranus, quoique nouvellement découverte, offre
déjà des indices incontestables des perturbations qu'elle éprouve
par l'action de Jupiter et de Saturne. Les loix du mouvement elliptique ne satisfont point exactement à ses positions observées, et
pour les représenter, il faut avoir égard à ses perturbations. Leur
théorie, par un accord très-remarquable, la place dans les années
1769, 1756, et 1690, aux mêmes points du ciel, où le Monnier,
Mayer et Flamsteed avoient déterminé la position de trois étoiles
que l'on ne retrouve plus aujourd'hui ; ce qui ne laisse aucun doute
sur l'identité de ces astres, avec la nouvelle planète.

CHAPITRE IV.

Des perturbations du mouvement elliptique des comètes.

L'ACTION des planètes produit dans le mouvement des comètes, des inégalités principalement sensibles dans les intervalles de leurs retours au périhélie. Halley ayant remarqué que les élémens des orbites des comètes observées en 1531, 1607, et 1682, étoient à fort peu près les mêmes, en conclut qu'ils appartenoient à la même comète qui, dans l'espace de 151 ans, avoit fait deux révolutions. A la vérité, la durée de sa révolution, a été de treize mois plus longue de 1531 à 1607, que de 1607 à 1682; mais ce grand astronome crut avec raison, que l'attraction des planètes, et principalement, celle de Jupiter et de Saturne, avoit pu occasionner cette différence; et d'après une estime vague de cette action, pendant le cours de la période suivante, il jugea qu'elle devoit retarder le prochain retour de la comète, et il le fixa à la fin de 1758, ou au commencement de 1759. Cette annonce étoit trop importante par elle-même, elle étoit liée trop intimement à la théorie de la pesanteur universelle dont les géomètres, vers le milieu de ce siècle, s'occupoient à étendre les applications; pour ne pas exciter la curiosité de tous ceux qui s'intéressoient au progrès des sciences. Dès l'année 1757, les astronomes cherchèrent cette comète, et Clairaut qui l'un des premiers avoit résolu le problême des trois corps, appliqua sa solution, à la détermination des inégalités que la comète avoit éprouvées par l'action de Jupiter et de Saturne. Le 14 novembre 1758, il annonça à l'académie des sciences, que la durée du retour de la comète à son périhélie, seroit d'environ 618 jours plus longue dans la période actuelle, que dans la précédente, et qu'en conséquence, la comète passeroit à son périhélie, vers le milieu d'avril 1759. Il observa en même temps, que les petites quantités négligées dans ses approxi-

mations, pouvoient avancer ou reculer ce terme, d'un mois ; il
remarqua d'ailleurs, « qu'un corps qui passe dans des régions aussi
» éloignées, et qui échappe à nos yeux pendant des intervalles aussi
» longs, pourroit être soumis à des forces totalement inconnues,
» telles que l'action des autres comètes, ou même *de quelque planète*
» *toujours trop distante du soleil pour être jamais apperçue* ». Le
géomètre eut la satisfaction de voir sa prédiction accomplie. La
comète passa au périhélie, le 12 mars 1759, dans les limites des
erreurs dont il croyoit son résultat susceptible. Après une nouvelle
révision de ses calculs, Clairaut a fixé depuis, ce passage au 4 avril,
et il l'auroit avancé jusqu'au 25 mars, c'est-à-dire à treize jours
seulement de distance de l'observation, s'il eût employé la masse de
Saturne donnée dans le second chapitre. Cette différence paroîtra
bien petite, si l'on considère le grand nombre des quantités négligées, et l'influence qu'a pu avoir la planète Uranus dont l'existence
au temps de Clairaut, étoit inconnue.

Remarquons à l'avantage des progrès de l'esprit humain, que
cette comète qui dans ce siècle, a excité le plus vif intérêt parmi les
géomètres et les astronomes, avoit été vue d'une manière bien différente, quatre révolutions auparavant, en 1456. La longue queue
qu'elle traînoit après elle, répandit la terreur dans l'Europe déjà
consternée des succès rapides des Turcs qui venoient de détruire
l'empire grec : le pape Callixte ordonna à ce sujet, une prière par
laquelle on conjuroit la comète et les Turcs. Dans ces temps d'ignorance, on étoit loin de penser que le seul moyen de connoître la
nature, est de l'interroger par l'observation et le calcul. Suivant
que les phénomènes arrivoient et se succédoient avec régularité,
ou sans ordre apparent ; on les faisoit dépendre des causes finales,
ou du hasard ; et lorsqu'ils offroient quelque chose d'extraordinaire,
et sembloient contrarier l'ordre naturel, on les regardoit comme
autant de signes de la colère céleste. Mais ces causes imaginaires ont
été successivement reculées avec les bornes de nos connoissances,
et disparoissent entièrement devant la saine philosophie qui ne voit
en elles, que l'expression de l'ignorance où nous sommes, des
véritables causes.

Aux frayeurs qu'inspiroit alors l'apparition des comètes, a succédé la crainte que dans le grand nombre de celles qui traversent dans tous les sens le système planétaire, l'une d'elles bouleverse la terre. Elles passent si rapidement près de nous, que les effets de leur attraction ne sont point à redouter : ce n'est qu'en choquant la terre, qu'elles peuvent y produire de funestes ravages. Mais ce choc, quoique possible, est si peu vraisemblable dans le cours d'un siècle ; il faudroit un hasard si extraordinaire, pour la rencontre de deux corps aussi petits relativement à l'immensité de l'espace dans lequel ils se meuvent ; que l'on ne peut concevoir à cet égard, aucune crainte raisonnable. Cependant, la petite probabilité d'une pareille rencontre, peut en s'accumulant pendant une longue suite de siècles, devenir très-grande. Il est facile de se représenter les effets de ce choc sur la terre. L'axe et le mouvement de rotation changés ; les mers abandonnant leur ancienne position, pour se précipiter vers le nouvel équateur ; une grande partie des hommes et des animaux, noyée dans ce déluge universel, ou détruite par la violente secousse imprimée au globe terrestre ; des espèces entières anéanties ; tous les monumens de l'industrie humaine, renversés ; tels sont les désastres que le choc d'une comète a dû produire. On voit alors, pourquoi l'océan a recouvert de hautes montagnes sur lesquelles il a laissé des marques incontestables de son séjour ; on voit comment les animaux et les plantes du midi, ont pu exister dans les climats du nord où l'on retrouve leurs dépouilles et leurs empreintes ; enfin, on explique la nouveauté du monde moral dont les monumens ne remontent guère, au-delà de trois mille ans. L'espèce humaine réduite à un très-petit nombre d'individus et à l'état le plus déplorable, uniquement occupée pendant très-long-temps, du soin de se conserver, a dû perdre entièrement le souvenir des sciences et des arts ; et quand les progrès de la civilisation en ont fait sentir de nouveau, les besoins ; il a fallu tout recommencer, comme si les hommes eussent été placés nouvellement sur la terre. Quoi qu'il en soit de cette cause assignée par quelques philosophes, à ces phénomènes ; je le repète, on doit être parfaitement rassuré sur un aussi terrible événement, pendant le court intervalle de la vie. Mais l'homme est tellement disposé à recevoir l'impression de la crainte, que l'on a vu en 1773, la plus vive frayeur se répandre dans Paris, et de-là se communiquer à toute la France, sur la simple annonce d'un mémoire dans lequel Lalande déterminoit celles des comètes observées, qui peuvent le plus approcher de la terre ; tant il est vrai que les erreurs, les superstitions, les vaines terreurs, et tous les maux qu'entraîne l'ignorance, se reproduiroient promptement, si la lumière des sciences venoit à s'éteindre.

L'action des comètes sur le système solaire a été jusqu'à présent insensible; ce qui paroît indiquer que leurs masses sont très-peu considérables : il est possible cependant que les petites erreurs de nos meilleures tables en dépendent. Une théorie exacte des perturbations des planètes, comparée à des observations très-précises, peut seule éclairer ce point important du système du monde.

CHAPITRE V.

Des perturbations du mouvement de la lune.

La lune est à-la-fois, attirée par le soleil et par la terre; mais son mouvement autour de la terre, n'est troublé que par la différence des actions du soleil sur ces deux corps. Si le soleil étoit à une distance infinie, il agiroit sur eux, également et suivant des droites parallèles; leur mouvement relatif ne seroit donc point troublé par cette action qui leur seroit commune. Mais sa distance, quoique très-grande par rapport à celle de la lune, ne peut pas être supposée infinie : la lune est alternativement plus près et plus loin du soleil, que la terre, et la droite qui joint son centre à celui du soleil, forme des angles plus ou moins aigus avec le rayon vecteur terrestre. Ainsi, le soleil agit inégalement et suivant des directions différentes, sur la terre et sur la lune; et de cette diversité d'actions, il doit résulter dans le mouvement lunaire, des inégalités dépendantes des positions respectives de la lune et du soleil. Pour les déterminer, il faut considérer à-la-fois, l'action mutuelle et les mouvemens de ces trois corps, le soleil, la terre et la lune. C'est en cela que consiste le fameux problème des trois corps, dont la solution rigoureuse surpasse les forces de l'analyse, mais que la proximité de la lune eu égard à sa distance au soleil, et la petitesse de sa masse par rapport à celle de la terre, permettent de résoudre par approximation. Cependant, l'analyse la plus délicate est nécessaire pour démêler tous les termes dont l'influence est sensible : les premiers pas que l'on a faits dans cette analyse, en sont la preuve.

Euler, Clairaut et Dalembert qui résolurent les premiers, et à-peu-près dans le même temps, le problème des trois corps, s'accordèrent à trouver par la théorie de la pesanteur, le mouvement du périgée lunaire, de moitié plus petit que suivant les observations. Clairaut en conclut que la loi de l'attraction n'est pas aussi simple qu'on l'avoit cru jusqu'alors, et qu'elle est composée de deux parties dont la première réciproque au quarré de la distance, est seule sensible aux grandes distances des planètes au soleil, et dont la seconde croissant dans un plus grand rapport, quand la distance diminue, devient sensible à la distance de la lune à la terre. Cette conclusion fut vivement attaquée par Buffon : il se fondoit sur ce que les loix primordiales de la nature, devant être les plus simples, elles ne peuvent dépendre que d'un module, et leur expression ne peut renfermer qu'un seul terme. Cette considération doit nous porter sans doute, à ne compliquer la loi de l'attraction, que dans un besoin extrême ; mais l'ignorance où nous sommes, de la nature de cette force, ne permet pas de prononcer avec assurance, sur la simplicité de son expression. Quoi qu'il en soit, le métaphy-sicien eut raison, cette fois, vis-à-vis du géomètre qui reconnut lui-même son erreur, et fit l'importante remarque, qu'en poussant plus loin l'approximation, la loi de la pesanteur réciproque au quarré des distances, donne le mouvement du périgée lunaire, exactement conforme aux observations ; ce qui a été confirmé depuis, par tous ceux qui se sont occupés de cet objet. Il n'est pas possible sans le secours de l'analyse, de faire sentir les rapports de toutes les inégalités du mouvement de la lune, à l'action du soleil combinée avec celle de la terre sur ce satellite. Nous observerons que la théorie de la pesanteur universelle a non-seulement expliqué les mouvemens du nœud et du périgée de l'orbe lunaire, et les trois grandes inégalités désignées par les noms de *variation*, d'*évection* et d'*équation annuelle*, et que les astronomes avoient déjà recon-nues ; mais qu'elle en a fait connoître un grand nombre d'autres moins considérables, qu'il eût été presque impossible de démêler et de fixer par les seules observations. Plus cette théorie a été per-fectionnée ; plus les tables de la lune ont acquis d'exactitude : cet astre jadis si rebelle, s'en écarte très-peu maintenant ; mais pour leur donner la précision qui leur manque encore, il faudra des recherches au moins aussi étendues que celles qui ont été faites ; car en tout genre, les premiers pas pour arriver à une découverte, et les derniers pour la conduire à sa perfection, sont les plus difficiles.

Cependant, on peut sans analyse, rendre raison de l'équation annuelle de la lune et de son équation séculaire. Je m'arrêterai d'autant plus volontiers à exposer les causes de ces équations, que l'on en verra naître les plus grandes inégalités de la lune, que la suite des siècles doit développer aux observateurs, et qui, jusqu'à présent, ont été peu sensibles.

Dans ses conjonctions avec le soleil, la lune en est plus près que la terre, et en éprouve une action plus considérable; la différence des attractions du soleil sur ces deux corps, tend donc alors à diminuer la pesanteur de la lune vers la terre. Pareillement, dans les oppositions de la lune au soleil, ce satellite plus éloigné du soleil que la terre, en est plus foiblement attiré; la différence des actions du soleil, tend donc encore à diminuer la pesanteur de la lune. Dans ces deux cas, cette diminution est à très-peu près la même, et égale à deux fois le produit de la masse du soleil, par le quotient du rayon de l'orbe lunaire, divisé par le cube de la distance du soleil à la terre. Dans les quadratures, l'action du soleil sur la lune, décomposée suivant le rayon de l'orbe lunaire, tend à augmenter la pesanteur de la lune vers la terre; mais l'accroissement de sa pesanteur n'est que la moitié de la diminution qu'elle éprouve dans les sysigies. Ainsi, de toutes les actions du soleil sur la lune, dans le cours de sa révolution synodique, il résulte une force moyenne dirigée suivant le rayon vecteur lunaire, qui diminue la pesanteur de ce satellite, et qui est égale à la moitié du produit de la masse du soleil, par le quotient du rayon de l'orbe lunaire, divisé par le cube de la distance du soleil à la terre.

Pour avoir le rapport de ce produit, à la pesanteur de la lune; nous observerons que cette pesanteur qui la retient dans son orbite, est à très-peu près égale à la somme des masses de la terre et de la lune, divisée par le quarré de leur distance mutuelle; et que la force qui retient la terre dans son orbite, égale à fort peu près, la masse du soleil, divisée par le quarré de sa distance à la terre. Suivant la théorie des forces centrales, exposée dans le second livre, ces deux forces sont comme les rayons des orbes du soleil et de la lune, divisés respectivement par les quarrés des temps des révolutions de ces astres; d'où il suit que le produit précédent est à la pesanteur lunaire, comme le quarré du temps de la révolution sydérale de la lune, est au quarré du temps de la révolution sydérale de la terre ; ce produit est donc à fort peu près $\frac{1}{179}$ de la pesanteur lunaire qui, par l'action moyenne du soleil, est ainsi diminuée de sa 358eme partie.

En vertu de cette diminution, la lune est soutenue à une plus grande distance de la terre, que si elle étoit abandonnée à l'action entière de sa pesanteur. Le secteur décrit par son rayon vecteur autour de la terre, n'en est point altéré ; puisque la force qui la produit, est dirigée suivant ce rayon. Mais la vîtesse réelle et le mouvement angulaire de cet astre, sont diminués, et il est facile de voir qu'en éloignant la lune, de manière que sa force centrifuge soit égale à sa pesanteur diminuée par l'action du soleil, et que son rayon vecteur décrive le même secteur qu'il eût décrit sans cette action ; ce rayon sera augmenté de sa 358eme partie, et le mouvement angulaire sera diminué d'un 179eme.

Ces quantités varient réciproquement aux cubes des distances du soleil à la terre. Quand le soleil est périgée, son action devenue plus puissante, dilate l'orbe de la lune ; mais cet orbe se contracte à mesure que le soleil s'avance vers son apogée. La lune décrit donc dans l'espace, une suite d'épicycloïdes dont les centres sont sur l'orbe terrestre, et qui se dilatent ou se resserrent, suivant que la terre s'approche ou s'éloigne du soleil. De-là résulte dans le mouvement lunaire, une équation semblable à l'équation du centre du soleil, avec cette différence, qu'elle ralentit ce mouvement, quand celui du soleil augmente, et qu'elle l'accélère, quand le mouvement du soleil diminue, en sorte que ces deux équations sont affectées d'un signe contraire. Le mouvement angulaire du soleil est, comme on l'a vu dans le premier livre, réciproque au quarré de sa distance ; dans le périgée, cette distance étant d'un soixantième plus petite que sa grandeur moyenne, la vîtesse angulaire est augmentée d'un trentième ; la diminution d'un 179eme, produite par l'action du soleil, dans le mouvement lunaire, est alors plus grande d'un vingtième ; l'accroissement de cette diminution est donc la 3580eme partie de ce mouvement ; d'où il suit que l'équation du centre du soleil, est à l'équation annuelle de la lune, comme un trentième du mouvement solaire, est à un 3580eme du mouvement lunaire, ce qui donne 2598″ pour l'équation annuelle. Elle est d'un septième environ, plus petite, suivant les observations : cette différence dépend des quantités négligées dans ce premier calcul.

Une cause semblable à celle de l'équation annuelle, produit l'équation séculaire de la lune. Halley a remarqué le premier, cette équation que Dunthorne et Mayer ont confirmée par une discussion approfondie des observations. Ces deux savans astronomes ont reconnu que le même moyen mouvement de la lune, ne peut pas satisfaire aux observations modernes, et aux éclipses observées par les Caldéens et par les Arabes. Ils ont essayé de les représenter, en ajoutant aux longitudes moyennes de ce satellite, une quantité proportionnelle au quarré du nombre des siècles écoulés avant ou après 1700. Suivant Dunthorne, cette quantité est de 30″,9 pour le premier siècle; Mayer l'a faite de 21″,6 dans ses premières tables de la lune, et l'a portée à 27″,8 dans les dernières. Enfin, Lalande par une discussion nouvelle de cet objet, a été conduit à très-peu près au résultat de Dunthorne.

Les observations arabes dont on a principalement fait usage, sont deux éclipses de soleil et une éclipse de lune, observées au Caire par Ibn Junis, vers la fin du dixième siècle, et depuis long-temps extraites d'un manuscrit de cet astronome, existant dans la bibliothèque de Leyde. On avoit élevé des doutes sur la réalité de ces éclipses; mais la traduction que le citoyen Caussin vient de faire, de la partie de ce précieux manuscrit, qui renferme les observations, a dissipé ces doutes; elle nous a fait de plus connoître vingt-cinq autres éclipses observées par les Arabes, et qui confirment l'accélération du moyen mouvement de la lune. Il suffit d'ailleurs pour l'établir, de comparer les observations modernes, à celles des Grecs et des Caldéens. En effet, Delambre et Bouvard ont déterminé, au moyen d'un grand nombre d'observations du dernier siècle et de celui-ci, le mouvement séculaire actuel de ce satellite, avec une précision qui ne laisse qu'une très-légère incertitude : ils ne l'ont trouvé que de quatre-vingts secondes environ, plus petit que celui de Mayer, tandis que les observations anciennes donnent un mouvement séculaire moindre de six ou sept cents secondes. Le mouvement lunaire s'est donc accéléré depuis les Caldéens ; et les observations arabes faites dans l'intervalle qui nous en sépare, venant à l'appui de ce résultat, il est impossible de le révoquer en doute.

Maintenant, quelle est la cause de ce phénomène ? la gravitation universelle qui nous a fait si bien connoître les nombreuses inégalités de la lune, rend-elle également raison de son inégalité séculaire ? Ces questions sont d'autant plus intéressantes à résoudre, que si l'on y parvient, on aura la loi des variations séculaires du mouvement de la lune ; car on sent que l'hypothèse d'une accélération proportionnelle au temps, admise par les astronomes, n'est qu'approchée, et ne doit pas s'étendre à un temps illimité.

Cet objet a beaucoup exercé les géomètres ; mais leurs recherches pendant long-temps infructueuses, n'ayant fait découvrir, soit dans l'action du soleil et des planètes sur la lune, soit dans les figures non sphériques de ce satellite et de la terre, rien qui puisse altérer sensiblement son moyen mouvement ; quelques-uns avoient pris le parti de rejeter son équation séculaire ; d'autres, pour l'expliquer, avoient eu recours à différens moyens, tels que l'action des comètes, la résistance de l'éther, et la transmission successive de la gravité. Cependant, la correspondance des autres phénomènes célestes avec la théorie de la pesanteur, est si parfaite ; que l'on ne peut voir sans regret, l'équation séculaire de la lune, se refuser à cette théorie, et faire seule, exception d'une loi générale et simple dont la découverte, par la grandeur et la variété des objets qu'elle embrasse, fait tant d'honneur à l'esprit humain. Cette réflexion m'ayant déterminé à considérer de nouveau ce phénomène ; après quelques tentatives, je suis enfin parvenu à découvrir sa cause.

L'équation séculaire de la lune est due à l'action du soleil sur ce satellite, combinée avec la variation de l'excentricité de l'orbe terrestre. Pour nous former une idée juste de cette cause, rappelons-nous que les élémens de l'orbe de la terre, éprouvent des altérations par l'action des planètes : son grand axe reste toujours le même ; mais son excentricité, son inclinaison sur un plan fixe, la position de ses nœuds et de son périhélie, varient sans cesse. Rappelons-nous encore que l'action du soleil sur la lune, diminue d'un 179eme, sa vîtesse angulaire, et que ce coëfficient numérique varie réciproquement au cube de la distance de la terre au soleil ; or en développant la puissance cubique inverse de cette distance, dans une série ordonnée par rapport aux sinus et aux cosinus du moyen mouvement de la terre, et de ses multiples, le demi-grand axe de l'orbe terrestre, étant pris pour unité ; on trouve que cette série contient un terme égal à trois demi du quarré de l'excentricité de cet orbe ; la diminution de la vîtesse angulaire de la lune, renferme donc un terme égal au 179eme de cette vîtesse, multiplié par trois demi du quarré de cette excentricité, ou, ce qui revient au même, égal au produit de ce quarré, par la vîtesse angulaire de la lune, divisée par 119,33. Si l'excentricité de l'orbe terrestre étoit constante, ce terme se confondroit avec la vîtesse moyenne angulaire de la lune ; mais sa variation, quoique très-petite, a une influence sensible à la longue, sur le mouvement lunaire. Il est visible qu'il accélère ce mouvement, quand l'excentricité diminue, ce qui a eu lieu depuis les observations anciennes jusqu'à nos jours : cette accélération se changera en retardement, quand l'excentricité parvenue à son *minimum*, cessera de diminuer, pour commencer à croître.

Dans l'intervalle de 1700 à 1800, le quarré de l'excentricité de l'orbe terrestre diminue de 0,0000015325 ; l'accroissement correspondant de la vîtesse angulaire de la lune, est donc 0,0000000128425 de cette vîtesse. Cet accroissement ayant lieu successivement, et proportionnellement au temps, son effet sur le mouvement de la lune, est la moitié moindre que si dans tout le cours du siècle, il étoit le même qu'à la fin ; il faut donc pour déterminer cet effet ou l'équation séculaire de la lune, à la fin d'un siècle à partir de 1700, multiplier le mouvement séculaire de la lune, par la moitié du très-petit accroissement de sa vîtesse angulaire ; or dans un siècle, le mouvement de la lune est de 5347405454″ ; on aura ainsi 34″,337 pour son équation séculaire.

Tant que la diminution du quarré de l'excentricité de l'orbe terrestre pourra être supposée proportionnelle au temps, l'équation séculaire de la lune croîtra sensiblement comme le quarré du temps ; il suffira donc de multiplier 34″,337, par le quarré du nombre des siècles compris entre 1700, et le temps pour lequel
on

on calcule. Mais j'ai reconnu qu'en remontant aux observations Caldéennes, le terme proportionnel au cube du temps, dans l'expression en série, de l'équation séculaire de la lune, devenoit sensible. Ce terme est égal à o",13574, pour le premier siècle : il doit être multiplié par le cube du nombre des siècles, à partir de 1700, ce produit étant négatif pour les siècles antérieurs à cette époque.

L'action moyenne du soleil sur la lune, dépend encore de l'inclinaison de l'orbe lunaire à l'écliptique, et l'on pourroit croire que la position de l'écliptique étant variable, il doit en résulter dans le mouvement de ce satellite, des inégalités semblables à celles que produit la diminution de l'excentricité de l'orbe terrestre. Mais l'orbe lunaire est ramené sans cesse par l'action du soleil, à la même inclinaison sur celui de la terre; en sorte que les plus grandes et les plus petites déclinaisons de la lune, sont assujetties en vertu des variations séculaires de l'obliquité de l'écliptique, aux mêmes changemens que les déclinaisons du soleil. Cette constance dans l'inclinaison de l'orbe lunaire est confirmée par toutes les observations anciennes et modernes. L'excentricité de cet orbe, et son grand axe n'éprouvent pareillement, qu'une altération insensible, par le changement de l'excentricité de l'orbe terrestre.

Il n'en est pas ainsi des variations du mouvement des nœuds et du périgée, auxquelles il devient indispensable d'avoir égard, dans les recherches qui ont pour objet, la perfection de la théorie et des tables de la lune. En soumettant ces variations, à l'analyse; j'ai reconnu que l'influence des termes dépendans du quarré de la force perturbatrice, et qui, comme on l'a vu, doublent le moyen mouvement du périgée, est plus grande encore sur la variation de ce mouvement. Le résultat de cette épineuse analyse m'a donné une équation séculaire soustractive de la longitude moyenne du périgée, et égale à trente-trois dixièmes de l'équation séculaire du mouvement de la lune; en sorte que le moyen mouvement du périgée se ralentit, lorsque celui de la lune s'accélère. J'ai trouvé semblablement dans le mouvement des nœuds de l'orbe lunaire, sur l'écliptique vraie, une équation séculaire additive à leur longitude moyenne, et égale à sept dixièmes de l'équation séculaire du moyen mouvement. Ainsi, le mouvement des nœuds se ralentit, comme

E e

celui du périgée, quand celui de la lune augmente; et les équations
séculaires de ces trois mouvemens, sont constamment dans le rapport des nombres 7, 33 et 10.

Les siècles à venir développeront ces grandes inégalités qui produiront, un jour, des variations au moins égales, au quarantième de
la circonférence, dans le mouvement séculaire de la lune, et au
douzième de la circonférence dans celui de son périgée. Ces inégalités ne vont pas toujours croissant; elles sont périodiques comme
celles de l'excentricité de l'orbe terrestre, dont elles dépendent, et
ne se rétablissent qu'après des millions d'années. Elles doivent
altérer à la longue, les périodes imaginées pour embrasser des nombres entiers de révolutions de la lune, par rapport à ses nœuds, à
son périgée et au soleil, périodes qui diffèrent sensiblement, dans
les diverses parties de l'immense période de l'équation séculaire.
La période lunisolaire de six cents ans, a été rigoureuse à une
époque à laquelle il seroit facile de remonter par l'analyse, si les
masses des planètes étoient bien déterminées; mais cette détermination si desirable pour la perfection des théories astronomiques,
nous manque encore. Heureusement, Jupiter dont nous connoissons
exactement la masse, est celle des planètes, qui a le plus d'influence
sur l'équation séculaire de la lune.

Déjà, les observations anciennes, malgré leur imperfection, confirment ces inégalités; et l'on peut en suivre la marche, soit dans
ces observations, soit dans les tables astronomiques qui se sont
succédées jusqu'à nos jours. On a vu que les anciennes éclipses
avoient fait reconnoître l'accélération du mouvement de la lune,
avant que la théorie de la pesanteur en eût développé la cause. En
comparant à cette théorie, les observations modernes, et les éclipses
observées par les Arabes, les Grecs et les Caldéens; on trouve
entr'elles, un accord qui paroît surprenant, quand on considère
l'imperfection des anciennes observations, la manière vague dont
elles ont été transmises, et l'incertitude que laisse encore sur les
variations de l'excentricité de l'orbe de la terre, celle où nous
sommes sur les masses de Vénus et de Mars. Le développement des
équations séculaires de la lune, est une des données les plus propres
à déterminer ces masses.

Il étoit sur-tout intéressant de vérifier la théorie de la pesanteur, relativement aux équations séculaires du mouvement des nœuds et du périgée de la lune, dont nous lui devons la connoissance. Les astronomes n'ayant point eu égard à ces équations, dans la comparaison des observations modernes aux anciennes, ont dû trouver ces mouvemens trop rapides, de même qu'ils assignoient un moyen mouvement trop petit, à la lune, lorsqu'ils ne tenoient point compte de son équation séculaire : c'est ce que Bouvard a confirmé par la comparaison d'un grand nombre d'observations modernes. Plus de cinq cents observations de la Hire, Flamsteed, Bradley et Maskeline, disposées de la manière la plus favorable, et discutées avec soin, lui ont appris qu'il faut diminuer d'environ quinze minutes trois quarts, le mouvement séculaire du périgée des tables lunaires insérées dans la troisième édition de l'Astronomie de Lalande. Ce mouvement ainsi corrigé cesse de représenter les anciennes éclipses qui, par-là, démontrent l'existence de l'équation séculaire du périgée de la lune. Pour reconnoître si la grandeur de cette équation est la même que suivant la loi de la pesanteur universelle, Bouvard a d'abord comparé aux tables citées, vingt et une éclipses observées par les Grecs et les Caldéens, et cette comparaison lui a donné à fort peu près, l'équation séculaire du périgée, égale à trente-trois dixièmes, de celle du moyen mouvement : trente-deux éclipses observées par les Arabes, l'ont conduit au même résultat qu'il a encore retrouvé par soixante éclipses observées depuis le renouvellement de l'astronomie en Europe, jusqu'au commencement du dernier siècle. Cet accord remarquable entre des résultats tirés d'observations faites à des époques aussi différentes, ne laisse aucun doute sur l'existence et la grandeur de l'équation séculaire du périgée lunaire, et confirme d'une manière incontestable, le rapport de trente-trois à dix, que la théorie de la pesanteur établit entre cette équation et celle du moyen mouvement de la lune. Bouvard a confirmé encore, par la comparaison des mêmes éclipses, l'équation séculaire des nœuds ; et il a trouvé que leur mouvement dans un siècle, donné par les tables citées, doit être diminué de 537″.

Les moyens mouvemens et les époques des tables de l'Almageste et des Arabes, indiquent évidemment ces trois équations séculaires des mouvemens de la lune. Les tables de Ptolemée sont le résultat d'immenses calculs faits par cet astronome et par Hipparque : le travail d'Hipparque ne nous est point parvenu ; nous savons seulement par le témoignage de Ptolemée, qu'il avoit mis le plus grand soin à choisir les éclipses les plus avantageuses à la détermination des élémens qu'il cherchoit à connoître. Ptolemée après deux siècles et demi d'observations nouvelles, ne trouva rien à changer au moyen mouvement de la lune, établi par Hipparque ; il ne corrigea que très-peu, les mouvemens des nœuds et du périgée ; il y a donc lieu de croire que les élémens des tables lunaires de Ptolemée, ont été déterminés par un très-grand nombre d'éclipses dont il n'a rapporté que celles qui lui paroissoient le plus conformes aux résultats moyens qu'Hipparque et lui avoient obtenus. Les éclipses ne font bien connoître que le moyen mouvement synodique de la lune, et ses distances à ses nœuds et à son périgée ; on ne peut donc compter que sur ces élémens, dans les tables de l'Almageste ; or en remontant à la première époque de ces tables, au moyen des mouvemens déterminés par les seules observations modernes, on ne retrouve point les moyennes distances de la lune, à ses nœuds, à son périgée et au soleil, que ces tables donnent à cette époque : les quantités qu'il faut ajouter à ces distances, sont à fort peu près celles qui résultent des équations séculaires ; les élémens de ces tables confirment donc à-la-fois, l'existence de ces équations, et les valeurs que je leur ai assignées.

Les mouvemens de la lune par rapport aux nœuds, au périgée et au soleil, plus lents dans les tables de l'Almageste, que de nos jours, indiquent encore dans ces trois mouvemens, une accélération pareillement indiquée soit par les corrections qu'Albatenius, huit siècles après Ptolemée, fit aux élémens de ces tables, en y comparant un grand nombre d'éclipses observées de son temps, soit par les époques des tables qu'Ibn Junis construisit vers l'an mil, sur l'ensemble des observations caldéennes, grecques et arabes.

Il est remarquable que la diminution de l'excentricité de l'orbe terrestre soit beaucoup plus sensible dans les mouvemens de la lune, que par elle-même. Cette diminution qui depuis l'éclipse la plus ancienne dont nous ayons connoissance, n'a pas altéré de quinze minutes, l'équation du centre du soleil, a produit deux degrés de variation dans la longitude de la lune, et près de neuf degrés de variation dans son anomalie moyenne : on pouvoit à peine, la soupçonner d'après les observations d'Hipparque et de Ptolémée ; celles des Arabes l'indiquoient avec beaucoup de vraisemblance ; mais les anciennes éclipses, comparées à la théorie de la pesanteur, ne laissent aucun doute à cet égard.

Ici, nous voyons un exemple de la manière dont les phénomènes en se développant, nous éclairent sur leurs véritables causes. Lorsque la seule accélération du moyen mouvement de la lune, étoit connue; on pouvoit l'attribuer à la résistance de l'éther, ou à la transmission successive de la gravité : mais l'analyse nous montre que ces deux causes ne peuvent produire aucune altération sensible, dans les moyens mouvemens des nœuds et du périgée lunaire; et cela seul suffiroit pour les exclure, quand même la vraie cause des variations observées dans ces mouvemens, seroit encore ignorée. L'accord de la théorie avec les observations, nous prouve que si les moyens mouvemens de la lune sont altérés par des causes étrangères à la pesanteur universelle ; leur influence est très-petite, et jusqu'à présent insensible.

Quelques partisans des causes finales ont imaginé que la lune avoit été donnée à la terre, pour l'éclairer pendant les nuits. Dans ce cas, la nature n'auroit point atteint le but qu'elle se seroit proposé; puisque souvent nous sommes privés à-la-fois, de la lumière du soleil et de celle de la lune. Pour y parvenir, il eût suffi de mettre à l'origine, la lune en opposition avec le soleil, dans le plan même de l'écliptique, à une distance de la terre, égale à la centième partie de la distance de la terre au soleil; et de donner à la lune et à la terre, des vîtesses parallèles et proportionnelles à leurs distances à cet astre. Alors, la lune sans cesse en opposition au soleil, eût décrit autour de lui, une ellipse semblable à celle de la terre; ces deux astres se seroient succédés l'un à l'autre sur l'horizon; et comme, à cette distance, la lune n'eût point été éclipsée, sa lumière auroit constamment remplacé celle du soleil.

D'autres philosophes frappés de l'opinion singulière des Arcadiens qui se croyoient plus anciens que la lune, ont pensé que ce satellite étoit primitivement une comète qui, passant fort près de la terre, avoit été forcée par son attraction, de l'accompagner. Mais en remontant par l'analyse, aux siècles les plus reculés; on voit toujours la lune se mouvoir dans un orbe presque circulaire, comme les planètes autour du soleil; ainsi, ni la lune ni aucun satellite n'a été originairement une comète.

CHAPITRE VI.

Des perturbations des satellites de Jupiter.

Les premières inégalités que l'observation a fait connoître dans le mouvement de ces corps, se présentent aussi les premières dans la théorie de leur attraction mutuelle. On a vu dans le second livre, qu'il existe :

1°. Dans le mouvement du premier satellite, une équation égale à 5258″ multiplié par le sinus du double de l'excès de la longitude moyenne du premier satellite sur celle du second ;

2°. Dans le mouvement du second satellite, une équation égale à — 11925″ multiplié par le sinus de l'excès de la longitude du premier satellite sur celle du second ;

3°. Dans le mouvement du troisième satellite, une équation égale à — 827″ multiplié par le sinus de l'excès de la longitude du second satellite sur celle du troisième.

Non-seulement, la théorie de la pesanteur, donne ces inégalités, comme Lagrange et Bailli l'ont reconnu les premiers ; elle nous montre de plus ce que les observations indiquoient avec beaucoup de vraisemblance, savoir, que l'inégalité du second satellite est le résultat de deux inégalités dont l'une ayant pour cause l'action du premier satellite, varie comme le sinus de l'excès de la longitude du premier satellite sur celle du second, et dont l'autre produite par l'action du troisième satellite, varie comme le sinus du double de l'excès de la longitude du second satellite sur celle du troisième. Ainsi, le second satellite éprouve de la part du premier, une perturbation semblable à celle qu'il fait éprouver au troisième ; et il éprouve de la part du troisième, une perturbation semblable à celle qu'il fait éprouver au premier. Ces deux inégalités se confondent dans une seule, en vertu des rapports qui existent entre les moyens mouvemens et les longitudes moyennes des trois premiers satellites, et suivant lesquels le moyen mouvement du premier satellite plus deux fois celui du troisième, est égal à trois fois celui du second ; et la longitude moyenne du premier satellite, moins trois fois celle du second, plus deux fois celle du troisième, est constamment égale à la demi-circonférence. Mais ces rapports subsisteront-ils toujours, ou ne sont-ils qu'approchés, et les deux inégalités du second satellite, aujourd'hui confondues, se séparerontelles dans la suite des temps ? C'est ce que la théorie va nous apprendre.

L'approximation avec laquelle les tables donnoient les rapports précédens, me fit soupçonner qu'ils sont rigoureux, et que les petites quantités dont ces tables s'en éloignoient encore, dépendoient des erreurs dont elles étoient susceptibles. Il étoit contre toute vraisemblance, de supposer que le hasard a placé originairement les trois premiers satellites, aux distances et dans les positions convenables à ces rapports, et il étoit extrêmement probable qu'ils sont dus à une cause particulière ; je cherchai donc cette cause dans l'action mutuelle des satellites. L'examen approfondi de cette action me fit voir qu'elle a rendu ces rapports rigoureux ; d'où je conclus qu'en déterminant de nouveau, par la discussion d'un très-grand nombre d'observations éloignées entr'elles, les moyens mouvemens et les longitudes moyennes des trois premiers satellites, on trouveroit qu'ils approchent encore plus de ces rapports auxquels les tables doivent être rigoureusement assujéties. J'ai eu la satisfaction de voir cette conséquence de la théorie, confirmée avec une précision remarquable, par les recherches que Delambre vient de faire sur les satellites de Jupiter. Il n'est pas nécessaire que ces rapports aient eu lieu exactement à l'origine ; il faut seulement que les mouvemens et les longitudes des trois premiers satellites, s'en soient peu écartés, et alors l'action mutuelle de ces satellites a suffi pour les établir et pour les maintenir en rigueur. Mais la petite différence entr'eux et les rapports primitifs, a donné lieu à une inégalité d'une étendue arbitraire, qui se partage inégalement entre les trois satellites, et que j'ai désignée sous le nom de *libration*. Les deux constantes arbitraires de cette inégalité, remplacent ce que les deux

rapports

rapports précédens font disparoître d'arbitraire dans les moyens mouvemens et dans les époques des longitudes moyennes des trois premiers satellites; car le nombre des arbitraires que renferme la théorie d'un système de corps, est nécessairement sextuple du nombre de ces corps. La discussion des observations n'ayant point fait reconnoître cette inégalité; elle doit être fort petite et même insensible.

Les rapports précédens subsisteront toujours, quoique les moyens mouvemens des satellites soient assujétis à des équations séculaires analogues à celle du mouvement de la lune. Ils subsisteroient encore, dans le cas même où ces mouvemens seroient altérés par la résistance d'un milieu, ou par d'autres causes dont les effets ne seroient sensibles que dans l'espace d'un siècle. Dans tous ces cas, les équations séculaires de ces mouvemens se coordonnent entre elles, par l'action réciproque des satellites, de manière que l'équation séculaire du premier, plus deux fois celle du troisième, est égale à trois fois celle du second. Ainsi, les trois premiers satellites de Jupiter forment un système de corps liés entr'eux par les rapports et les inégalités précédentes que leur action mutuelle maintiendra sans cesse, à moins qu'une cause étrangère ne vienne déranger brusquement leur position respective.

La théorie de la pesanteur m'a fait connoître la cause des variations singulières observées dans l'excentricité de l'orbe du troisième satellite, et dont j'ai parlé dans le second livre. Ces variations dépendent de deux équations du centre très-distinctes, auxquelles son mouvement est soumis, dont l'une se rapporte à un périjove propre à ce satellite, et dont l'autre se rapporte au périjove du quatrième. Les excentricités des orbes des quatre satellites, et leurs périjoves sont liés les uns aux autres, par l'action mutuelle de ces corps, en vertu de laquelle l'excentricité du quatrième satellite se répand sur les trois autres, mais plus foiblement à mesure qu'ils en sont plus éloignés. Elle est très-sensible dans l'orbe du troisième, et en se combinant avec l'excentricité propre à cet orbe, elle produit dans le mouvement du troisième satellite, une équation du centre composée, dont la plus grande valeur varie sans cesse, et qui se rapporte à un périjove dont le mouvement n'est pas uniforme. La longitude du périjove du quatrième satellite étoit de 159°,43 au commencement de 1700, et son mouvement annuel et sydéral est de 7852″ : la longitude du périjove propre au troisième satellite étoit de 194°,11 au commencement de 1700, et son mouvement annuel et sydéral est de 29776″. Ces périjoves coïncidoient en 1684, et les deux équations du centre du troisième satellite en formoient une seule égale à leur somme, et dont la plus grande valeur s'élevoit à 2661″. En 1775, ces périjoves ayant eu des situations contraires, les deux équations du centre en formoient une seule égale à leur différence, et dont la valeur n'étoit que de 759″. C'est la raison pour laquelle Wargentin a trouvé par la comparaison des observations, l'excentricité de ce satellite, la plus grande vers le commencement de ce siècle, et la plus petite vers 1760. Il avoit d'abord essayé de représenter ces variations, au moyen de deux équations du centre; mais ignorant que l'une d'elles se rapporte au périjove du quatrième satellite, et leur ayant assigné des valeurs inexactes, il s'est vu forcé de les abandonner, et de recourir à l'hypothèse d'une excentricité variable dont il a déterminé les changemens, par les observations.

L'action mutuelle des satellites de Jupiter fait varier à chaque instant, la position de leurs orbites : voici ce que la théorie comparée aux observations donne sur cet objet.

L'équateur de Jupiter est incliné de 34444″, sur l'orbite de cette planète; la longitude de son nœud ascendant sur cette orbite étoit de 347°,8519, au commencement de 1700; son mouvement annuel et sydéral est d'environ 6″.

L'orbe du premier satellite n'est incliné que de 22″ sur le plan de l'équateur de Jupiter; ses nœuds sur ce plan, coïncident avec les nœuds du même plan et de l'orbite de Jupiter, l'orbe du satellite étant entre ces deux plans.

L'orbe du second satellite se meut sur un plan fixe incliné de 221″ à l'équateur de Jupiter, et qui passe par la ligne des nœuds de cet équateur, entre ce dernier plan et celui de l'orbite de Jupiter. L'orbe du satellite est incliné de 5182″ à ce plan fixe; et ses nœuds avec ce plan, ont un mouvement rétrograde dont la valeur annuelle et sydérale est de 13°,3488, et dont la période est de trente années juliennes. La longitude du nœud ascendant étoit de 179°,5185 en 1700.

L'orbe du troisième satellite se meut sur un plan fixe incliné de 1030″ à l'équateur de Jupiter, et qui passe par la ligne des nœuds de cet équateur, entre ce dernier plan et celui de l'orbite de Jupiter. L'orbe du satellite est incliné de 2244″ à ce plan fixe, et ses nœuds avec ce plan ont un mouvement rétrograde dont la valeur annuelle et sydérale est de 2°,9149, et dont la période est de 137 années; la longitude du nœud ascendant étoit en 1700, de 136°,9630. Les astronomes qui avoient reconnu le mouvement de ce nœud, par les observations, supposoient les orbes du second et du troisième satellite, en mouvement sur l'équateur même de Jupiter; mais ils étoient forcés par ces observations, de diminuer un peu l'inclinaison de cet équateur sur l'orbite de Jupiter, quand ils considéroient le mouvement du troisième satellite.

Enfin, l'orbe du quatrième satellite se meut sur un plan fixe incliné de 4630″ à l'équateur de Jupiter, et qui passe par la ligne des nœuds de cet équateur, entre ce dernier plan et celui de l'orbite de Jupiter. L'orbe du satellite est incliné de 2772″ à ce plan fixe, et ses nœuds avec ce plan ont un mouvement rétrograde dont la valeur annuelle et sydérale est de 7519″ et dont la période est de 532 années; la longitude du nœud ascendant étoit de 153°,5185, en 1700. L'inclinaison de l'orbe du quatrième satellite sur celui de Jupiter varie sans cesse, en vertu de ce mouvement; parvenue à son *minimum* vers la fin du dernier siècle, elle a été à-peu-près stationnaire pendant un grand nombre d'années, et les nœuds de l'orbe du satellite avec l'orbite de Jupiter, ont eu un mouvement annuel direct, d'environ huit minutes. Cette circonstance que les observations ont fait connoître, a été saisie par les astronomes qui l'ont employée dans les tables de ce satellite; mais depuis plusieurs années, les observations indiquent dans l'inclinaison de son orbe sur celui de Jupiter, un accroissement très-sensible qui, sans le secours de la théorie, eût rendu fort difficile, la formation de ses tables. Il est satisfaisant pour le géomètre, de voir sortir de son analyse, ces phénomènes singuliers que l'observation a fait entrevoir; mais qui étant le résultat de plusieurs inégalités simples, sont trop compliqués pour que les astronomes en aient pu découvrir les loix.

Les différens plans dont nous venons de parler, sur lesquels se meuvent les orbes des satellites, ne sont pas rigoureusement fixes; le plan de l'équateur de Jupiter les entraîne dans son mouvement, de manière que leurs nœuds avec l'orbite de cette planète, étant constamment les mêmes que ceux de son équateur; leurs inclinaisons sur le plan de cette orbite, sont toujours proportionnelles à celle de l'équateur. Mais tous ces mouvemens sont insensibles depuis la découverte des satellites jusqu'à nos jours.

L'orbe de chaque satellite participe un peu du mouvement des orbes voisins; car tout est lié dans un système de corps soumis à leur action mutuelle. Les satellites de Jupiter forment autour de lui, un système semblable à celui des planètes autour du soleil; et comme leurs révolutions sont fort promptes, ils nous ont offert dans le court intervalle de temps écoulé depuis leur découverte, tous les grands changemens qu'une longue suite de siècles doit amener dans le système planétaire. Ainsi l'accord de la théorie de la pesanteur, avec les variations observées dans les orbes des satellites de Jupiter, met hors de doute les variations que cette théorie indique dans les orbes des planètes, et que les plus anciennes observations rendent encore peu sensibles.

Cette théorie a banni tout empyrisme, des tables des satellites de Jupiter : celles que Delambre vient de publier, n'empruntent des observations, que les données indispensables; elles ont l'avantage de s'étendre à tous les siècles, pourvu que l'on rectifie ces données, à mesure qu'elles seront mieux connues. On conçoit que pour établir la théorie qui a servi de fondement à ces tables, il a fallu connoître d'une manière approchée, les masses des satellites et l'applatissement de Jupiter. Cinq données de l'observation sont nécessaires pour déterminer ces cinq inconnues; celles dont j'ai fait usage, sont les deux inégalités principales du premier et du second satellite; la période des variations de l'inclinaison de l'orbe du second satellite, l'équation du centre du troisième satellite, qui se rapporte au périjove du quatrième; enfin, le mouvement de ce périjove. En prenant pour unité, la masse de Jupiter; celles des satellites, qui résultent des données précédentes, sont :

I. Satellite. . . . . 0,0000172011.
II. Satellite. . . . . 0,0000237103.
III. Satellite. . . . . 0,0000872128.
IV. Satellite. . . . . 0,0000544681.

On rectifiera ces valeurs, quand la suite des temps aura fait mieux connoître les variations séculaires des orbes satellites.

Le rapport des deux axes de Jupiter, qui résulte des mêmes données, est égal à 0,93041. Ce rapport a été mesuré plusieurs fois avec beaucoup de précision, et le milieu entre ces mesures est $\frac{11}{14}$ ou 0,929, ce qui ne diffère du résultat précédent, que d'une quantité insensible. Mais en considérant la grande influence de l'applatissement de Jupiter, sur le mouvement des nœuds et des périjoves des satellites ; on voit que le rapport des axes de Jupiter est donné par les observations des éclipses, plus exactement que par les mesures les plus précises. Au reste, l'accord de ces mesures avec le résultat de la théorie, nous prouve d'une manière sensible, que la pesanteur vers Jupiter se compose de toutes les pesanteurs vers chacune de ses molécules ; puisqu'en partant de ce principe, on retrouve l'applatissement observé de Jupiter.

Les éclipses du premier satellite de Jupiter, ont fait découvrir le mouvement successif de la lumière, que le phénomène de l'aberration a donné ensuite avec plus d'exactitude. Il m'a paru que la théorie du mouvement de ce satellite étant aujourd'hui perfectionnée, et les observations de ses éclipses étant devenues très-nombreuses ; leur discussion devoit déterminer la quantité de l'aberration, avec plus de précision encore, que l'observation directe. Delambre a bien voulu entreprendre cette discussion, à ma prière ; il a trouvé 62″,5 pour la valeur entière de l'aberration, valeur exactement la même que Bradley avoit conclue de ses observations. Il est curieux de voir un aussi parfait accord entre des résultats tirés de méthodes aussi différentes. Il suit de cet accord, que la vîtesse de la lumière est uniforme dans tout l'espace compris par l'orbe terrestre. En effet, la vîtesse de la lumière donnée par l'aberration, est celle qui a lieu sur la circonférence de l'orbe terrestre, et qui

en se combinant avec le mouvement de la terre, produit ce phénomène. La vîtesse de la lumière, conclue des éclipses des satellites de
Jupiter, est déterminée par le temps que la lumière emploie à
traverser l'orbe terrestre; ainsi ces deux vîtesses étant les mêmes,
la vîtesse de la lumière est uniforme dans toute la longueur du
diamètre de l'orbe de la terre. Il résulte même, de ces éclipses, que
cette vîtesse est uniforme dans la longueur du diamètre de l'orbe
de Jupiter; car à raison de l'excentricité de cet orbe, l'effet de la
variation de ses rayons vecteurs est très-sensible sur les éclipses
des satellites, et il est exactement le même que dans l'hypothèse de
l'uniformité du mouvement de la lumière.

Si la lumière est une émanation des corps lumineux; l'uniformité de sa vîtesse exige qu'elle soit lancée par chacun d'eux, avec
la même force, et que son mouvement ne soit point retardé sensiblement par leur attraction. Si l'on fait consister la lumière, dans
les vibrations d'un fluide élastique; il faut pour l'uniformité de
leur vîtesse, supposer la densité du fluide dans toute l'étendue du
systême planétaire, proportionnelle à son ressort. Mais la simplicité avec laquelle l'aberration des astres et les phénomènes de la
réfraction de la lumière en passant d'un milieu dans un autre,
s'expliquent en regardant la lumière comme une émanation des
corps lumineux, rend cette hypothèse, très-vraisemblable.

CHAPITRE VII.

De la figure de la terre et des planètes, et de la loi de la pesanteur à leur surface.

Nous avons exposé dans le premier livre, ce que les observations ont appris sur la figure de la terre et des planètes : comparons ces résultats, avec ceux de la pesanteur universelle.

La gravité vers les planètes, se compose des attractions de toutes leurs modécules. Si leurs masses étoient fluides et sans mouvement de rotation ; leur figure et celles de leurs différentes couches seroient sphériques, les couches les plus voisines du centre étant les plus denses. La pesanteur à la surface extérieure et au-dehors à une distance quelconque, seroit exactement la même que si la masse entière de la planète étoit réunie à son centre de gravité ; propriété remarquable en vertu de laquelle le soleil, les planètes, les comètes et les satellites agissent à très-peu près les uns sur les autres, comme autant de points matériels.

A de grandes distances, l'attraction des molécules d'un corps de figure quelconque, les plus éloignées du point attiré, et celle des molécules les plus voisines, se compensent de manière que l'attraction totale est à-peu-près la même, que si ces molécules étoient réunies à leur centre de gravité ; et si l'on considère comme une très-petite quantité du premier ordre, le rapport des dimensions du corps, à sa distance au point attiré ; ce résultat est exact aux quantités près du second ordre. Mais il est rigoureux pour la sphère ; et pour un sphéroïde qui en diffère très-peu, l'erreur est du même ordre que le produit de son excentricité, par le quarré du rapport de son rayon, à sa distance au point qu'il attire.

La propriété dont jouit la sphère, d'attirer comme si sa masse étoit réunie à son centre, contribue donc à la simplicité des mouvemens célestes. Elle ne convient pas exclusivement à la loi de la

nature ; elle appartient encore à la loi de l'attraction proportionnelle à la simple distance, et elle ne peut convenir qu'aux loix formées par l'addition de ces deux loix simples. Mais de toutes les
loix qui rendent la pesanteur nulle à une distance infinie, celle de
la nature est la seule dans laquelle la sphère a cette propriété.

Suivant cette loi, un corps placé au-dedans d'une couche sphérique, par-tout de la même épaisseur, est également attiré de toutes
parts ; en sorte qu'il resteroit en repos au milieu des attractions
qu'il éprouve. La même chose a lieu au-dedans d'une couche elliptique dont les surfaces intérieure et extérieure sont semblables et
semblablement situées. En supposant donc que les planètes soient
des sphères homogènes, la pesanteur dans leur intérieur, diminue
comme la distance à leur centre ; car l'enveloppe extérieure au
corps attiré, ne contribue point à sa pesanteur qui n'est ainsi produite que par l'attraction d'une sphère d'un rayon égal à la distance
de ce corps, au centre de la planète ; or cette attraction est proportionnelle à la masse de la sphère, divisée par le quarré de son rayon,
et la masse est comme le cube de ce même rayon ; la pesanteur du
corps est donc proportionnelle à ce rayon. Mais les couches des
planètes étant probablement plus denses, à mesure qu'elles sont
plus près du centre ; la pesanteur au-dedans diminue dans un
moindre rapport, que dans le cas de leur homogénéité.

Le mouvement de rotation des planètes, les écarte un peu de la
figure sphérique : la force centrifuge due à ce mouvement, les
renfle à l'équateur et les applatit aux pôles. Considérons d'abord
les effets de cet applatissement, dans le cas très-simple où la terre
étant une masse fluide homogène, la gravité seroit dirigée vers son
centre, et réciproque au quarré de la distance à ce point. Il est facile
de prouver qu'alors, le sphéroïde terrestre est un ellipsoïde de
révolution ; car si l'on conçoit deux colonnes fluides se communiquant à son centre, et aboutissant, l'une au pôle, et l'autre à un
point quelconque de sa surface ; il est clair que ces deux colonnes
doivent se faire mutuellement équilibre. La force centrifuge n'altère
point le poids de la colonne dirigée au pôle ; elle diminue le poids de
l'autre colonne. Cette force est nulle au centre de la terre : à la
surface, elle est proportionnelle au rayon du parallèle terrestre,

ou à fort peu près, au cosinus de la latitude ; mais elle n'est pas employée toute entière, à diminuer la gravité. Ces deux forces faisant entr'elles, un angle égal à la latitude, la force centrifuge décomposée suivant la direction de la gravité, est affoiblie, dans le rapport du cosinus de cet angle, au rayon ; ainsi, à la surface de la terre, la force centrifuge diminue la gravité, du produit de la force centrifuge à l'équateur, par le quarré du cosinus de la latitude : la valeur moyenne de cette diminution dans la longueur de la colonne fluide, est donc la moitié de ce produit, et comme la force centrifuge est $\frac{1}{289}$ de la gravité à l'équateur ; cette valeur est $\frac{1}{578}$ de la gravité multipliée par le quarré du cosinus de la latitude. Il faut pour l'équilibre, que la colonne par sa longueur, compense la diminution de sa pesanteur ; elle doit donc surpasser la colonne du pôle, d'un 578eme de sa grandeur multipliée par le quarré du même cosinus. Ainsi les accroissemens des rayons terrestres, du pôle à l'équateur, sont proportionnels à ce quarré ; d'où il est facile de conclure que la terre est alors un ellipsoïde de révolution dans lequel l'axe des pôles est à celui de l'équateur, comme 577 est à 578.

Il est visible que l'équilibre de la masse fluide subsisteroit encore, en supposant qu'une partie vienne à se consolider dans son intérieur ; pourvu que la force de la gravité reste la même.

Pour déterminer la loi de la pesanteur à la surface de la terre ; nous observerons que la gravité à un point quelconque de cette surface, est plus petite qu'au pôle, à raison du plus grand éloignement du centre : cette diminution est à très-peu près le double de l'accroissement du rayon terrestre ; elle est donc égale au produit d'un 289eme de la gravité, par le quarré du cosinus de la latitude. La force centrifuge diminue encore la pesanteur, de la même quantité ; ainsi, par la réunion de ces deux causes, la diminution de la pesanteur du pôle à l'équateur, est égale à 0,00694 multiplié par le quarré du cosinus de la latitude ; la gravité à l'équateur, étant prise pour unité.

On a vu dans le premier livre, que les mesures des degrés des méridiens donnent à la terre, un applatissement plus grand que $\frac{1}{578}$; et que les mesures du pendule indiquent une diminution dans la

G g

pesanteur, des pôles à l'équateur, moindre que 0,00694, et égale
à 0,00567 ; les mesures des degrés et du pendule concourent donc à
faire voir que la gravité n'est pas dirigée vers un seul point ; ce qui
confirme *à posteriori*, ce que nous avons démontré précédemment,
savoir, qu'elle se compose des attractions de toutes les molécules
de la terre.

Dans ce cas, la loi de la gravité dépend de la figure du sphéroïde
terrestre, qui dépend elle-même de la loi de la gravité. Cette dépen-
dance mutuelle de deux quantités inconnues, rend très-difficile,
la recherche de la figure de la terre. Heureusement, la figure elliptique, la plus simple de toutes les figures rentrantes, après la
sphère, satisfait à l'équilibre d'une masse fluide douée d'un mouvement de rotation, et dont toutes les molécules s'attirent réciproquement au quarré des distances. Newton se contenta de le
supposer, et en partant de cette hypothèse et de celle de l'homogénéité de la terre, il trouva que les deux axes de cette planète sont
entr'eux, comme 229 est à 230.

Il est facile d'en conclure la loi de la variation de la pesanteur
sur la terre. Pour cela, considérons différens points situés sur un
même rayon mené du centre, à la surface d'une masse fluide homogène en équilibre. Toutes les couches elliptiques semblables qui
recouvrent l'un quelconque d'entr'eux, ne contribuent point à sa
pesanteur; et la résultante des attractions qu'il éprouve, est uniquement due à l'attraction d'un sphéroïde elliptique semblable au
sphéroïde entier, et dont la surface passe par ce point. Les molécules semblables et semblablement placées, de ces deux sphéroïdes,
attirent respectivement ce point et le point correspondant de la
surface extérieure, proportionnellement aux masses divisées par
les quarrés des distances; les masses sont comme les cubes des
dimensions semblables des deux sphéroïdes, et les quarrés des
distances sont comme les quarrés des mêmes dimensions; les attractions des molécules semblables sont donc proportionnelles à ces
dimensions; d'où il suit que les attractions entières des deux sphéroïdes, sont dans le même rapport, et leurs directions sont parallèles. Les forces centrifuges des deux points que nous considérons,
sont encore proportionnelles aux mêmes dimensions; leurs pesan-

teurs qui sont les résultantes de toutes ces forces, sont donc comme leurs distances au centre de la masse fluide.

Maintenant, si l'on conçoit deux colonnes fluides dirigées du centre du sphéroïde, l'une au pôle, et l'autre à un point quelconque de la surface; il est clair que si le sphéroïde est très-peu applati, les pesanteurs décomposées suivant les directions de ces colonnes, seront à très-peu près les mêmes que les pesanteurs totales; en partageant donc les longueurs des colonnes, dans le même nombre de parties infiniment petites proportionnelles à ces longueurs, les poids des parties correspondantes seront entr'eux, comme les produits des longueurs des colonnes, par les pesanteurs aux points de la surface, où elles aboutissent; les poids entiers de ces colonnes fluides seront donc dans le même rapport. Ces poids doivent être égaux pour l'équilibre; les pesanteurs à la surface, sont par conséquent, réciproques aux longueurs des colonnes. Ainsi, le rayon de l'équateur surpassant d'un 230eme, celui du pôle; la pesanteur au pôle doit surpasser d'un 230eme, la pesanteur à l'équateur.

Cela suppose que la figure elliptique satisfait à l'équilibre d'une masse fluide homogène : c'est ce que Maclaurin a démontré par une très-belle méthode de laquelle il résulte que l'équilibre est alors rigoureusement possible, et que si l'ellipsoïde est très-peu applati, l'ellipticité est égale à cinq quarts du rapport de la force centrifuge à la pesanteur, à l'équateur.

Au même mouvement de rotation, répondent deux figures différentes, d'équilibre; mais l'équilibre ne peut pas subsister avec tous ces mouvemens. La plus petite durée de rotation d'un fluide homogène en équilibre, de même densité que la moyenne densité de la terre, est de $0^j,1009$; et cette limite varie réciproquement comme la racine quarrée de la densité. Quand la rotation est plus rapide, la masse fluide s'applatit à ses pôles; par-là, sa durée de rotation devient moindre, et tombe dans les limites convenables à l'état d'équilibre : après un grand nombre d'oscillations, le fluide en vertu des frottemens et des résistances qu'il éprouve, se fixe à cet état qui est unique et déterminé par le mouvement primitif: l'axe mené par le centre de gravité de la masse fluide, et par rapport auquel le moment des forces étoit un *maximum* à l'origine, devient l'axe de rotation.

Les résultats précédens fournissent un moyen simple de vérifier l'hypothèse de l'homogénéité de la terre. L'irrégularité des degrés mesurés des méridiens, laisse trop d'incertitude sur l'applatissement de la terre, pour reconnoître s'il est tel, à-peu-près, que l'exige cette hypothèse; mais l'accroissement assez régulier de la pesanteur, de l'équateur aux pôles, peut nous éclairer sur cet objet. En prenant pour unité, la pesanteur à l'équateur; son accroissement au pôle est 0,00435, dans le cas de l'homogénéité de la terre : par les observations du pendule, cet accroissement est 0,00567 ; la terre n'est donc point homogène. Il est, en effet, naturel de penser que la densité de ses couches augmente de la surface au centre : il est même nécessaire pour la stabilité de l'équilibre des mers, que leur densité soit plus petite que la moyenne densité de la terre; autrement, leurs eaux agitées par les vents et par d'autres causes, sortiroient souvent de leurs limites, pour inonder les continens.

L'homogénéité de la terre étant ainsi exclue par les observations; il faut pour déterminer sa figure, considérer la mer comme recouvrant un noyau dont les couches diminuent de densité, du centre à la surface. Clairaut a démontré dans son bel ouvrage sur la figure de la terre, que l'équilibre est encore possible, en supposant une figure elliptique, à sa surface et aux couches du noyau intérieur. Dans les hypothèses les plus vraisemblables sur la loi des densités et des ellipticités de ces couches; l'applatissement de la terre est moindre que dans le cas de l'homogénéité, et plus grand que si la gravité étoit dirigée vers un seul point : l'accroissement de la pesanteur de l'équateur aux pôles, est plus grand que dans le premier cas, et plus petit que dans le second. Mais il existe entre l'accroissement total de la pesanteur prise pour unité à l'équateur, et l'ellipticité de la terre, ce rapport remarquable; savoir, que dans toutes les hypothèses sur la constitution du noyau que recouvre la mer, autant l'ellipticité de la terre entière est au-dessous de celle qui a lieu dans le cas de l'homogénéité, autant l'accroissement total de la pesanteur est au-dessus de celui qui a lieu dans le même cas, et réciproquement; en sorte que la somme de cet accroissement et de l'ellipticité est toujours la même et égale à cinq demi du rapport de la force centrifuge à la pesanteur à l'équateur, ce qui pour la terre, revient à $\frac{1}{115,2}$.

En supposant donc la figure des couches du sphéroïde terrestre, elliptique; l'accroissement de ses rayons et de la pesanteur, et la diminution des degrés des méridiens, des pôles à l'équateur, sont proportionnels au quarré du cosinus de la latitude; et ils sont liés à l'ellipticité de la terre, de manière que l'accroissement total des rayons est égal à cette ellipticité; la diminution totale des degrés est égale à l'ellipticité multipliée par trois fois le degré de l'équateur; et l'accroissement total de la pesanteur est égal à la pesanteur à l'équateur, multipliée par l'excès de $\frac{1}{115,2}$ sur cette ellipticité. Ainsi, l'on peut déterminer l'ellipticité de la terre, soit par les mesures des degrés, soit par les observations du pendule. Ces observations donnent 0,00567 pour l'accroissement de la pesanteur de l'équateur aux pôles; en retranchant cette quantité, de $\frac{1}{115,2}$, on a $\frac{1}{332}$ pour l'applatissement de la terre. Si l'hypothèse d'une figure elliptique est dans la nature, cet applatissement doit satisfaire aux mesures des degrés; mais il y suppose, au contraire, des erreurs invraisemblables; et cela joint à la difficulté d'assujétir toutes ces mesures, à une même figure elliptique, nous prouve que la figure de la terre est beaucoup plus composée qu'on ne l'avoit cru d'abord; ce qui ne paroîtra point étonnant, si l'on considère l'irrégularité de la profondeur des mers, l'élévation des continens et des îles au-dessus de leur niveau, la hauteur des montagnes, et l'inégale densité des eaux et des diverses substances qui sont à la surface de cette planète.

Pour embrasser avec la plus grande généralité, la théorie de la figure de la terre et des planètes; il falloit déterminer l'attraction des sphéroïdes peu différens de la sphère, et formés de couches variables de figure et de densité, suivant les loix quelconques; il falloit encore déterminer la figure qui convient à l'équilibre d'un fluide répandu à leur surface; car on doit imaginer les planètes, recouvertes comme la terre, d'un fluide en équilibre; autrement, leur figure seroit entièrement arbitraire. Dalembert a donné pour cet objet, une méthode ingénieuse qui s'étend à un grand nombre de cas ; mais elle manque de cette simplicité si desirable dans des recherches aussi compliquées, et qui en fait le principal mérite. Une équation remarquable aux différences partielles, et relative aux attractions des sphéroïdes, m'a conduit sans le secours des intégrations, et uniquement par des différentiations, aux expressions générales des rayons des sphéroïdes, de leurs attractions sur des points quelconques placés dans leur intérieur, à leur surface ou au-dehors, des conditions de l'équilibre des fluides qui les recouvrent, de la loi de la pesanteur et de la variation des degrés, à la surface de ces fluides. Toutes ces quantités sont liées les unes aux autres, par des rapports très-simples ; et il en résulte un moyen facile de vérifier les hypothèses que l'on peut faire pour représenter, soit les variations observées de la pesanteur, soit les mesures des degrés des méridiens. Ainsi, Bouguer, dans la vue de représenter les degrés mesurés en Laponie, en France et à l'équateur, ayant supposé que la terre est un sphéroïde de révolution sur lequel l'accroissement des degrés du méridien, de l'équateur aux pôles, est proportionnel à la quatrième puissance du sinus de la latitude ; on trouve que cette hypothèse ne peut pas satisfaire à l'accroissement de la pesanteur, de l'équateur à pello, accroissement qui, suivant les observations, est égal à quarante-cinq dix millièmes de la pesanteur totale, et qui n'en seroit que vingt-sept dix millièmes, dans cette hypothèse.

Les expressions dont je viens de parler, donnent une solution directe et générale du problème qui consiste à déterminer la figure d'une masse fluide en équilibre, en la supposant douée d'un mouvement de rotation, et composée d'une infinité de fluides de densités quelconques, dont toutes les molécules s'attirent en raison des masses et réciproquement au quarré des distances. Legendre avoit déjà résolu ce problème, par une analyse fort ingénieuse, en supposant la masse homogène. Dans le cas général, le fluide prend nécessairement la figure d'un ellipsoïde de révolution dont toutes les couches sont elliptiques, et diminuent de densité, tandis que leur ellipticité croît du centre à la surface. Les limites de l'applatissement de l'ellipsoïde entier sont $\frac{1}{4}$ et $\frac{1}{2}$ du rapport de la force centrifuge à la pesanteur à l'équateur ; la première limite étant relative à l'homogénéité de la masse, et la seconde se rapportant au cas où les couches infiniment voisines du centre étant infiniment denses, toute la masse du sphéroïde peut être considérée comme étant réunie à ce point. Dans ce dernier cas, la pesanteur seroit dirigée vers un seul point, et réciproque au quarré des distances; la figure de la terre seroit donc celle que nous avons déterminée ci-dessus : mais dans le cas général, la ligne qui détermine la direction de la pesanteur, depuis le centre jusqu'à la surface du sphéroïde, est une courbe dont chaque élément est perpendiculaire à la couche qu'il traverse.

Il est très-remarquable que les variations observées des lon-gueurs du pendule, suivent assez exactement la loi du quarré du cosinus de la latitude, dont les variations des degrés mesurés des méridiens s'écartent d'une manière sensible. La théorie générale des attractions des sphéroïdes en équilibre, donne une explication fort simple de ce phénomène : elle nous montre que les termes qui, dans la valeur du rayon terrestre, s'éloignent de cette loi, deviennent plus sensibles dans l'expression de la pesanteur, et plus sensibles encore dans l'expression des degrés, où ils peuvent acquérir d'assez grandes valeurs, pour produire le phénomène dont il s'agit. Cette théorie nous apprend encore que les limites de l'accroissement total de la pesanteur prise pour unité à l'équateur, sont les produits de 2 et de $\frac{1}{4}$, par le rapport de la force centrifuge à la pesanteur; la première limite étant relative au cas où les couches seroient infi-niment denses au centre, et la seconde se rapportant à l'homogé-néité de la terre. L'accroissement observé tombant entre ces limites, indique dans les couches du sphéroïde terrestre, une plus grande densité, à mesure qu'elles approchent du centre, ce qui est con-forme aux loix de l'hydrostatique; ainsi la théorie satisfait aux observations, aussi bien qu'on peut le desirer, vu l'ignorance où nous sommes, de la constitution intérieure de la terre.

Il résulte de cet accord, que dans le calcul des variations de la pesanteur et des parallaxes, on peut supposer aux méridiens ter-restres, une figure elliptique dont l'applatissement est l'excès de la fraction $\frac{1}{111,2}$, sur l'accroissement total de la pesanteur, de l'équateur aux pôles.

Le rayon mené du centre de gravité du sphéroïde terrestre, à sa surface sur le parallèle dont le quarré du sinus de latitude est $\frac{1}{3}$, détermine la sphère de même masse que la terre, et d'une densité égale à sa densité moyenne ; ce rayon est de 6369374 mètres, et la gravité sur ce parallèle, est la même qu'à la surface de cette sphère.

Mais quel est le rapport de la moyenne densité de la terre, à celle d'une substance connue de sa surface ? L'effet de l'attraction des montagnes sur les oscillations du pendule, et sur la direction du fil à-plomb, peut nous conduire à la solution de ce problème intéressant. A la vérité, les plus hautes montagnes sont toujours fort petites par rapport à la terre ; mais nous pouvons approcher fort près, du centre de leur action, et cela joint à la précision des observations modernes, doit rendre leurs effets sensibles. Les montagnes du Pérou, les plus élevées de la terre, semblaient les plus propres à cet objet : Bouguer ne négligea point une observation aussi importante, dans son voyage entrepris pour la mesure des degrés du méridien à l'équateur. Mais ces grands corps étant volcaniques et creux dans leur intérieur, l'effet de leur attraction s'est trouvé beaucoup moindre que celui auquel on devoit s'attendre à raison de leur grosseur. Cependant, il a été sensible ; la diminution de la pesanteur, au sommet du Pichincha, auroit été 0,00149, sans l'attraction de la montagne, et elle n'a été observée que de 0,00118 : l'effet de la déviation du fil à-plomb, par l'action d'une autre montagne, a surpassé 20″. Maskeline a mesuré depuis, avec un soin extrême, un effet semblable produit par l'action d'une montagne d'Ecosse : il en résulte que la moyenne densité de la terre est environ double de celle de la montagne, et quatre ou cinq fois plus grande que celle de l'eau commune. Cette curieuse observation mérite d'être répétée un grand nombre de fois, sur différentes montagnes dont la constitution intérieure soit bien connue.

Appliquons la théorie précédente, à Jupiter. La force centrifuge due au mouvement de rotation de cette planète, est à fort peu près $\frac{1}{9}$ de la pesanteur à son équateur ; du moins, si l'on adopte la distance du quatrième satellite, à son centre, donnée dans le second livre. Si Jupiter étoit homogène, on auroit le diamètre de son équateur, en ajoutant à son petit axe pris pour unité, cinq quarts de la fraction précédente; ces deux axes seroient donc dans le rapport de 41 à 36. Suivant les observations, leur rapport est celui de 14 à 13; Jupiter n'est donc pas homogène. En le supposant formé de couches dont les densités diminuent du centre, à la surface; son ellipticité doit être comprise entre $\frac{1}{16}$ et $\frac{1}{13}$. L'ellipticité observée tombant dans ces limites, nous prouve l'hétérogénéité de ses couches, et par analogie, celle des couches du sphéroïde terrestre, déjà très-vraisemblable en elle-même et par les mesures du pendule.

C H A P I T R E   V I I I.

De la figure de l'anneau de Saturne.

L'ANNEAU de Saturne est, comme on l'a vu dans le premier
livre, formé de deux anneaux concentriques, d'une très-mince
épaisseur. Par quel mécanisme, ces anneaux se soutiennent-ils
autour de cette planète? Il n'est pas probable que ce soit par la
simple adhérence de leurs molécules; car alors, leurs parties voisines de Saturne, sollicitées par l'action toujours renaissante de la
pesanteur, se seroient à la longue, détachées des anneaux qui, par
une dégradation insensible, auroient fini par se détruire, ainsi que
tous les ouvrages de la nature, qui n'ont point eu les forces suffisantes pour résister à l'action des causes étrangères. Ces anneaux se
maintiennent donc sans effort, et par les seules loix de l'équilibre:
mais il faut pour cela, leur supposer un mouvement de rotation
autour d'un axe perpendiculaire à leur plan, et passant par le centre
de Saturne; afin que leur pesanteur vers la planète, soit balancée
par leur force centrifuge due à ce mouvement.

Imaginons un fluide homogène, répandu en forme d'anneau,
autour de Saturne; et voyons qu'elle doit être sa figure, pour qu'il
soit en équilibre, en vertu de l'attraction mutuelle de ses molécules,
de leur pesanteur vers Saturne, et de leur force centrifuge. Si par
le centre de la planète, on fait passer un plan perpendiculaire à celui
de l'anneau; la section de l'anneau, par ce plan, est ce que je nomme
courbe génératrice. L'analyse fait voir que si la largeur de l'anneau
est peu considérable par rapport à sa distance au centre de Saturne;
l'équilibre du fluide est possible, quand la courbe génératrice est
une ellipse dont le grand axe est dirigé vers le centre de la planète.
La durée de la rotation de l'anneau, est à-peu près la même que
celle de la révolution d'un satellite mû circulairement à la distance

du cëntre de l'ellipse génératrice, et cette durée est d'environ quatre heures et un tiers, pour l'anneau intérieur. Herschel a confirmé par l'observation, ce résultat auquel j'avois été conduit par la théorie de la pesanteur.

L'équilibre du fluide subsisteroit encore, en supposant l'ellipse génératrice, variable de grandeur et de position, dans l'étendue de la circonférence de l'anneau ; pourvu que ces variations ne soient sensibles qu'à des distances beaucoup plus grandes que l'axe de la section génératrice. Ainsi, l'anneau peut être supposé d'une largeur inégale dans ses diverses parties : on peut même le supposer à double courbure. Ces inégalités sont indiquées par les apparitions et les disparitions de l'anneau de Saturne, dans lesquelles les deux bras de l'anneau ont présenté des phénomènes différens : elles sont même nécessaires pour maintenir l'anneau en équilibre autour de la planète ; car s'il étoit parfaitement semblable dans toutes ses parties, son équilibre seroit troublé par la force la plus légère, telle que l'attraction d'un satellite, et l'anneau finiroit par se précipiter sur la planète.

Les anneaux dont Saturne est environné, sont par conséquent, des solides irréguliers d'une largeur inégale dans les divers points de leur circonférence, en sorte que leurs centres de gravité ne coïncident pas avec leurs centres de figure. Ces centres de gravité peuvent être considérés comme autant de satellites qui se meuvent autour du centre de Saturne, à des distances dépendantes des inégalités des anneaux, et avec des vîtesses angulaires égales aux vîtesses de rotation de leurs anneaux respectifs.

On conçoit que ces anneaux sollicités par leur action mutuelle, par celle du soleil et des satellites de Saturne, doivent osciller autour du centre de cette planète ; et que leurs nœuds avec le plan de l'orbe de la planète, doivent avoir des mouvemens rétrogrades. On pourroit croire qu'obéissant à des forces différentes, ils doivent cesser d'être dans un même plan : mais Saturne ayant un mouvement rapide de rotation, et le plan de son équateur étant le même que celui de l'anneau et des six premiers satellites ; son action maintient dans ce plan, le système de ces différens corps. L'action du soleil et du septième satellite, ne fait que changer la position du plan de l'équateur de Saturne, qui dans ce mouvement, entraîne les anneaux et les orbes des six premiers satellites, par un mécanisme semblable à celui qui retient les orbes des satellites de Jupiter, et principalement l'orbe du premier, à-peu-près dans le plan de l'équateur de cette planète. Ainsi, la position constante des anneaux de Saturne, et des orbes de ses six premiers satellites dans un même plan, indique un applatissement considérable dans cette planète, et par conséquent, un mouvement rapide de rotation, ce qui a été confirmé par les observations ; et comme les satellites d'Uranus se meuvent à-peu-près dans un même plan, on doit en conclure que cette planète tourne sur elle-même autour d'un axe perpendiculaire à ce plan.

CHAPITRE IX.

Des atmosphères des corps célestes.

Un fluide rare, transparent, compressible et élastique, qui environne un corps, en appuyant sur lui, est ce que l'on nomme son *atmosphère*. Nous concevons autour de chaque corps céleste, une pareille atmosphère dont l'existence vraisemblable pour tous, est relativement au soleil et à Jupiter, indiquée par les observations. A mesure que le fluide atmosphérique s'élève au-dessus du corps ; il devient plus rare, en vertu de son ressort qui le dilate d'autant plus, qu'il est moins comprimé : mais si les parties de sa surface extérieure, étoient élastiques ; il s'étendroit sans cesse, et finiroit par se dissiper dans l'espace ; il est donc nécessaire que le ressort du fluide atmosphérique diminue dans un plus grand rapport, que le poids qui le comprime, et qu'il existe un état de rareté, dans lequel ce fluide soit sans ressort. C'est dans cet état qu'il doit être à la surface de l'atmosphère.

Toutes les couches atmosphériques doivent prendre, à la longue, un même mouvement angulaire de rotation, commun au corps qu'elles environnent ; car le frottement de ces couches, les unes contre les autres et contre la surface du corps, doit accélérer les mouvemens les plus lents, et retarder les plus rapides, jusqu'à ce qu'il y ait entr'eux, une parfaite égalité. Dans ces changemens, et généralement dans tous ceux que l'atmosphère éprouve ; la somme des produits des molécules du corps et de son atmosphère, multipliées respectivement par les aires que décrivent autour de leur centre commun de gravité, leurs rayons vecteurs projetés sur le plan de l'équateur, reste toujours la même en temps égal. En supposant donc que, par une cause quelconque, l'atmosphère vienne à se resserrer, ou qu'une partie se condense à la surface du corps ; le mouvement de rotation du corps et de l'atmosphère en sera accéléré ; car les rayons vecteurs des aires décrites par les molécules de l'atmosphère primitive, devenant plus petits ; la somme des produits de toutes les molécules, par les aires correspondantes, ne peut pas rester la même, à moins que la vîtesse de rotation n'augmente.

A la surface extérieure de l'atmosphère, le fluide n'est retenu que par sa pesanteur, et la figure de cette surface est telle que la résultante de la force centrifuge et de la force attractive du corps, lui est perpendiculaire. L'atmosphère est applatie vers ses pôles, et renflée à son équateur ; mais cet applatissement a des limites, et dans le cas où il est le plus grand, le rapport des axes du pôle et de l'équateur est celui de deux à trois.

L'atmosphère ne peut s'étendre à l'équateur, que jusqu'au point où la force centrifuge balance exactement la pesanteur ; car il est clair qu'au-delà de cette limite, le fluide doit se dissiper. Relativement au soleil, ce point est éloigné de son centre, du rayon de l'orbe d'une planète qui feroit sa révolution dans un temps égal à celui de la rotation du soleil. L'atmosphère solaire ne s'étend donc pas jusqu'à l'orbe de Mercure, et par conséquent, elle ne produit point la lumière zodiacale qui paroît s'étendre au-delà même de l'orbe terrestre. D'ailleurs, cette atmosphère dont l'axe des pôles doit être au moins, les deux tiers de celui de son équateur, est fort éloignée d'avoir la forme lenticulaire que les observations donnent à la lumière zodiacale.

Le point où la force centrifuge balance la pesanteur, est d'autant plus près du corps, que le mouvement de rotation est plus rapide. En concevant que l'atmosphère s'étende jusqu'à cette limite, et qu'ensuite elle se resserre et se condense par le refroidissement, à la surface du corps ; le mouvement de rotation deviendra de plus en plus rapide, et la plus grande limite de l'atmosphère se rapprochera sans cesse de son centre. L'atmosphère abandonnera donc successivement, dans le plan de son équateur, des zônes fluides qui continueront de circuler autour du corps, puisque leur force centrifuge est égale à leur pesanteur : mais cette égalité n'ayant point lieu relativement aux molécules de l'atmosphère, éloignées de l'équateur; elles ne cesseront point de lui appartenir. Il est vraisemblable que les anneaux de Saturne sont des zônes pareilles, abandonnées par son atmosphère.

Si d'autres corps circulent autour de celui que nous considérons, ou si lui-même circule autour d'un autre corps; la limite de son atmosphère est le point où sa force centrifuge, plus l'attraction des corps étrangers, balance exactement sa pesanteur : ainsi, la limite de l'atmosphère de la lune est le point où la force centrifuge due à son mouvement de rotation, plus la force attractive de la terre, est en équilibre avec l'attraction de ce satellite. La masse de la lune étant $\frac{1}{58,7}$ de celle de la terre; ce point est éloigné du centre de la lune, de la neuvième partie environ, de la distance de la lune à la terre. Si à cette distance, l'atmosphère primitive de la lune n'a point été privée de son ressort; elle se sera portée vers la terre qui a pu ainsi l'aspirer : c'est peut-être la cause pour laquelle cette atmosphère est aussi peu sensible.

C H A P I T R E X.

Du flux et du reflux de la mer.

S ɪ la recherche des loix de l'équilibre des fluides qui recouvrent les planètes, présente de grandes difficultés; celle du mouvement de ces fluides agités par l'attraction des astres, doit en offrir de plus considérables. Aussi Newton qui s'occupa le premier de cet important problême, se contenta de déterminer la figure avec laquelle la mer seroit en équilibre sous l'action du soleil et de la lune. Il supposa que la mer prend à chaque instant, cette figure; et cette hypothèse qui facilite extrêmement les calculs, lui donna des résultats conformes sous beaucoup de rapports, aux observations. A la vérité, ce grand géomètre a eu égard au mouvement de rotation de la terre, pour expliquer le retard des marées, sur les passages du soleil et de la lune au méridien; mais son raisonnement est peu satisfaisant, et d'ailleurs, il est contraire au résultat d'une rigoureuse analyse. L'Académie des Sciences proposa cette matière, pour le sujet d'un prix, en 1740 : les pièces couronnées renferment des développemens de la théorie newtonienne, fondés sur la même hypothèse de la mer en équilibre sous l'action des astres qui l'attirent. Il est visible cependant, que la rapidité du mouvement de rotation de la terre empêche les eaux qui la recouvrent, de prendre à chaque instant, la figure qui convient à l'équilibre des forces qui les animent; mais la recherche de ce mouvement combiné avec l'action du soleil et de la lune, offroit des difficultés supérieures aux connoissances que l'on avoit alors dans l'analyse, et sur le mouvement des fluides. Aidé des découvertes que l'on a faites depuis sur ces deux objets; j'ai repris ce problême le plus épineux de toute la mécanique céleste. Les seules hypothèses que je me suis permises, sont que la mer inonde la terre entière, et qu'elle

n'éprouve

n'éprouve que de légers obstacles dans ses mouvemens : toute ma théorie est d'ailleurs, rigoureuse et fondée sur les principes du mouvement des fluides. En me rapprochant ainsi de la nature ; j'ai eu la satisfaction de voir que mes résultats se rapprochoient des observations, sur-tout à l'égard du peu de différence qui existe dans nos ports, entre les deux marées d'un même jour, différence qui, suivant la théorie de Newton, seroit fort grande. Je suis parvenu à ce résultat remarquable, savoir, que pour faire disparoître cette différence, il suffit de supposer par-tout à l'océan, la même profondeur. Daniel Bernoulli, dans sa pièce sur le flux et le reflux de la mer, qui partagea le prix de l'Académie en 1740, essaya d'expliquer ce phénomème, par le mouvement de rotation de la terre: suivant lui, ce mouvement est trop rapide, pour que les marées puissent s'accommoder aux résultats de la théorie. Mais l'analyse nous montre que cette rapidité n'empêcheroit pas les marées d'être fort inégales, si la profondeur de la mer n'étoit pas constante. On voit par cet exemple, et par celui de Newton, que je viens de citer, combien on doit se défier des apperçus les plus vraisemblables, quand ils ne sont point vérifiés par un calcul rigoureux.

Les résultats précédens, quoique fort étendus, sont encore restreints par la supposition d'un fluide régulièrement répandu sur la terre, et qui n'éprouve que de très-légères résistances dans ses mouvemens. L'irrégularité de la profondeur de l'océan, la position et la pente des rivages, leurs rapports avec les côtes voisines, les frottemens des eaux contre le fond de la mer, et la résistance qu'elles en éprouvent, toutes ces causes qu'il est impossible de soumettre au calcul, modifient les oscillations de cette grande masse fluide. Tout ce que nous pouvons faire, est d'analyser les phénomènes généraux des marées, qui doivent résulter des forces attractives du soleil et de la lune, et de tirer des observations, les données dont la connoissance est indispensable pour compléter dans chaque port, la théorie du flux et du reflux. Ces données sont autant d'arbitraires dépendantes de l'étendue de la mer, de sa profondeur, et des circonstances locales du port. Nous allons envisager sous ce point de vue, la théorie des oscillations de la mer, et sa correspondance avec les observations.

I i

Considérons d'abord la seule action du soleil sur la mer, et supposons que cet astre se meut uniformément dans le plan de l'équateur. Il est visible que si le soleil animoit de forces égales et parallèles, le centre de gravité de la terre et toutes les molécules de la mer; le système entier du sphéroïde terrestre et des eaux qui le recouvrent, obéiroit à ces forces, d'un mouvement commun, et l'équilibre des eaux ne seroit point troublé; cet équilibre n'est donc altéré que par la différence de ces forces, et par l'inégalité de leurs directions. Une molécule de la mer, placée au-dessous du soleil, en est plus attirée que le centre de la terre; elle tend ainsi à se séparer de sa surface; mais elle y est retenue par sa pesanteur que cette tendance diminue. Un demi-jour après, cette molécule se trouve en opposition avec le soleil qui l'attire alors plus faiblement que le centre de la terre; la surface du globe terrestre tend donc à s'en séparer; mais la pesanteur de la molécule l'y retient attachée; cette force est donc encore diminuée par l'attraction solaire, et il est facile de s'assurer que la distance du soleil à la terre, étant fort grande relativement au rayon du globe terrestre, la diminution de la pesanteur dans ces deux cas, est à très-peu près la même. Une simple décomposition de l'action du soleil sur les molécules de la mer, suffit pour voir que dans toute autre position de cet astre par rapport à ces molécules, son action pour troubler leur équilibre, redevient la même après un demi-jour.

Maintenant, on peut établir comme un principe général de mécanique, que l'état d'un système de corps, dans lequel les conditions primitives du mouvement ont disparu par les résistances qu'il éprouve, est périodique comme les forces qui l'animent; l'état de l'océan doit donc redevenir le même, à chaque intervalle d'un demi-jour, en sorte qu'il y a un flux et un reflux dans cet intervalle.

La loi suivant laquelle la mer s'élève et s'abaisse, peut se déterminer ainsi. Concevons un cercle vertical dont la circonférence représente un demi-jour, et dont le diamètre soit égal à la marée totale, c'est-à-dire, à la différence des hauteurs de la pleine et de la basse mer; supposons que les arcs de cette circonférence, à partir du point le plus bas, expriment les temps écoulés depuis la basse mer; les sinus verses de ces arcs seront les hauteurs de la mer, qui correspondent à ces temps : ainsi la mér en s'élevant, baigne en temps égal, des arcs égaux de cette circonférence.

Cette loi s'observe exactement au milieu d'une mer libre de tous côtés; mais dans nos ports, les circonstances locales en écartent un peu les marées : la mer y emploie un peu plus de temps à descendre qu'à monter; et à Brest, la différence de ces deux temps est d'environ dix minutes et demie.

Plus une mer est vaste, plus les phénomènes des marées doivent être sensibles. Dans une masse fluide, les impressions que reçoit chaque molécule, se communiquent à la masse entière; c'est par-là que l'action du soleil, qui est insensible sur une molécule isolée, produit sur l'océan, des effets remarquables. Imaginons un canal courbé sur le fond de la mer, et terminé à l'une de ses extrémités, par un tube vertical qui s'élève au-dessus de sa surface, et dont le prolongement passe par le centre du soleil. L'eau s'élèvera dans ce tube, par l'action directe de l'astre qui diminue la pesanteur de ses molécules, et sur-tout par la pression des molécules renfermées dans le canal, et qui toutes font un effort pour se réunir au-dessous du soleil. L'élévation de l'eau dans le tube, au-dessus du niveau naturel de la mer, est l'intégrale de ces efforts infiniment petits : si la longueur du canal augmente, cette intégrale sera plus grande, parce qu'elle s'étendra sur un plus long espace, et parce qu'il y aura plus de différence dans la direction et dans la quantité des forces dont les molécules extrêmes seront animées. On voit par cet exemple, l'influence de l'étendue des mers sur les phénomènes des marées, et la raison pour laquelle le flux et le reflux sont insensibles dans les petites mers, telles que la mer Noire et la mer Caspienne.

La grandeur des marées dépend beaucoup des circonstances locales : les ondulations de la mer, resserrées dans un détroit, peuvent devenir fort grandes; la réflexion des eaux par les côtes opposées, peut les augmenter encore. C'est ainsi que les marées généralement fort petites dans les îles de la mer du Sud, sont très-considérables dans nos ports.

Si l'océan recouvroit un sphéroïde de révolution, et s'il n'éprouvoit dans ses mouvemens, aucune résistance; l'instant de la pleine mer seroit celui du passage du soleil au méridien supérieur ou inférieur; mais il n'en est pas ainsi dans la nature, et les circonstances locales font varier considérablement l'heure des marées, dans des ports même fort voisins. Pour avoir une juste idée de ces variétés, imaginons un large canal communiquant avec la mer, et s'avançant fort loin dans les terres : il est visible que les ondulations qui ont lieu à son embouchure, se propageront successivement dans toute sa longueur, en sorte que la figure de sa surface sera formée d'une suite de grandes ondes en mouvement, qui se renouvelleront sans cesse, et qui parcourront leur longueur, dans l'intervalle d'un demi-jour. Ces ondes produiront à chaque point du canal, un flux et un reflux qui suivront les loix précédentes; mais les heures du flux retarderont, à mesure que les points seront plus éloignés de l'embouchure. Ce que nous disons d'un canal, peut s'appliquer aux fleuves dont la surface s'élève et s'abaisse par des ondes semblables, malgré le mouvement contraire de leurs eaux. On observe ces ondes, dans toutes les rivières près de leur embouchure : elles se propagent fort loin dans les grands fleuves; et au détroit de Pauxis dans la rivière des Amazones, à quatre-vingts myriamètres de la mer, elles sont encore sensibles.

Considérons présentement l'action de la lune, et supposons que cet astre se meut uniformément dans le plan de l'équateur. Il est clair qu'il doit exciter dans l'océan, un flux et un reflux semblable à celui qui résulte de l'action du soleil, et dont la période est d'un demi-jour lunaire; or on a vu dans le livre précédent, que le mouvement total d'un système agité par de très-petites forces, est la somme des mouvemens partiels que chaque force lui eût imprimés séparément; les deux flux partiels produits par les actions du soleil et de la lune, se combinent donc sans se troubler, et de leur combinaison, résulte le flux que nous observons dans nos ports.

De-là naissent les phénomènes les plus remarquables des marées. L'instant de la marée lunaire n'est pas toujours le même que celui de la marée solaire, puisque leurs périodes sont différentes. Si deux de ces marées coïncident; la marée lunaire suivante retardera sur la marée solaire, de l'excès d'un demi-jour lunaire sur un demi-jour

solaire, c'est-à-dire, de 1752″,5. Ces retards s'accumulant de jour
en jour; la pleine mer lunaire finira par coïncider avec la basse
mer solaire, et réciproquement. Lorsque les deux marées lunaire
et solaire coïncident, la marée composée est la plus grande; ce qui
produit les grandes marées vers les sysigies. La marée composée
est la plus petite, quand la pleine mer relative à l'un des astres,
coïncide avec la basse mer relative à l'autre; ce qui produit les
petites marées vers les quadratures. Si la marée solaire l'emportoit
sur la marée lunaire; il est visible que les heures de la plus grande
et de la plus petite marée composée, coïncideroient avec l'heure à
laquelle la marée solaire arriveroit, si elle existoit seule. Mais si la
marée lunaire l'emporte sur la marée solaire; alors, la plus petite
marée composée coïncide avec la basse mer solaire, et par conséquent, son heure est à un quart de jour d'intervalle, de l'heure de
la plus grande marée composée. Voilà donc un moyen simple de
reconnoître si la marée lunaire est plus grande ou moindre que la
marée solaire. Toutes les observations concourent à faire voir que
l'heure des plus petites marées diffère d'un quart de jour, de celle
des plus grandes marées : ainsi, la marée lunaire l'emporte sur la
marée solaire.

On a vu dans le premier livre, que la valeur moyenne de la plus
grande marée totale de chaque mois, est de 5me,888, et que la valeur
moyenne de la plus petite, est de 2me,789. Il est aisé d'en conclure
après les réductions convenables, que la marée moyenne lunaire,
celle qui répond à la partie constante de la parallaxe de la lune, est
trois fois plus petite que la marée moyenne solaire, ou, ce qui
revient au même, que l'action de la lune pour soulever les eaux de
la mer, est triple de celle du soleil.

La grandeur des variations des marées totales près de leur
maximum et de leur *minimum*, est exactement la même par la
théorie de la pesanteur, que suivant les observations. Leur accroissement en s'éloignant du *minimum*, est double de leur diminution
en s'éloignant du *maximum*, comme les observations l'indiquent.

Puisque la marée lunaire l'emporte sur la marée solaire; la marée
composée doit se régler principalement sur la marée lunaire, et dans
un temps donné, il doit y avoir autant de marées, que de passages de

la lune au méridien supérieur ou inférieur ; ce qui est conforme à ce que l'on observe. Mais l'instant de la marée composée doit osciller autour de l'instant de la marée lunaire, suivant une loi dépendante des phases de la lune, et du rapport de son action à celle du soleil. Le premier de ces instans précède le second, depuis la plus grande jusqu'à la plus petite marée ; il le suit depuis la plus petite jusqu'à la plus grande marée ; en sorte que l'heure moyenne de la marée composée, étant la même que celle de la marée lunaire, le retard moyen des marées d'un jour à l'autre, est de 3505″.

Suivant la théorie, comme par les observations, le retard des marées varie ainsi que leur hauteur, avec les phases de la lune. Le plus petit retard coïncide avec la plus grande hauteur : le plus grand retard coïncide avec la plus petite hauteur, et par un accord remarquable, la théorie donne pour ces retards d'un jour à l'autre, 2705″ et 5207″, les mêmes qui résultent des observations. Cet accord prouve à-la-fois la vérité de cette théorie, et l'exactitude du rapport supposé entre les actions de la lune et du soleil. En changeant un peu ce rapport, il seroit fort éloigné de satisfaire aux observations des hauteurs et des intervalles des marées, qui le donnent par conséquent, avec beaucoup de précision.

On doit faire ici une remarque importante, de laquelle dépend l'explication de plusieurs phénomènes des marées. Si le sphéroïde que recouvre la mer, étoit un solide de révolution ; les marées partielles auroient lieu à l'instant du passage de leurs astres respectifs au méridien ; ainsi, quand la sysigie arriveroit à midi, les deux marées lunaire et solaire coïncideroient avec cet instant qui seroit celui de la plus grande marée composée. Cette plus grande marée auroit encore lieu, le jour même de la sysigie ; si les deux marées partielles suivoient à très-peu près du même intervalle, les passages au méridien, des astres qui les produisent. Mais le mouvement journalier de la lune dans son orbite, étant considérable ; la rapidité de ce mouvement, peut influer sensiblement sur l'intervalle dont cet astre précède le flux lunaire.

Nous aurons une juste idée de ce phénomène, en imaginant comme ci-dessus, un vaste canal communiquant avec la mer, et s'avançant fort loin dans les terres, sous le méridien de son embouchure. Si l'on suppose qu'à cette embouchure, la pleine mer a lieu à l'instant même du passage de l'astre au méridien, et qu'elle emploie vingt-une heures à parvenir à son extrémité; il est visible qu'à ce dernier point, la marée solaire suivra d'une heure, le passage de cet astre au méridien : mais deux jours lunaires formant $2^{j},070$ solaires, le flux lunaire ne suivra que de 30', le passage de la lune au méridien; en sorte qu'il y aura 70' de différence, entre les intervalles dont les flux lunaire et solaire suivront les passages de leurs astres respectifs, au méridien.

Il suit de-là que le *maximum* et le *minimum* de la marée, n'ont point lieu aux jours même de la sysigie et de la quadrature, mais un ou deux jours après, quand l'intervalle dont la marée lunaire suit le passage de la lune au méridien, ajouté à l'intervalle dont la lune suit le soleil au méridien, est égal à l'intervalle dont la marée solaire suit le passage du soleil au méridien; car alors, les deux marées coïncident. Ainsi dans l'exemple précédent, ce *maximum* et ce *minimum* qui, à l'embouchure du canal, ont lieu aux jours même de la sysigie et de la quadrature, n'arrivent à son extrémité, que vingt-une heures après.

J'ai trouvé par la comparaison d'un grand nombre d'observations et par diverses méthodes, qu'à Brest, l'intervalle dont la plus grande marée suit la sysigie, est à fort peu près d'un jour et demi. Il en résulte que dans ce port, la marée solaire suit de 18358″, le passage du soleil au méridien, et que la marée lunaire suit de 13101″, le passage de la lune au méridien. Les heures des marées à Brest sont donc les mêmes qu'à l'extrémité d'un canal qui communiqueroit avec la mer; en concevant qu'à son embouchure, les marées partielles ont lieu à l'instant même du passage des astres au méridien, et qu'elles emploient un jour et demi, à parvenir à son extrémité supposée de 18358″, plus orientale que son embouchure. En général, l'observation et la théorie m'ont conduit à regarder chacun de nos ports de France, relativement aux marées, comme l'extrémité d'un canal à l'embouchure duquel les marées partielles ont lieu à l'instant même du passage des astres au méridien, et se transmettent dans un jour et demi, à son extrémité supposée plus

orientale que son embouchure, d'une quantité très-différente pour
les différens ports.

On peut observer que la différence des intervalles dont les marées
partielles suivent le passage des astres qui les produisent, au méridien, ne change point les phénomènes du flux et du reflux. Pour
un système d'astres mus uniformément dans le plan de l'équateur,
elle ne fait que reculer d'un jour et demi, les phénomènes calculés
dans l'hypothèse où ces intervalles seroient nuls.

Plusieurs philosophes ont attribué le retard des phénomènes des
marées sur les phases de la lune, au temps que son action emploie
à se transmettre à la terre : mais cette hypothèse ne peut pas subsister avec l'inconcevable activité de la force attractive, activité
dont on verra des preuves à la fin de ce livre. Ce n'est donc point au
temps de cette transmission, mais à celui que les impressions communiquées par les astres à la mer, employent à parvenir dans nos
ports; qu'il faut attribuer ce retard.

La force d'un astre pour soulever une molécule d'eau, placée
entre cet astre, et le centre de la terre, est égale à la différence de
son action sur ce centre, et sur la molécule; et cette différence est
le double du quotient de la masse de l'astre, multipliée par le rayon
terrestre, et divisée par le cube de la distance des centres de l'astre
et de la terre. Ce quotient relativement au soleil, est, par le chapitre v, la cent soixante et dix-neuvième partie de la pesanteur qui
sollicite la lune vers la terre, multipliée par le rapport du rayon
terrestre, à la distance de la lune : cette pesanteur est à très-peu près
égale à la somme des masses de la terre et de la lune, divisée par le
quarré de la distance lunaire; la force du soleil pour soulever les
eaux de la mer, est donc quatre-vingt-neuf fois et demie, moindre
que la somme des masses de la terre et de la lune, multipliée par le
rayon terrestre, et divisée par le cube. de la distance lunaire. Mais
cette force n'est, suivant les observations, que le tiers de la force de
la lune, qui est égale au double de sa masse multipliée par le rayon
terrestre, et divisée par le cube de sa distance; ainsi, la masse de la
lune, est à la somme des masses de la lune et de la terre, comme
5 est à 179; d'où il suit que cette masse est à fort peu près $\frac{1}{58,7}$ de
celle de la terre. Son volume n'étant que $\frac{1}{49,376}$ de celui de la terre;

sa

sa densité est 0,8401, la moyenne densité de la terre, étant prise pour unité ; et le poids 1 sur la terre, transporté à la surface de la lune, se réduiroit à 0,2291.

Cependant, l'irrégularité de la profondeur des mers, qui, comme on vient de le voir, produit une différence sensible dans l'intervalle dont les marées lunaire et solaire, suivent les passages de leurs astres respectifs au méridien, peut encore influer sur le rapport des hauteurs de ces deux marées. Imaginons, en effet, un port situé à la jonction de deux canaux communiquant sous le même méridien avec la mer : supposons de plus, qu'à leur embouchure, la marée partielle de chaque astre arrive à l'instant même de son passage au méridien. La marée dans le port, sera le résultat des marées que chaque canal lui transmet : si la marée employe un jour, à parvenir de la mer au port, par le premier canal, et huit jours et demi, par le second ; la différence de ces intervalles, étant de sept jours et demi, les deux marées solaires de chaque canal, coïncideront dans le port, et la marée solaire composée, sera égale à leur somme. Mais sept jours et demi solaires ne formant que sept jours et un quart lunaires, la pleine marée lunaire du premier canal devra coïncider avec la basse marée lunaire du second ; ainsi la marée lunaire du port, ne sera que la différence des marées lunaires transmises par les deux canaux. En supposant donc qu'aux embouchures, les marées soient proportionnelles aux forces des astres; elles ne le seront plus dans le port où il peut même arriver que la marée lunaire soit plus foible que la marée solaire. Il importe donc, lorsque l'on veut conclure des phénomènes des marées, le rapport des forces du soleil et de la lune, de s'assurer que les marées observées sont dans le rapport de ces forces. L'analyse fournit pour cet objet, différens moyens : en les appliquant aux observations faites à Brest, j'ai reconnu que cette proportion avoit lieu d'une manière très-approchée ; ainsi, la valeur que nous venons d'assigner à la masse de la lune, doit très-peu différer de la véritable.

Jusqu'ici, nous avons supposé le soleil et la lune mus d'une manière uniforme, dans le plan de l'équateur : faisons présentement varier leurs mouvemens et leurs distances au centre de la terre. En développant les expressions de leur action sur la mer,

K k

on peut en représenter chaque terme, par l'action d'un astre mû
circulairement et uniformément autour de la terre; il est donc
facile par les principes que nous venons d'exposer, de déterminer
le flux et reflux de la mer, correspondans aux diverses inégalités
du soleil et de la lune. En soumettant ainsi à l'analyse, les phénomènes des marées; on trouve que les marées produites par le soleil
et la lune, augmentent en raison inverse du cube de leurs distances;
les marées doivent donc, toutes choses égales d'ailleurs, croître
dans le périgée de la lune, et diminuer dans son apogée. Ce phénomène est très-sensible à Brest : la comparaison des observations m'a
fait voir qu'à cent secondes de variation dans le demi-diamètre de
la lune, répond un demi-mètre de variation dans la marée totale,
quand la lune est dans l'équateur; et ce résultat de l'observation est
tellement conforme à celui de la théorie, que l'on auroit pu déterminer par ce moyen, la loi de l'action de la lune sur la mer, relative
à sa distance.

Les variations de la distance du soleil à la terre, sont sensibles
sur les hauteurs des marées, mais beaucoup moins que celles de la
distance de la lune; parce que, son action pour élever les eaux de
la mer, est trois fois plus petite, et sa distance à la terre varie
dans un moindre rapport. Ce résultat de la théorie est conforme
aux observations.

L'action de la lune étant plus grande, et son mouvement étant
plus rapide, lorsqu'elle est plus près de la terre; la marée composée
dans les sysigies périgées, doit se rapprocher de la marée lunaire
qui doit se rapprocher elle-même, du passage de la lune au méridien; car on vient de voir que la marée partielle se rapproche
d'autant plus de l'astre qui la cause, que son mouvement est plus
rapide. Les marées périgées du jour de la sygigie doivent donc
avancer, et les marées apogées doivent retarder. On a vu dans le
premier livre, que suivant les observations, chaque minute d'accroissement ou de diminution dans le demi-diamètre lunaire, fait
avancer ou retarder la pleine mer, de 354″, et c'est à fort peu près,
ce qui résulte de la théorie.

La parallaxe de la lune influe encore sur l'intervalle de deux
marées consécutives du matin ou du soir, vers les sysigies, ou dans

le voisinage du *maximum* des marées. Suivant la théorie, une minute de variation dans le demi-diamètre de la lune, fait varier cet intervalle, de 258″, exactement comme par les observations.

Ce phénomène a également lieu dans les quadratures; mais la théorie fait voir qu'il y est trois fois moindre que dans les sysigies, et c'est ce que les observations confirment. Pour en concevoir la raison; il faut considérer que le retard journalier de la marée lunaire augmente, quand le mouvement de la lune est plus rapide, comme cela a lieu dans le périgée; et que le retard des marées à leur *maximum*, augmente et se rapproche du retard journalier de la marée lunaire, quand la force lunaire augmente; ces deux causes concourent donc à augmenter l'intervalle des marées sysigies périgées. Dans les quadratures, quand la force lunaire augmente, le retard journalier de la marée diminue, en se rapprochant du retard de la marée lunaire; ainsi l'intervalle des marées augmente par la rapidité du mouvement de la lune périgée, et diminue par l'accroissement de la force lunaire; les deux causes agissant donc alors en sens contraire, l'accroissement du retard de la marée n'est que l'effet de leur différence, et par cette raison, il est moindre que dans les sysigies.

Après avoir développé la théorie du flux et du reflux de la mer, en supposant le soleil et la lune mus dans le plan de l'équateur; nous allons considérer les mouvemens de ces astres, tels qu'ils sont dans la nature : nous verrons naître de leurs déclinaisons, de nouveaux phénomènes qui comparés aux observations, confirmeront de plus en plus la théorie précédente.

Ce cas général peut encore se ramener à celui de plusieurs astres mus uniformément dans le plan de l'équateur; mais il faut donner à ces astres, des mouvemens très-différens dans leurs orbites. Les uns s'y meuvent avec lenteur; ils produisent un flux et un reflux dont la période est d'un demi-jour : d'autres ont un mouvement de révolution à-peu-près égal à la moitié du mouvement de rotation de la terre, et ils produisent un flux et un reflux dont la période est d'environ un jour : d'autres enfin ont un mouvement de révolution à-peu-près égal au mouvement de rotation de la terre; ils produisent un flux et un reflux dont les périodes sont d'un mois et d'une année. Examinons ces trois espèces de marées.

La première renferme non-seulement les oscillations que nous venons de considérer, et qui dépendent des mouvemens du soleil et de la lune, et des variations de leurs distances à la terre; mais d'autres encore dépendantes de leurs déclinaisons. En soumettant celles-ci à l'analyse; on trouve que les marées totales des sysigies des équinoxes, sont plus grandes que celles des sysigies des solstices, dans le rapport du rayon, au quarré du cosinus de la déclinaison du soleil ou de la lune vers les solstices : on trouve de plus, que les marées totales des quadratures des solstices surpassent celles des quadratures des équinoxes, dans un plus grand rapport que celui du rayon, au quarré du cosinus de la déclinaison de la lune, vers les quadratures des équinoxes. Ces résultats de la théorie sont confirmés par toutes les observations qui ne laissent aucun doute sur l'affoiblissement de l'action des astres, à mesure qu'ils s'éloignent de l'équateur.

Les déclinaisons du soleil et de la lune sont sensibles même sur les loix de la diminution et de l'accroissement des marées, en partant du *maximum* et du *minimum*. Leur diminution est suivant les observations, comme par la théorie, d'environ un tiers, plus rapide dans les sysigies des équinoxes, que dans les sysigies des solstices; leur accroissement est suivant les observations, et par la théorie, environ deux fois plus rapide dans les quadratures des équinoxes, que dans les quadratures des solstices.

La position des nœuds de l'orbite lunaire, est pareillement sensible sur les hauteurs des marées, par son influence sur les déclinaisons de la lune.

Le mouvement de cet astre en ascension droite, plus prompt dans les solstices que dans les équinoxes, doit rapprocher la marée lunaire, du passage de l'astre au méridien; l'heure des marées sysigies équinoxiales doit donc retarder sur l'heure des marées sysigies solsticiales. Par la même raison, l'heure des marées des quadratures des solstices, doit retarder sur celle des marées des quadratures des équinoxes; et la théorie donne ce retard environ quadruple du premier.

Les déclinaisons du soleil et de la lune influent encore sur le retard journalier des marées des équinoxes et des solstices ; il doit être plus grand vers les sysigies des solstices, que vers les sysigies des équinoxes ; plus grand encore vers les quadratures des équinoxes, que vers les quadratures des solstices, et dans ce second cas, la différence des retards est quatre fois plus grande que dans le premier cas. Les observations confirment avec une précision remarquable, ces divers résultats de la théorie.

Les marées de la seconde espèce, dont la période est d'un jour, sont proportionnelles au produit du sinus, par le cosinus de la déclinaison des astres : elles sont nulles, quand les astres sont dans l'équateur, et elles croissent à mesure qu'ils s'en éloignent. En se combinant avec les marées de la première espèce ; elles rendent inégales, les deux marées d'un même jour. C'est par cette cause, que la marée du matin, à Brest, est d'environ $0^{me},183$, plus grande que celle du soir, vers les sysigies du solstice d'hiver, et plus petite de la même quantité, vers les sysigies du solstice d'été, comme on l'a vu dans le premier livre. La même cause rend encore la marée du matin, plus grande que celle du soir, de $0^{me},136$, vers les quadratures de l'équinoxe d'automne, et plus petite de la même quantité, vers les quadratures de l'équinoxe du printemps.

En général, les marées de la seconde espèce, sont peu considérables dans nos ports ; leur grandeur est une arbitraire dépendante des circonstances locales qui peuvent les augmenter et diminuer en même-temps les marées de la première espèce, jusqu'à les rendre insensibles. Imaginons en effet, un large canal communiquant par ses deux extrémités, avec l'océan : la marée dans un port situé sur la rive de ce canal, sera le résultat des ondulations transmises par ses deux embouchures ; or il peut arriver qu'à raison de la situation du port, les ondulations de la première espèce y parviennent dans des temps tels que le *maximum* des unes coïncide avec le *minimum* des autres ; et si d'ailleurs, elles sont égales entr'elles, il est clair qu'il n'y aura point de flux et de reflux dans le port, en vertu de ces ondulations. Mais il y aura un flux produit par les ondulations de la seconde espèce, qui ayant une période deux fois plus longue, ne se correspondront point de manière que le *maximum* de celles qui viennent par une embouchure, coïncide avec le *minimum* de celles qui arrivent par l'autre embouchure. Dans ce cas, il n'y aura point de flux et de reflux, quand le soleil et la lune seront dans le plan de l'équateur; mais la marée deviendra sensible, lorsque la lune s'éloignera de ce plan, et alors, il n'y aura qu'un flux et un reflux par jour lunaire, en sorte que si le flux arrive au coucher de la lune, le reflux arrivera à son lever. Ce singulier phénomène a été observé à Batsha, port du royaume de Tunquin, et dans quelques autres lieux. Il est vraisemblable que des observations faites dans les divers ports de la terre, offriroient toutes les variétés intermédiaires entre les marées de Batsha et celles de nos ports.

Considérons enfin les marées de la troisième espèce, dont les périodes sont fort longues et indépendantes de la rotation de la terre. Si les durées de ces périodes, étoient infinies; ces marées n'auroient d'autre effet, que de changer la figure permanente de la mer qui parviendroit bientôt à l'état d'équilibre, dû aux forces qui les produisent. Mais il est visible que la longueur de ces périodes doit rendre l'effet de ces marées, à très-peu près le même que dans le cas où elle seroit infinie; on peut donc considérer la mer, comme étant sans cesse en équilibre sous l'action des astres fictifs qui produisent les marées de la troisième espèce, et les déterminer dans cette hypothèse. Ces marées sont très-petites; elles sont cependant sensibles à Brest, et conformes au résultat du calcul.

Je suis entré dans un long détail, sur le flux et le reflux de la mer; parce qu'il est le résultat des attractions célestes, le plus près de nous, le plus sensible, et l'un des plus dignes de l'attention des observateurs .On voit par l'exposé que je viens d'en faire, l'accord de la théorie fondée sur la loi de la pesanteur universelle, avec les phénomènes des hauteurs et des intervalles des marées. Si la terre n'avoit point de satellite, et si son orbe étoit circulaire et situé dans le plan de l'équateur; nous n'aurions pour reconnoître l'action du soleil sur l'océan, que l'heure toujours la même, de la pleine mer, et la loi de sa formation. Mais l'action de la lune, en se combinant avec celle du soleil, produit dans les marées, des variétés relatives à ses phases, et dont l'accord avec les observations, ajoute une grande probabilité à la théorie de la pesanteur. Toutes les inégalités

du mouvement, de la déclinaison et de la distance de ces deux astres,
donnent naissance à un grand nombre de phénomènes que l'observation a fait reconnoître, et qui mettent cette théorie, hors d'atteinte : c'est ainsi que les variétés dans l'action des causes, en
établissent l'existence. L'action du soleil et de la lune sur la mer,
suite nécessaire de l'attraction universelle démontrée par tous les
phénomènes célestes, étant confirmée directement par les phénomènes des marées ; elle ne doit laisser aucun doute. Elle est portée
maintenant à un tel degré d'évidence, qu'il existe sur cet objet, un
accord unanime entre les savans instruits de ces phénomènes, et
suffisamment versés dans la géométrie et dans la mécanique, pour
en saisir les rapports avec la loi de la pesanteur. Une longue suite
d'observations encore plus précises que celles qui ont été faites, et
continuées pendant une période du mouvement des nœuds de l'orbe
lunaire, rectifiera les élémens déjà connus, fixera la valeur de ceux
qui sont incertains, et développera des phénomènes jusqu'ici enve-
loppés dans les erreurs des observations. Les marées ne sont pas
moins intéressantes à connoître, que les inégalités des mouvemens
célestes. On a négligé de les suivre avec une exactitude convenable,
à cause des irrégularités qu'elles présentent : mais je puis assurer
d'après un mûr examen, que ces irrégularités disparoissent en
multipliant les observations ; leur nombre ne doit pas même être
pour cela, fort considérable à Brest dont la position est très-favo-
rable à l'observation de ces phénomènes.

Il me reste à parler de la méthode de déterminer l'heure de la
marée, à un jour quelconque. Rappelons-nous que chacun de nos
ports peut être considéré comme étant à l'extrémité d'un canal à
l'embouchure duquel les marées partielles arrivent au moment
même du passage des astres au méridien, et emploient un jour et
demi, à parvenir à son extrémité supposée plus orientale que son
embouchure, d'un certain nombre d'heures : ce nombre est ce que
je nomme *heure fondamentale* du port. On peut facilement la conclure de l'heure de l'établissement du port, en considérant que
celle-ci est l'heure de la marée, lorsqu'elle coïncide avec la sysigie.
Le retard des marées d'un jour à l'autre, étant alors de 2705″, ce
retard sera de 3951″ pour un jour et demi; c'est la quantité qu'il faut

ajouter à l'heure de l'établissement, pour avoir l'heure fondamentale. Maintenant, si l'on augmente les heures des marées à l'embouchure, de quinze heures plus l'heure fondamentale ; on aura les heures des marées correspondantes dans le port. Ainsi, le problême se réduit à déterminer les heures des marées dans un lieu dont la longitude est connue, en supposant que les marées partielles arrivent à l'instant du passage des astres au méridien. L'analyse donne pour cet objet, des formules très-simples, faciles à réduire en tables qu'il seroit utile d'insérer dans les éphémérides destinées aux navigateurs.

CHAPITRE

CHAPITRE XI.

De la stabilité de l'équilibre des mers.

Plusieurs causes irrégulières, telles que les vents et les tremble-
mens de terre, agitent la mer, la soulèvent à de grandes hauteurs,
et la font quelquefois sortir de ses limites. Cependant, l'observation
nous montre qu'elle tend à reprendre son état d'équilibre, et que
les frottemens et les résistances de tout genre, finiroient bientôt par
l'y ramener, sans l'action du soleil et de la lune. Cette tendance
constitue l'équilibre *ferme* ou *stable*, dont on a parlé dans le troisième livre. On a vu que la stabilité de l'équilibre d'un systême de
corps peut être absolue, ou avoir lieu, quel que soit le petit dérangement qu'il éprouve; elle peut n'être que relative, et dépendre de la
nature de son ébranlement primitif. De quelle espèce est la stabilité
de l'équilibre des mers ? C'est ce que les observations ne peuvent pas
nous apprendre avec une entière certitude ; car, quoique dans la
variété presque infinie des ébranlemens que l'océan éprouve par
l'action des causes irrégulières, il paroisse toujours tendre vers son
état d'équilibre ; on peut craindre cependant, qu'une cause extraordinaire ne vienne à lui communiquer un ébranlement qui peu considérable dans son origine, augmente de plus en plus, et l'élève
au-dessus des plus hautes montagnes ; ce qui expliqueroit plusieurs
phénomènes d'histoire naturelle. Il est donc intéressant de rechercher les conditions nécessaires à la stabilité absolue de l'équilibre
des mers, et d'examiner si ces conditions ont lieu dans la nature.
En soumettant cet objet, à l'analyse ; je me suis assuré que l'équilibre de l'océan est stable, si sa densité est moindre que la moyenne
densité de la terre, ce qui est fort vraisemblable ; car il est naturel
de penser que ses couches sont d'autant plus denses, qu'elles sont
plus voisines de son centre. On a vu d'ailleurs que cela est prouvé

Ll

par les mesures du pendule et des degrés des méridiens, et par l'attraction observée des montagnes. La mer est donc dans un état ferme d'équilibre ; et si, comme il est difficile d'en douter, elle a recouvert autrefois, des continens aujourd'hui fort élevés au-dessus de son niveau ; il faut en chercher la cause, ailleurs que dans le défaut de stabilité de son équilibre. L'analyse m'a fait voir encore, que cette stabilité cesseroit d'avoir lieu, si la moyenne densité de la mer, surpassoit celle de la terre ; en sorte que la stabilité de l'équilibre de l'océan, et l'excès de la densité du globe terrestre, sur celle des eaux qui le recouvrent, sont liés réciproquement, l'un à l'autre.

CHAPITRE XII.

Des oscillations de l'atmosphère.

POUR arriver à l'océan, l'action du soleil et de la lune traverse l'atmosphère qui doit par conséquent, en éprouver l'influence, et être assujettie à des mouvemens semblables à ceux de la mer. De-là résultent des vents, et des oscillations dans le baromètre, dont les périodes sont les mêmes que celles du flux et du reflux. Mais ces vents sont peu considérables et presque insensibles dans une atmosphère d'ailleurs fort agitée : l'étendue des oscillations du baromètre n'est pas d'un millimètre, à l'équateur même où elle est la plus grande. Cependant, comme les circonstances locales augmentent considérablement les oscillations de la mer ; elles peuvent également accroître les oscillations du baromètre dont l'observation suivie sous ce rapport, mérite l'attention des physiciens.

Nous remarquerons ici, que l'attraction du soleil et de la lune ne produit ni dans la mer, ni dans l'atmosphère, aucun mouvement constant d'orient en occident ; celui que l'on observe dans l'atmosphère entre les tropiques, sous le nom de *vents alisés*, a donc une autre cause : voici la plus vraisemblable.

Le soleil que nous supposons pour plus de simplicité, dans le plan de l'équateur, y raréfie par sa chaleur, les colonnes d'air, et les élève au-dessus de leur véritable niveau ; elles doivent donc retomber par leur poids, et se porter vers les pôles, dans la partie supérieure de l'atmosphère : mais en même temps, il doit survenir dans la partie inférieure, un nouvel air frais qui arrivant des climats situés vers les pôles, remplace celui qui a été raréfié à l'équateur. Il s'établit ainsi deux courans d'air opposés, l'un dans la partie inférieure, et l'autre, dans la partie supérieure de l'atmosphère ; or la vîtesse réelle de l'air due à la rotation de la terre, est d'autant moindre, qu'il est plus près du pôle; il doit donc, en s'avançant vers l'équateur, tourner plus lentement que les parties correspondantes de la terre; et les corps placés à la surface terrestre, doivent le frapper avec l'excès de leur vîtesse, et en éprouver par sa réaction, une résistance contraire à leur mouvement de rotation. Ainsi, pour l'observateur qui se croit immobile, l'air paroît souffler dans un sens opposé à celui de la rotation de la terre, c'est-à-dire, d'orient en occident : c'est en effet, la direction des vents alisés.

Si l'on considère toutes les causes qui troublent l'équilibre de l'atmosphère; sa grande mobilité due à sa fluidité et à son ressort; l'influence du froid et de la chaleur sur son élasticité; l'immense quantité de vapeurs dont elle se charge et se décharge alternative-ment; enfin les changemens que la rotation de la terre produit dans la vîtesse relative de ses molécules, par cela seul qu'elles se dépla-cent dans le sens des méridiens; on ne sera point étonné de l'incons-tance et de la variété de ses mouvemens qu'il sera très-difficile d'assujétir à des loix certaines.

CHAPITRE XIII.

De la précession des équinoxes, et de la nutation de l'axe de la terre.

Tout est lié dans la nature, et ses loix générales enchaînent les uns aux autres, les phénomènes qui semblent le plus disparates : ainsi, la rotation du sphéroïde terrestre l'applatit à ses pôles ; et cet applatissement combiné avec l'action du soleil et de la lune, donne naissance à la précession des équinoxes, qui, avant la découverte de la pesanteur universelle, ne paroissoit avoir aucun rapport au mouvement diurne de la terre.

Imaginons que cette planète soit un sphéroïde homogène renflé à son équateur : on peut alors la considérer comme étant formée d'une sphère d'un diamètre égal à l'axe des pôles, et d'un ménisque qui recouvre cette sphère, et dont la plus grande épaisseur est à l'équateur du sphéroïde. Les molécules de ce ménisque peuvent être regardées comme autant de petites lunes adhérentes entr'elles, et faisant leurs révolutions dans un temps égal à celui de la rotation de la terre ; les nœuds de toutes leurs orbites doivent donc rétro-grader par l'action du soleil, comme les nœuds de l'orbe lunaire ; et de ces mouvemens rétrogrades, il doit se composer, en vertu de la liaison de tous ces corps, un mouvement dans le ménisque, qui fait rétrograder ses points d'intersection avec l'écliptique : mais ce ménisque adhérant à la sphère qu'il recouvre, partage avec elle son mouvement rétrograde qui, par-là, est considérablement ralenti; l'intersection de l'équateur avec l'écliptique, c'est-à-dire, les équi-noxes doivent donc, par l'action du soleil, avoir un mouvement rétrograde. Essayons d'en approfondir les loix et la cause.

Pour cela, considérons l'action du soleil sur un anneau situé dans le plan de l'équateur. Si l'on imagine la masse de cet astre, distribuée uniformément sur la circonférence de son orbe supposé circulaire ; il est visible que l'action de cet orbe solide représentera l'action moyenne du soleil. Cette action sur chacun des points de l'anneau, élevés au-dessus de l'écliptique, étant décomposée en deux, l'une située dans le plan de l'anneau, et l'autre perpendiculaire à ce plan ; il est facile de voir que la résultante de ces dernières actions relatives à tous ces points, est perpendiculaire au même plan, et placée sur le diamètre de l'anneau, perpendiculaire à la ligne de ses nœuds. L'action de l'orbe solaire sur la partie de l'anneau, inférieure à l'écliptique, produit semblablement une résultante perpendiculaire au plan de l'anneau, et située dans la partie inférieure du même diamètre. Ces deux résultantes tendent à rapprocher l'anneau de l'écliptique, en le faisant mouvoir sur la ligne de ses nœuds ; son inclinaison à l'écliptique diminueroit donc par l'action moyenne du soleil, et ses nœuds seroient fixes, sans le mouvement de rotation de l'anneau que nous supposons ici tourner en même temps que la terre. Mais ce mouvement conserve à l'anneau, une inclinaison constante à l'écliptique, et change l'effet de l'action du soleil, dans un mouvement rétrograde des nœuds : il fait passer à ces nœuds, une variation qui, sans lui, seroit dans l'inclinaison ; et il donne à l'inclinaison, la constance qui seroit dans les nœuds. Pour concevoir la raison de ce singulier changement, faisons varier infiniment peu la situation de l'anneau, de manière que les plans de ses deux positions se coupent suivant le diamètre perpendiculaire à la ligne des nœuds. On peut décomposer à la fin d'un instant quelconque, le mouvement de chacun de ses points, en deux, l'un qui doit subsister seul, dans l'instant suivant ; l'autre perpendiculaire au plan de l'anneau, et qui doit être détruit : il est clair que la résultante de ces seconds mouvemens relatifs à tous les points de la partie supérieure de l'anneau, sera perpendiculaire à son plan, et placée sur le diamètre que nous venons de considérer ; ce qui a également lieu par rapport à la partie inférieure de l'anneau. Pour que cette résultante soit détruite par l'action de l'orbe solaire, et afin que l'anneau, en vertu de ces forces, soit en équilibre autour de son centre ; il faut qu'elles soient contraires, et que leurs momens par rapport à ce point, soient égaux. La première de ces conditions

exige que le changement de position supposé à l'anneau, soit rétrograde; la seconde condition détermine la quantité de ce changement,
et par conséquent la vîtesse du mouvement rétrograde de ses nœuds.
Il est aisé de voir que cette vîtesse est proportionnelle à la masse
du soleil, divisée par le cube de sa distance à la terre, et multipliée
par le cosinus de l'obliquité de l'écliptique.

Les plans de l'anneau, dans deux positions consécutives, se cou-
pant suivant un diamètre perpendiculaire à la ligne des nœuds; il
en résulte que l'inclinaison de ces deux plans à l'écliptique, est
constante; l'inclinaison de l'anneau ne varie donc point par l'action
moyenne du soleil.

Ce que l'on vient de voir relativement à un anneau, l'analyse le
démontre par rapport à un sphéroïde quelconque peu différent
d'une sphère. L'action moyenne du soleil produit dans les équinoxes, un mouvement proportionnel à la masse de cet astre, divisée
par le cube de sa distance, et multipliée par le cosinus de l'obliquité
de l'écliptique. Ce mouvement est rétrograde, quand le sphéroïde
est applati à ses pôles; sa vîtesse dépend de l'applatissement du
sphéroïde; mais l'inclinaison de l'équateur à l'écliptique, reste
toujours la même.

L'action de la lune fait pareillement rétrograder les nœuds de
l'équateur terrestre sur le plan de son orbite; mais la position de
ce plan et son inclinaison à l'équateur variant sans cesse par l'action
du soleil, et le mouvement rétrograde des nœuds de l'équateur sur
l'orbite lunaire, produit par l'action de la lune, étant proportionnel
au cosinus de cette inclinaison; ce mouvement est variable. D'ailleurs, en le supposant uniforme, il feroit varier, suivant la position de l'orbite lunaire, le mouvement rétrograde des équinoxes,
et l'inclinaison de l'équateur à l'écliptique. Un calcul assez simple
suffit pour voir que de l'action de la lune, combinée avec le mouvement du plan de son orbite, il résulte, 1°. un moyen mouvement
dans les équinoxes, égal à celui que cet astre produiroit, s'il se
mouvoit sur le plan même de l'écliptique; 2°. une inégalité soustractive de ce mouvement rétrograde, et proportionnelle au sinus
de la longitude du nœud ascendant de l'orbite lunaire; 3°. une
diminution dans l'obliquité de l'écliptique, proportionnelle au

cosinus du même angle. Ces deux inégalités sont représentées à-la-fois, par le mouvement de l'extrémité de l'axe terrestre prolongé jusqu'au ciel, sur une petite ellipse, conformément aux loix exposées dans le chapitre XI du premier livre; le grand axe de cette ellipse étant à son petit axe, comme le cosinus de l'obliquité de l'écliptique, est au cosinus du double de cette obliquité.

On conçoit, par ce qui vient d'être dit, la cause de la précession des équinoxes et de la nutation de l'astre terrestre; mais un calcul rigoureux, et la comparaison de ses résultats avec les observations, sont la pierre de touche d'une théorie. Celle de la pesanteur est redevable à Dalembert, de l'avantage d'avoir été ainsi vérifiée relativement aux deux phénomènes précédens. Ce grand géomètre a déterminé le premier, par une très-belle analyse, les mouvemens de l'axe de la terre, en supposant aux couches du sphéroïde terrestre, une figure et une densité quelconques; et non-seulement il a trouvé des résultats conformes aux observations; il a de plus fait connoître les vraies dimensions de la petite ellipse que décrit le pôle de la terre, sur lesquelles les observations de Bradley laissoient quelque incertitude.

Les influences d'un astre sur le mouvement de l'axe terrestre et sur celui des mers, sont proportionnelles à la masse de l'astre, divisée par le cube de sa distance à la terre. La nutation de cet axe étant uniquement due à l'action de la lune, tandis que la précession moyenne des équinoxes est le résultat des actions réunies de la lune et du soleil; il est visible que les quantités observées de ces deux phénomènes doivent donner le rapport de ces actions. En supposant avec Bradley, la précession annuelle des équinoxes, de 154″,4, et l'étendue entière de la nutation, égale à 55″,6; on trouve l'action de la lune, à très-peu près double de celle du soleil. Mais une légère différence dans l'étendue de la nutation, en produit une considérable dans le rapport des actions de ces deux astres; et pour égaler ce rapport à trois, conformément à toutes les observations des marées, il suffit de porter l'étendue entière de la nutation à 62″,2. Maskeline, en discutant de nouveau, les observations de Bradley, l'a trouvée de 58″,6; ce qui ne diffère que de 3″,6, du résultat donné par les phénomènes du flux et du reflux de la mer. Une aussi

petite

petite différence étant presque insensible par les observations des étoiles, le rapport des deux actions lunaire et solaire est beaucoup mieux déterminé par les marées ; il me paroît donc que l'on doit fixer l'équation de la nutation, à 31″,1 ; celle de la précession, à 58″,2 , et l'équation lunaire des tables du soleil, à 27″,5.

Les phénomènes de la précession et de la nutation, répandent une nouvelle lumière sur la constitution du sphéroïde terrestre ; ils donnent une limite de l'applatissement de la terre supposée elliptique, et il en résulte que cet applatissement n'est pas au-dessus de $\frac{1}{305}$, ce qui est conforme aux expériences du pendule. On a vu dans le chapitre vii, qu'il existe dans l'expression du rayon du sphéroïde terrestre, des termes qui peu sensibles en eux-mêmes et sur la longueur du pendule, écartent très-sensiblement les degrés des méridiens, de la figure elliptique. Ces termes disparoissent entièrement des valeurs de la précession et de la nutation, et c'est pour cela, que ces phénomènes sont d'accord avec les expériences du pendule. L'existence de ces termes concilie donc les observations de la parallaxe lunaire, celles du pendule et des degrés des méridiens, et les phénomènes de la précession et de la nutation.

Quelles que soient la figure et la densité que l'on suppose aux diverses couches de la terre ; qu'elle soit ou non, un solide de révolution, pourvu qu'elle diffère peu d'une sphère ; on peut toujours assigner un solide elliptique de révolution, avec lequel la précession et la nutation seroient les mêmes. Ainsi, dans l'hypothèse de Bouguer, dont on a parlé dans le chapitre vii, et suivant laquelle les accroissemens des degrés sont proportionnels à la quatrième puissance du sinus de la latitude, ces phénomènes sont exactement les mêmes que si la terre étoit un ellipsoïde d'une ellipticité égale à $\frac{1}{183}$, et l'on vient de voir que les observations ne permettent pas de lui supposer une ellipticité plus grande que $\frac{1}{305}$; ces observations concourent donc avec celles du pendule, à faire rejeter cette hypothèse.

On a supposé dans ce qui précède, que la terre est entièrement solide ; mais cette planète étant recouverte en grande partie, par les eaux de la mer, leur action ne doit-elle pas changer les phénomènes de la précession et de la nutation ? c'est ce qu'il importe d'examiner.

M m

Les eaux de la mer cédant en vertu de leur fluidité, aux attractions du soleil et de la lune; il semble au premier coup d'œil, que
leur réaction ne doit point influer sur les mouvemens de l'axe de
la terre : aussi, Dalembert et tous les géomètres qui se sont occupés
après lui, de ces mouvemens, l'ont entièrement négligée; ils sont
même partis de-là, pour concilier les quantités observées de la
précession et de la nutation, avec les mesures des degrés terrestres.
Cependant, un plus profond examen de cette matière nous montre
que la fluidité des eaux n'est pas une raison suffisante pour négliger
leur effet sur la précession des équinoxes; car si d'un côté, elles
obéissent à l'action du soleil et de la lune; d'un autre côté, la
pesanteur les ramène sans cesse vers l'état d'équilibre, et ne leur
permet de faire que de très-petites oscillations; il est donc possible
que par leur attraction et leur pression sur le sphéroïde qu'elles
recouvrent, elles rendent, au moins en partie, à l'axe de la terre,
les mouvemens qu'il en recevroit, si elles venoient à se consolider.
On peut d'ailleurs, s'assurer par un raisonnement fort simple, que
leur réaction est du même ordre que l'action directe du soleil et de
la lune, sur la partie solide de la terre.

Imaginons que cette planète soit homogène et de même densité
que la mer; supposons de plus que les eaux prennent à chaque
instant, la figure qui convient à l'équilibre des forces qui les
animent. Si dans ces hypothèses, la terre devenoit tout-à-coup,
entièrement fluide, elle conserveroit la même figure, et toutes ses
parties se feroient mutuellement équilibre; l'axe de rotation n'auroit donc aucune tendance à se mouvoir, et il est visible que cela
doit subsister encore, dans le cas où une partie de cette masse for-
meroit en se consolidant, le sphéroïde que recouvre la mer. Les
hypothèses précédentes servent de fondement aux théories de
Newton sur la figure de la terre, et sur le flux et le reflux de la
mer : il est assez remarquable, que dans le nombre infini de celles
que l'on peut faire sur les mêmes objets, ce grand géomètre en ait
choisi deux qui ne donnent ni précession, ni nutation; la réaction
des eaux détruisant alors, l'effet de l'action du soleil et de la lune
sur le noyau terrestre, quelle que soit sa figure. Il est vrai que ces
deux hypothèses et sur-tout la dernière ne sont pas conformes à

la nature ; mais on voit *à priori*, que l'effet de la réaction des eaux, quoique différent de celui qui a lieu dans les hypothèses de Newton, est cependant du même ordre.

Les recherches que j'ai faites sur les oscillations de la mer, m'ont donné le moyen de déterminer cet effet de la réaction des eaux, dans les véritables hypothèses de la nature : elles m'ont conduit à ce théorême remarquable, savoir que *quelles que soient la loi de la profondeur de la mer, et la figure du sphéroïde qu'elle recouvre ; les phénomènes de la précession et de la nutation sont les mêmes que si la mer formoit une masse solide, avec ce sphéroïde.*

Si le soleil et la lune agissoient seuls sur la terre, l'inclinaison moyenne de l'écliptique à l'équateur seroit constante ; mais on a vu que l'action des planètes change continuellement la position de l'orbe terrestre, et qu'il en résulte dans son obliquité sur l'équateur, une diminution confirmée par toutes les observations anciennes et modernes. La même cause donne aux équinoxes, un mouvement annuel direct de $0'',5707$; ainsi, la précession annuelle produite par l'action du soleil et de la lune, est diminuée de cette quantité, par l'action des planètes ; et sans cette action, elle seroit de $155'',20$. Ces effets de l'action des planètes sont indépendans de l'applatissement du sphéroïde terrestre ; mais l'action du soleil et de la lune sur ce sphéroïde, doit les modifier et en changer les loix.

Rapportons à un plan fixe, la position de l'orbe de la terre, et le mouvement de son axe de rotation. Il est clair que l'action du soleil produira dans cet axe, en vertu des variations de l'écliptique, un mouvement d'oscillation analogue à la nutation, avec cette différence, que la période de ces variations étant incomparablement plus longue que celle des variations du plan de l'orbe lunaire, l'étendue de l'oscillation correspondante dans l'axe de la terre, est beaucoup plus grande que celle de la nutation. L'action de la lune produit dans ce même axe, une oscillation semblable ; parce que l'inclinaison moyenne de son orbe sur celui de la terre, est constante. Le déplacement de l'écliptique, en se combinant avec l'action du soleil et de la lune sur la terre, produit donc dans son obliquité sur l'équateur, une variation très-différente de ce qu'elle seroit en vertu de ce déplacement seul : l'étendue entière de cette variation seroit par ce déplacement, d'environ douze degrés ; et l'action du soleil et de la lune la réduit à-peu-près à trois degrés.

La variation du mouvement des équinoxes, produite par les mêmes causes, change la durée de l'année tropique dans les différens siècles. Cette durée diminue, quand ce mouvement augmente, ce qui a lieu présentement ; et l'année actuelle est plus courte d'environ 12″, qu'au temps d'Hipparque. Mais cette variation dans la longueur de l'année, a des limites qui sont encore restreintes par l'action du soleil et de la lune sur le sphéroïde terrestre. L'étendue de ces limites seroit d'environ 500″, par le déplacement seul de l'écliptique ; et elle est réduite à 120″, par cette action.

Enfin, le jour lui-même, tel que nous l'avons défini dans le premier livre, est assujéti par le déplacement de l'écliptique, combiné avec l'action du soleil et de la lune, à de très-petites variations indiquées par la théorie, mais qui seront toujours insensibles aux observateurs. Suivant cette théorie, la rotation de la terre est uniforme, et la durée moyenne du jour peut être supposée constante ; résultat très-important pour l'astronomie, puisque cette durée sert de mesure au temps, et aux révolutions des corps célestes. Si elle venoit à changer, on le reconnoîtroit par les durées de ces révolutions qui augmenteroient ou diminueroient proportionnellement ; mais l'action des corps célestes n'y cause aucune altération sensible.

Cependant, on pourroit croire que les vents alisés qui soufflent constamment d'orient en occident entre les tropiques, diminuent la vîtesse de rotation de la terre, par leur action sur les continens et les montagnes. Il est impossible de soumettre cette action à l'analyse ; heureusement, on peut démontrer que son influence sur la rotation de la terre est nulle, au moyen du principe de la conservation des aires, que nous avons exposé dans le troisième livre. Suivant ce principe, la somme de toutes les molécules de la terre, des mers et de l'atmosphère, multipliées respectivement par les aires que décrivent autour du centre de gravité de la terre, leurs rayons vecteurs projetés sur le plan de l'équateur, est constante en temps égal. La chaleur du soleil n'y produit point de changement, puisqu'elle dilate également les corps dans tous les sens; or il est visible que si la rotation de la terre venoit à diminuer, cette somme seroit plus petite; les vents alisés produits par la chaleur solaire n'altèrent donc point cette rotation. Le même raisonnement nous prouve que les courans de la mer ne doivent y apporter aucun changement sensible. Pour en faire varier sensiblement la durée; il faudroit un déplacement considérable dans les parties du sphéroïde terrestre. Ainsi, une grande masse transportée des pôles à l'équateur, rendroit cette durée plus longue; elle deviendroit plus courte, si des corps denses se rapprochoient du centre, ou de l'axe de la terre. Mais nous ne voyons aucune cause qui puisse déplacer à de grandes distances, des masses assez fortes pour qu'il en résulte une variation sensible dans la durée du jour, que tout nous autorise à regarder comme l'un des élémens les plus constans du systême du monde. Il en est de même, des points où l'axe de rotation de la terre rencontre sa surface. Si cette planète tournoit successivement autour de divers diamètres formant entr'eux, des angles considérables; l'équateur et les pôles changeroient de place sur la terre; et les mers, en se portant vers le nouvel équateur, couvriroient et découvriroient alternativement de hautes montagnes. Mais toutes les recherches que j'ai faites sur le déplacement des pôles de rotation, à la surface de la terre, m'ont prouvé qu'il est insensible.

C H A P I T R E   X I V.

De la libration de la lune.

IL nous reste enfin à expliquer la cause de libration de la lune, et
du mouvement des nœuds de son équateur. La lune, en vertu de
son mouvement de rotation, est un peu applatie à ses pôles; mais
l'attraction de la terre a dû alonger son axe dirigé vers cette planète. Si la lune étoit homogène et fluide, elle prendroit pour être
en équilibre, la forme d'un ellipsoïde dont le plus petit axe passeroit par les pôles de rotation; le plus grand axe seroit dirigé vers la
terre, et dans le plan de l'équateur lunaire; et l'axe moyen situé
dans le même plan, seroit perpendiculaire aux deux autres. L'excès
du plus petit sur le plus grand axe, seroit quadruple de l'excès de
l'axe moyen sur le petit axe, et environ $\frac{1}{2,9711}$, le petit axe étant pris
pour unité.

On conçoit aisément que si le grand axe de la lune s'écarte un
peu de la direction du rayon vecteur qui joint son centre à celui de
la terre, l'attraction terrestre tend à le ramener sur ce rayon; de
même que la pesanteur ramène un pendule, vers la verticale. Si le
mouvement de rotation de ce satellite eût été primitivement assez
rapide pour vaincre cette tendance; la durée de sa rotation n'auroit
pas été parfaitement égale à la durée de sa révolution, et leur différence nous eût découvert successivement tous les points de sa surface. Mais dans l'origine, les mouvemens angulaires de rotation et
de révolution de la lune ayant été peu différens; la force avec
laquelle le grand axe de la lune s'éloignoit de son rayon vecteur,
n'a pas suffi pour surmonter la tendance du même axe vers ce
rayon, due à la pesanteur terrestre qui de cette manière, a rendu
ces mouvemens rigoureusement égaux; et de même qu'un pendule
écarté par une très-petite force, de la verticale, y revient sans cesse,

en faisant de chaque côté, de petites oscillations; ainsi, le grand
axe du sphéroïde lunaire doit osciller de chaque côté du rayon
vecteur moyen de son orbite. De-là résulte un mouvement de
libration dont l'étendue dépend de la différence primitive des deux
mouvemens angulaires de rotation et de révolution de la lune.
Cette libration est très-petite ; puisque les observations ne l'ont
point fait reconnoître.

On voit donc que la théorie de la pesanteur explique d'une
manière satisfaisante, l'égalité rigoureuse des deux moyens mouvemens angulaires de rotation et de révolution de la lune. Il seroit
contre toute vraisemblance, de supposer qu'à l'origine, ces deux
mouvemens ont été parfaitement égaux ; mais pour l'explication
de ce phénomène, il suffit que leur différence primitive ait été très-
petite ; et alors, l'attraction de la terre a établi la parfaite égalité
que l'on observe.

Le moyen mouvement de la lune étant assujéti à de grandes inégalités séculaires qui s'élèvent à plusieurs circonférences; il est
clair que, si son moyen mouvement de rotation étoit parfaitement
uniforme, ce satellite, en vertu de ces inégalités, découvriroit successivement à la terre, tous les points de sa surface; son disque
apparent changeroit par des nuances insensibles, à mesure que ces
inégalités se développeroient; les mêmes observateurs le verroient
toujours à très-peu près le même, et il ne paroîtroit sensiblement
différer, qu'à des observateurs séparés par l'intervalle de plusieurs
siècles. Mais la cause qui a établi une parfaite égalité entre les
moyens mouvemens de rotation et de révolution de la lune, ôte
pour jamais aux habitans de la terre, l'espoir de découvrir les
parties de sa surface, opposées à l'hémisphère qu'elle nous présente. L'attraction terrestre, en ramenant sans cesse vers nous, le
grand axe de la lune, fait participer son mouvement de rotation
aux inégalités séculaires de son mouvement de révolution, et
dirige constamment le même hémisphère vers la terre. La même
théorie doit être étendue à tous les satellites dans lesquels on a
observé l'égalité des mouvemens de rotation, et de révolution
autour de leur planète.

Le phénomène singulier de la coïncidence des nœuds de l'équateur

de la lune avec ceux de son orbite, est encore une suite de l'attraction terrestre. C'est ce que Lagrange a fait voir le premier, par une
très-belle analyse qui l'a conduit à une explication complète de
tous les mouvemens observés dans le sphéroïde lunaire. Les plans
de l'équateur et de l'orbite de la lune, et le plan mené par son centre
parallèlement à l'écliptique, ont toujours à fort peu près la même
intersection; les mouvemens séculaires de l'écliptique n'altèrent
ni la coïncidence des nœuds de ces trois plans, ni leur inclinaison
moyenne que l'attraction de la terre maintient constamment la
même.

Observons ici que les phénomènes précédens ne peuvent pas
subsister avec l'hypothèse dans laquelle la lune primitivement
fluide et formée de couches de densités quelconques, auroit pris la
figure qui convient à leur équilibre : ils indiquent entre les axes du
sphéroïde lunaire, de plus grandes différences que celles qui ont
lieu dans cette hypothèse. Les hautes montagnes que l'on observe
à la surface de la lune, ont sans doute, sur ces phénomènes, une
influence très-sensible et d'autant plus grande, que son applatissement est fort petit, et sa masse peu considérable.

Quand la nature assujétit les moyens mouvemens célestes, à des
conditions déterminées; ils sont toujours accompagnés d'oscillations
dont l'étendue est arbitraire : ainsi, l'égalité des moyens mouvemens de rotation et de révolution de la lune donne naissance à une
libration réelle de ce satellite. Pareillement, la coïncidence des
nœuds moyens de l'équateur et de l'orbite lunaire, est accompagnée
d'une libration des nœuds de cet équateur, autour de ceux de
l'orbite ; libration très-petite, puisqu'elle a échappé jusqu'ici aux
observations. On a vu que la libration réelle du grand axe de la lune
est insensible, et nous avons observé dans le chapitre VI, que la
libration des trois premiers satellites de Jupiter est pareillement
insensible. Il est très-remarquable que ces librations dont l'étendue
est arbitraire et pourroit être considérable, soient cependant fort
petites ; ce que l'on peut attribuer aux mêmes causes qui, dans
l'origine, ont établi les conditions dont elles dépendent. Mais relativement aux arbitraires qui tiennent au mouvement initial de
rotation des corps célestes, il est naturel de penser que sans les

attractions

attractions étrangères, toutes leurs parties en vertu des frottemens et des résistances qu'elles opposent à leurs mouvemens réciproques, auroient pris à la longue, un état constant d'équilibre, qui ne peut exister qu'avec un mouvement de rotation uniforme, autour d'un axe invariable; en sorte que les observations ne doivent plus offrir dans ce mouvement, que les inégalités dues à ces attractions. C'est ce qui a lieu pour la terre, comme on s'en est assuré par les observations les plus précises : le même résultat s'étend à la lune, et probablement à tous les corps célestes.

CHAPITRE XV.

Réflexions sur la loi de la pesanteur universelle.

En considérant l'ensemble des phénomènes du systême solaire, on peut les ranger dans les trois classes suivantes ; la première embrasse les mouvemens des centres de gravité des corps célestes, autour des foyers des forces principales qui les animent ; la seconde comprend tout ce qui concerne la figure et les oscillations des fluides qui les recouvrent ; enfin, les mouvemens de ces corps autour de leurs centres de gravité, sont l'objet de la troisième. C'est dans cet ordre, que nous avons expliqué ces divers phénomènes ; et l'on a vu qu'ils sont une suite nécessaire du principe de la pesanteur universelle. Ce principe a fait connoître un grand nombre d'inégalités qu'il eût été presque impossible de démêler dans les observations ; il a fourni le moyen d'assujétir les mouvemens célestes, à des règles sûres et précises ; les tables astronomiques uniquement fondées sur la loi de la pesanteur, n'empruntent maintenant des observations, que les élémens arbitraires qui ne peuvent pas être autrement connus ; et l'on ne doit espérer de les perfectionner encore, qu'en portant plus loin à-la-fois, la précision des observations et celle de la théorie.

Le mouvement de la terre, qui par la simplicité avec laquelle il explique les phénomènes célestes, avoit entraîné les suffrages des astronomes, a reçu du principe de la pesanteur, une confirmation nouvelle qui l'a porté au plus haut degré d'évidence dont les sciences physiques soient susceptibles. On peut accroître la probabilité d'une théorie, soit en diminuant le nombre des hypothèses sur lesquelles on l'appuie, soit en augmentant le nombre des phénomènes qu'elle explique. Le principe de la pesanteur a procuré ces deux avantages à la théorie du mouvement de la terre. Comme il en est une suite

nécessaire, il n'ajoute aucune supposition nouvelle à cette théorie:
mais pour expliquer les mouvemens apparens des astres, Copernic
admettoit dans la terre, trois mouvemens distincts; l'un autour du
soleil; un autre de révolution sur elle-même; enfin, un troisième
mouvement de ses pôles, autour de ceux de l'écliptique. Le principe de la pesanteur les fait dépendre tous, d'un seul mouvement
imprimé à la terre, suivant une direction qui ne passe point par
son centre de gravité. En vertu de ce mouvement, elle tourne
autour du soleil et sur elle-même; elle a pris une figure applatie à
ses pôles; et l'action du soleil et de la lune sur cette figure, fait
mouvoir lentement l'axe de la terre autour des pôles de l'écliptique.
La découverte de ce principe a donc réduit au plus petit nombre
possible, les suppositions sur lesquelles Copernic fondoit sa théorie.
Elle a d'ailleurs l'avantage de lier cette théorie, à tous les phénomènes astronomiques. Sans elle, l'ellipticité des orbes planétaires,
les loix que les planètes et les comètes suivent dans leurs mouvemens autour du soleil, leurs inégalités séculaires et périodiques,
les nombreuses inégalités de la lune et des satellites de Jupiter, la
précession des équinoxes, la nutation de l'axe terrestre, les mouvemens de l'axe lunaire, enfin le flux et le reflux de la mer, ne
seroient que des résultats de l'observation, isolés entr'eux. C'est
une chose vraiment digne d'admiration, que la manière dont tous
ces phénomènes qui semblent, au premier coup d'œil, fort disparates, découlent d'une même loi qui les enchaîne au mouvement
de la terre, en sorte que ce mouvement étant une fois admis, on est
conduit par une suite de raisonnemens géométriques, à ces phénomènes. Chacun d'eux fournit donc une preuve de son existence;
et si l'on considère qu'il n'y en a pas maintenant un seul, qui ne soit
ramené à la loi de la pesanteur; que cette loi déterminant avec la
plus grande exactitude, la position et les mouvemens des corps célestes, à chaque instant et dans tout leur cours, il n'est pas à craindre
qu'elle soit démentie par quelque phénomène jusqu'ici non observé;
enfin, que la planète Uranus et ses satellites nouvellement découverts lui obéissent et la confirment; il est impossible de se refuser
à l'ensemble de ces preuves, et de ne pas convenir que rien n'est
mieux démontré dans la philosophie naturelle, que le mouvement

de la terre, et le principe de la gravitation universelle, en raison des masses, et réciproque au quarré des distances.

Ce principe est-il une loi primordiale de la nature ? n'est-il qu'un effet général d'une cause inconnue ? Ici, l'ignorance où nous sommes des propriétés intimes de la matière, nous arrête, et nous ôte tout espoir de répondre d'une manière satisfaisante à ces questions. Au lieu de former sur cela, des hypothèses ; bornons-nous à examiner plus particulièrement, la manière dont le principe de la gravitation a été employé par les géomètres.

Ils sont partis des cinq suppositions suivantes, savoir : 1°. que la gravitation a lieu entre les plus petites molécules des corps ; 2°. qu'elle est proportionnelle aux masses ; 3°. qu'elle est réciproque au quarré des distances ; 4°. qu'elle se transmet dans un instant, d'un corps à l'autre ; 5°. enfin, qu'elle agit également sur les corps en repos, et sur ceux qui, déjà mus dans sa direction, semblent se soustraire en partie, à son activité.

La première de ces suppositions est, comme on l'a vu, un résultat nécessaire de l'égalité qui existe entre l'action et la réaction ; chaque molécule de la terre devant attirer la terre entière, comme elle en est attirée. Cette supposition est confirmée d'ailleurs, par les mesures des degrés des méridiens et du pendule ; car au travers des irrégularités que les degrés mesurés semblent indiquer dans la figure de la terre ; on démêle, si je puis ainsi dire, les traits d'une figure régulière et conforme à la théorie. La grande influence de l'applatissement de Jupiter sur les mouvemens des nœuds et des périjoves des orbes de ses satellites, nous prouve encore que l'attraction de cette planète, se compose des attractions de toutes ses molécules.

La proportionnalité de la force attractive aux masses, est démontrée sur la terre, par les expériences du pendule dont les oscillations sont exactement de la même durée, quelles que soient les substances que l'on fait osciller : elle est prouvée dans les espaces célestes, par le rapport constant des quarrés des temps de la révolution des corps qui circulent autour d'un foyer commun, aux cubes des grands axes de leurs orbites.

On a vu dans le premier chapitre, avec quelle précision le repos presque absolu des périhélies des orbes planétaires, indique la loi de la pesanteur réciproque au quarré des distances ; et maintenant que nous connoissons la cause des petits mouvemens de ces périhélies, nous devons regarder cette loi, comme étant rigoureuse. Elle est celle de toutes les émanations qui partent d'un centre, telles que la lumière ; il paroît même que toutes les forces dont l'action se fait appercevoir à des distances sensibles, suivent cette loi : on a reconnu depuis peu, que les attractions et les répulsions électriques et magnétiques décroissent en raison du quarré des distances. Une propriété remarquable de cette loi de la nature, est que si les dimensions de tous les corps de cet univers, leurs distances mutuelles et leurs vîtesses, venoient à augmenter ou à diminuer proportionnellement ; ils décriroient des courbes entièrement semblables à celles qu'ils décrivent, et leurs apparences seroient exactement les mêmes ; car les forces qui les animent, étant le résultat d'attractions proportionnelles aux masses divisées par le quarré des distances, elles augmenteroient ou diminueroient proportionnellement aux dimensions du nouvel univers. On voit en même temps, que cette propriété ne peut appartenir qu'à la loi de la nature. Ainsi, les apparences des mouvemens de l'univers sont indépendantes de ses dimensions absolues, comme elles le sont, du mouvement absolu qu'il peut avoir dans l'espace ; et nous ne pouvons observer et connoître que des rapports. Cette loi donne aux sphères, la propriété de s'attirer mutuellement, comme si leurs masses étoient réunies à leurs centres. Elle termine encore les orbes et les figures des corps célestes, par des lignes et des surfaces du second ordre, du moins en négligeant leurs perturbations, et en les supposant fluides.

Nous n'avons aucun moyen pour mesurer la durée de la propagation de la pesanteur ; parce que l'attraction du soleil ayant une fois atteint les planètes, cet astre continue d'agir sur elles, comme si sa force attractive se communiquoit dans un instant, aux extrémités du système planétaire ; on ne peut donc pas savoir en combien de temps elle se transmet à la terre ; de même qu'il eût été impossible, sans les éclipses des satellites de Jupiter, et sans l'aberration, le reconnoître le mouvement successif de la lumière. Il n'en est pas ainsi de la petite différence qui peut exister dans l'action de la pesanteur sur les corps, suivant la direction et la grandeur de leur vîtesse. Le calcul m'a fait voir qu'il en résulte une accélération dans les moyens mouvemens des planètes autour du soleil, et des satellites autour de leurs planètes. J'avois imaginé ce moyen d'expliquer l'équation séculaire de la lune, lorsque je croyois avec tous les géomètres, qu'elle étoit inexplicable dans les hypothèses admises sur l'action de la pesanteur. Je trouvois que si elle provenoit de cette cause, il falloit supposer à la lune, pour la soustraire entièrement à sa pesanteur vers la terre, une vîtesse vers le centre de cette planète, au moins six millions de fois plus grande que celle de la lumière. La vraie cause de l'équation séculaire de la lune, étant aujourd'hui, bien connue ; nous sommes certains que l'activité de la pesanteur est beaucoup plus grande encore. Cette force agit donc avec une vîtesse que nous pouvons considérer comme infinie ; et nous devons en conclure que l'attraction du soleil se communique dans un instant presque indivisible, aux extrémités du systême solaire.

Existe-t-il entre les corps célestes, d'autres forces que leur attraction mutuelle ? nous l'ignorons ; mais nous pouvons du moins affirmer que leur effet est insensible. Nous pouvons assurer également, que tous ces corps n'éprouvent qu'une résistance jusqu'à présent insensible, de la part des fluides qu'ils traversent, tels que la lumière, les queues des comètes et la lumière zodiacale.

La force attractive disparoît entre les corps d'une grandeur peu considérable : elle reparoît dans leurs élémens, sous une infinité de formes différentes. La solidité des corps, leur cristallisation, la réfraction de la lumière, l'élévation et l'abaissement des fluides dans les tubes capillaires, et généralement toutes les combinaisons chimiques, sont les résultats de forces attractives dont la connoissance est un des principaux objets de la physique. Ces forces sont-elles la gravitation même observée dans les espaces célestes, et modifiée sur la terre, par la figure des molécules intégrantes ? Pour admettre cette hypothèse, il faut supposer plus de vide que de plein, dans les corps, en sorte que la densité de leurs molécules soit beaucoup plus grande que la densité moyenne de leur ensemble. Une molécule sphérique d'un rayon égal à un millionième de mètre, devroit avoir une densité plus de six mille milliards de fois plus grande que la moyenne densité de la terre, pour exercer à sa surface, une attraction égale à la pesanteur terrestre; or les forces attractives des corps surpassent considérablement cette pesanteur, puisqu'elles infléchissent visiblement la lumière dont la direction n'est point changée sensiblement par l'attraction de la terre; la densité de ces molécules surpasseroit donc incomparablement celle des corps, si leurs affinités dépendoient de la loi de la pesanteur universelle. Le rapport des intervalles qui séparent ces molécules, à leurs dimensions respectives, seroit du même ordre, que relativement aux étoiles qui forment une nébuleuse que l'on pourroit, sous ce point de vue, considérer comme un grand corps lumineux. Au reste, rien n'empêche d'adopter cette manière d'envisager tous les corps : plusieurs phénomènes, et entr'autres, l'extrême facilité avec laquelle la lumière traverse dans tous les sens, les corps diaphanes, lui sont favorables. Les affinités dépendroient alors de la forme des molécules intégrantes, et l'on pourroit, par la variété de ces formes, expliquer toutes les variétés des forces attractives, et ramener ainsi à une seule loi générale, tous les phénomènes de la physique et de l'astronomie. Mais l'impossibilité de connoître les figures des molécules, rend ces recherches inutiles à l'avancement des sciences. Quelques géomètres, pour rendre raison des affinités, ont ajouté à la loi de l'attraction réciproque au quarré des distances, de nouveaux termes qui ne sont sensibles qu'à des distances très-petites; mais ces termes sont l'expression d'autant de forces différentes; en se compliquant d'ailleurs, avec la figure des molécules, ils ne font que compliquer l'explication des phénomènes. Au milieu de ces incertitudes, le parti le plus sage est de s'attacher à déterminer par de nombreuses expériences, les loix des affinités; et pour y parvenir, le moyen qui paroît le plus simple, est de comparer ces forces, à la force répulsive de la chaleur, que l'on peut comparer elle-même à la pesanteur. Quelques expériences déjà faites par ce moyen, donnent lieu d'espérer qu'un jour, ces loix seront parfaitement connues : alors, en y appliquant le calcul, on pourra élever la physique des corps terrestres, au degré de perfection, que la découverte de la pesanteur universelle a donné à la physique céleste.

LIVRE CINQUIÈME.

PRÉCIS DE L'HISTOIRE DE L'ASTRONOMIE.

Multi pertransibunt, et augebitur scientia.

BACON.

L'ORDRE dans lequel je viens d'exposer les principaux résultats du système du monde, n'est pas celui que l'esprit humain a suivi dans leur recherche. Sa marche a été embarrassée et incertaine : souvent, il n'est parvenu à la vraie cause des phénomènes, qu'après avoir épuisé les fausses hypothèses que son imagination lui a suggérées ; et les vérités qu'il a découvertes, ont presque toujours été alliées à des erreurs que le temps et l'observation en ont séparées. Je vais offrir en peu de mots, le tableau de ses tentatives et de ses succès. On y verra l'Astronomie rester pendant un grand nombre de siècles, dans l'enfance ; en sortir et s'accroître dans l'école d'Alexandrie ; stationnaire ensuite, jusqu'au temps des Arabes, se perfectionner par leurs observations ; enfin abandonnant l'Afrique et l'Asie où elle avoit pris naissance, se fixer en Europe, et s'élever en moins de trois siècles, à la hauteur où nous la voyons.

CHAPITRE

CHAPITRE PREMIER.

De l'Astronomie ancienne, jusqu'à l'époque de la fondation de l'école d'Alexandrie.

LE spectacle du ciel dut fixer dans tous les temps, l'attention des hommes, sur-tout dans ces heureux climats où la sérénité de l'air invitoit à l'observation des astres. On eut besoin pour l'agriculture, de distinguer les saisons, et d'en fixer le retour : on ne tarda pas à reconnoître que le lever et le coucher des principales étoiles, au moment où elles se plongent dans les rayons solaires, ou quand elles s'en dégagent, pouvoient servir à cet objet. Aussi voit-on chez presque tous les peuples, ce genre d'observations remonter jusqu'aux temps dans lesquels se perd leur origine. Mais quelques remarques grossières sur le lever et le coucher des étoiles, ne formoient point une science; et l'Astronomie n'a commencé qu'à l'époque où les observations antérieures ayant été recueillies et comparées entr'elles, et les mouvemens célestes ayant été suivis avec plus de soin qu'on ne l'avoit fait encore; on essaya de déterminer les loix de ces mouvemens. Celui du soleil dans un orbe incliné à l'équateur, le mouvement de la lune, la cause de ses phases et des éclipses, la connoissance des planètes et de leurs révolutions, la sphéricité de la terre et sa mesure, ont pu être l'objet de cette antique Astronomie; mais le peu de monumens qui nous en reste, est insuffisant pour en fixer l'époque et l'étendue. Nous pouvons seulement juger de sa haute antiquité, par les périodes astronomiques qui nous sont parvenues, par quelques notions justes des Caldéens et des Egyptiens sur le système du monde, et par le rapport exact de plusieurs mesures très-anciennes, à la circonférence de la terre. Telle a été la vicissitude des choses humaines, que celui des arts, qui peut seul transmettre à la postérité, d'une manière

O o

durable, les événemens des siècles passés, étant d'une invention moderne ; le souvenir des premiers inventeurs, s'est entièrement effacé. De grands peuples dont les noms sont à peine connus dans l'histoire, ont disparu du sol qu'ils ont habité : leurs annales, leur langue, leurs cités même, tout a été anéanti ; et il n'est resté des monumens de leurs sciences et de leur industrie, qu'une tradition confuse, et quelques débris épars dont l'origine est incertaine.

Il paroît que l'Astronomie pratique de ces premiers temps, se bornoit aux observations du lever et du coucher des principales étoiles, à leurs occultations par la lune et les planètes, et aux éclipses. On suivoit la marche du soleil, au moyen des étoiles qu'éclipsoit la lumière des crépuscules, et peut-être encore, par les variations de l'ombre méridienne du gnomon : on déterminoit le mouvement des planètes, par les étoiles dont elles s'approchoient dans leur cours. Pour reconnoître tous ces astres et leurs mouvemens divers, on partagea le ciel en constellations, et cette zône céleste nommée *Zodiaque*, dont le soleil, la lune et les planètes ne s'écartent jamais, fut divisée dans les douze constellations suivantes : *le Bélier, le Taureau, les Gémeaux, l'Ecrevisse, le Lion, la Vierge, la Balance, le Scorpion, le Sagittaire, le Capricorne, le Verseau, les Poissons.* On les nomma *signes*, parce qu'elles servoient à distinguer les saisons ; ainsi, l'entrée du soleil, dans le signe du Bélier, marquoit au temps d'Hipparque, l'origine du printemps ; cet astre parcouroit ensuite le Taureau, les Gémeaux, l'Ecrevisse, &c. ; mais le mouvement rétrograde des équinoxes changea cette marche des saisons. Cependant, les observateurs accoutumés à marquer l'origine du printemps, par l'entrée du soleil dans le Bélier, ont continué de la désigner de cette manière, et pour cela, ils ont distingué les constellations, des signes du Zodiaque : ceux-ci n'ont plus été qu'une chose idéale propre à représenter le mouvement du soleil. Maintenant que l'on cherche à tout ramener aux notions et aux expressions les plus simples ; on commence à ne plus considérer les signes du Zodiaque, et à marquer la position des astres sur l'écliptique, par leur distance à l'équinoxe.

Quelques-uns des noms donnés aux constellations du Zodiaque, paroissent être relatifs au mouvement du soleil; l'*Ecrevisse*, par exemple, indique la rétrogradation de cet astre au solstice; et la *Balance* désigne l'égalité des jours et des nuits, à l'équinoxe: d'autres noms semblent se rapporter à l'agriculture et au climat du peuple chez lequel le Zodiaque a pris naissance.

Les plus anciennes observations qui nous soient parvenues avec un détail suffisant pour en faire usage dans l'Astronomie, sont trois éclipses de lune, observées à Babylone, dans les années 719 et 720 avant l'ère chrétienne. Ptolémée qui les rapporte, s'en est servi pour déterminer le moyen mouvement de la lune. Sans doute, Hipparque et lui n'en avoient point de plus anciennes qui fussent assez précises, pour être employées à cette détermination dont l'exactitude est en raison de l'intervalle qui sépare les observations extrêmes. Cette considération doit diminuer nos regrets, de la perte des dix-neuf cents années d'observations dont les Caldéens, si l'on en croit Simplicius, se vantoient au temps d'Alexandre, et qu'Aristote se fit communiquer par l'entremise de Callisthène. Mais ils n'ont pu découvrir que par une longue suite d'observations, la période de 6585$^{j.\frac{1}{3}}$, qu'ils nommoient *saros*, et qui a l'avantage de ramener à fort peu près, la lune, à la même position à l'égard de son nœud, de son périgee et du soleil : ainsi, les éclipses observées dans une période, fournissoient un moyen simple de prédire celles qui devoient avoir lieu dans les périodes suivantes. La période lunisolaire de six cents ans, paroît encore avoir été connue des Caldéens. Ces deux périodes supposent une connois-sance très-approchée de la longueur de l'année ; il est même vrai-semblable qu'ils avoient remarqué la différence des deux années sydérale et tropique, et qu'ils faisoient usage du gnomon et des cadrans solaires. Enfin, quelques-uns d'eux avoient été conduits par la considération du spectacle de la nature, à penser que les mouvemens des comètes sont assujétis comme ceux des planètes, à des périodes réglées par des loix éternelles.

L'Astronomie ne paroît pas moins ancienne en Egypte, que dans la Caldée. Les Egyptiens ont connu long-temps avant l'ère chrétienne, le quart de jour dont l'année surpasse 365 jours. Ils avoient fondé sur cette connoissance, la période sothique de 1460 ans, qui suivant eux, ramenoit aux mêmes saisons, les mois et les fêtes de leur année dont la longueur étoit de 365 jours. La direction exacte des faces de leurs pyramides, vers les quatre points cardinaux, donne une idée avantageuse de leur manière d'observer; il est probable qu'ils avoient des méthodes pour calculer les éclipses. Mais ce qui fait le plus d'honneur à leur Astronomie, est la remarque fine et importante des mouvemens de Mercure et de Vénus autour du soleil. La réputation de leurs prêtres attira les premiers philosophes de la Grèce; et selon toute apparence, l'école de Pythagore leur a été redevable des idées saines qu'elle a professées sur la constitution de l'univers.

Chez les peuples dont je viens de parler, l'Astronomie ne fut cultivée que dans les temples, par des prêtres qui firent servir leurs connoissances, à consolider l'empire de la superstition dont ils étoient les ministres. Ils les cachèrent soigneusement sous des emblêmes qui présentoient à la crédule ignorance, des héros et des dieux dont les actions n'étoient qu'une allégorie des phénomènes célestes, et des opérations de la nature; allégorie que le pouvoir de l'imitation, l'un des principaux ressorts du monde moral, a perpétuée jusqu'à nous, dans les institutions religieuses. Profitant pour mieux asservir les peuples, du desir si naturel de pénétrer dans l'avenir, ils créèrent l'astrologie. L'homme porté par les illusions des sens, à se regarder comme le centre de l'univers, se persuada facilement, que les astres influent sur sa destinée, et qu'il est possible de la prévoir, par l'observation de leurs aspects au moment de sa naissance. Cette erreur chère à son amour-propre, et nécessaire à son inquiète curiosité, paroît être aussi ancienne que l'Astronomie : elle s'est conservée pendant très-long-temps; ce n'est même qu'à la fin du dernier siècle, que la connoissance de nos vrais rapports avec la nature, l'a fait disparoître.

En Perse et dans l'Inde, les commencemens de l'Astronomie se perdent dans les ténèbres dont l'origine de ces peuples est enveloppée. Nulle part, ils ne remontent aussi haut qu'à la Chine, par une suite incontestable de monumens historiques. L'annonce des éclipses et le calendrier y furent toujours regardés comme un objet important pour lequel on créa un tribunal de mathématiques;

mais l'attachement scrupuleux des Chinois à leurs anciens usages,
en s'étendant aux méthodes mêmes de l'Astromomie, l'a retenue
parmi eux, dans l'enfance.

Les tables indiennes indiquent une astronomie plus perfectionnée; mais tout porte à croire qu'elles ne sont pas d'une haute antiquité. Ici, je m'éloigne à regret de l'opinion d'un savant illustre
qui, après avoir honoré sa carrière, par des travaux utiles aux
sciences et à l'humanité, mourut victime de la plus sanguinaire
tyrannie, opposant le calme et la dignité du juste, aux fureurs d'un
peuple abusé qui sous ses yeux même, se fit un plaisir barbare d'ap-
prêter son supplice. Les tables indiennes ont deux époques principales qui remontent, l'une à l'année 3102 avant l'ère chrétienne,
l'autre à 1491 : ces époques sont liées par les moyens mouvemens
du soleil, de la lune, et des planètes, de sorte que l'une d'elles est
nécessairement fictive. L'auteur célèbre dont je viens de parler, a
cherché à établir dans son traité de l'Astronomie indienne, que la
première de ces époques est fondée sur l'observation. Malgré ses
preuves exposées avec l'intérêt qu'il a su répandre sur les choses les
plus abstraites ; je regarde comme très-vraisemblable, que cette
époque a été imaginée, pour donner une commune origine dans le
zodiaque, aux mouvemens des corps célestes. En effet, si, partant
de l'époque de 1491, on remonte au moyen des tables indiennes,
à l'an 3102 avant l'ère chrétienne ; on trouve la conjonction générale
du soleil, de la lune et des planètes, que ces tables supposent : mais
cette conjonction trop différente du résultat de nos meilleures tables,
pour avoir eu lieu, nous montre que l'époque à laquelle elle se
rapporte, n'est point appuyée sur les observations. A la vérité,
quelques élémens de l'astronomie indienne semblent indiquer qu'ils
ont été déterminés même avant cette première époque ; ainsi,
l'équation du centre du soleil, qu'elle fixe à 2°,4173, n'a pû être de
cette grandeur, que vers l'an 4300 avant l'ère chrétienne. Mais
indépendamment des erreurs dont les déterminations des Indiens
ont été susceptibles, on doit observer qu'ils n'ont considéré les
inégalités du soleil et de la lune, que relativement aux éclipses dans
esquelles l'équation annuelle de la lune s'ajoute à l'équation du
centre du soleil, et l'augmente d'environ 22′ ; ce qui est à-peu-près

la différence de nos déterminations, à celle des Indiens. Plusieurs élémens tels que les équations du centre de Jupiter et de Mars, sont si différens dans les tables indiennes, de ce qu'ils devoient être à leur première époque; que l'on ne peut rien conclure des autres élémens, en faveur de leur antiquité. L'ensemble de ces tables, et sur-tout l'impossibilité de la conjonction qu'elles supposent à la même époque, prouvent au contraire, qu'elles ont été construites, ou du moins rectifiées dans des temps modernes; ce que confirment les moyens mouvemens qu'elles assignent à la lune, par rapport à son périgée, à ses nœuds et au soleil, et qui plus rapides que suivant Ptolémée, indiquent évidemment que la formation de ces tables est postérieure au temps de cet astronome; car on a vu que ces trois mouvemens s'accélèrent de siècle en siècle. Cependant, l'antique réputation des Indiens ne permet pas de douter qu'ils ont dans tous les temps, cultivé l'astronomie : lorsque les Grecs et les Arabes commencèrent à se livrer aux sciences; ils allèrent en puiser chez eux, les premiers élémens. C'est de l'Inde, que nous vient l'ingénieuse méthode d'exprimer tous les nombres, avec dix chiffres. L'idée de n'employer pour cet objet, qu'un nombre limité de caractères, en leur donnant à-la-fois, une valeur absolue, et une valeur de position, n'a point échappé au génie d'Archimède; mais il ne l'a pas réduite à ce degré de simplicité, qui met notre systême d'arithmétique, au premier rang des inventions utiles.

Les Grecs n'ont commencé à cultiver l'astronomie, que long-temps après les Egyptiens dont ils ont été les disciples. Il est difficile, au travers des fables qui remplissent les premiers siècles de leur histoire, de démêler leurs connoissances astronomiques : il paroît seulement qu'ils avoient partagé le ciel en constellations, treize ou quatorze cents ans avant l'ère chrétienne; car c'est à cette époque, que la sphère d'Eudoxe doit être rapportée. Leurs nombreuses écoles de philosophie n'offrent aucun observateur, avant la fondation de celle d'Alexandrie : ils y traitèrent l'astronomie, comme une science purement spéculative, en se livrant à des conjectures le plus souvent frivoles. Il est singulier qu'à la vue de cette foule de systêmes qui se combattoient sans rien apprendre, la réflexion très-simple, que le seul moyen de connoître la nature,

est de l'interroger par l'expérience, ait échappé à tant de philosophes dont plusieurs étoient doués d'un grand génie. Mais on n'en
sera point étonné, si l'on considère que les premières observations
ne présentent que des faits isolés, et sans attrait pour l'imagination
impatiente de remonter aux causes ; elles ont dû se succéder avec
une extrême lenteur. Il a fallu qu'une longue suite de siècles les
accumulât en assez grand nombre, pour découvrir entre les phénomènes, des rapports qui, en s'étendant de plus en plus, réunissent
à l'intérêt de la vérité, celui des spéculations générales auxquelles
l'esprit humain tend sans cesse à s'élever.

Cependant, au milieu des rêves philosophiques des Grecs, on
voit percer sur l'astronomie, des idées saines qu'ils puisèrent dans
leurs voyages, et qu'ils perfectionnèrent. Thalès né à Milet, l'an
640 avant l'ère chrétienne, alla s'instruire en Egypte : revenu dans
la Grèce, il fonda l'école ionienne, et il y enseigna la sphéricité de
la terre, l'obliquité de l'écliptique et la vraie cause des éclipses de
soleil et de lune ; il parvint même à les prédire, en employant
sans doute, les méthodes ou les périodes que les prêtres égyptiens
lui avoient communiquées.

Thalès eut pour successeurs, Anaximandre, Anaximène et
Anaxagore. On attribue au premier, l'invention du gnomon, et des
cartes géographiques dont il paroît que les Egyptiens avoient depuis
long-temps, fait usage. Anaxagore fut persécuté par les Athéniens,
pour avoir enseigné les vérités de l'école ionienne. On lui reprocha
d'anéantir l'influence des dieux sur la nature, en essayant d'assujétir ses phénomènes, à des loix immuables. Proscrit avec ses
enfans, il ne dut la vie qu'aux soins de Périclès son disciple et son
ami, qui parvint à faire changer la peine de mort, en exil. Ainsi,
la vérité pour s'établir sur la terre, a presque toujours eu à com-
battre des erreurs accréditées qui, plus d'une fois, ont été funestes
à ceux qui l'ont fait connoître.

De l'école ionienne, sortit le chef d'une école beaucoup plus
célèbre. Pythagore né à Samos, vers l'an 590 avant l'ère chrétienne,
fut d'abord disciple de Thalès. Ce philosophe lui conseilla de
voyager en Egypte où il se fit initier aux mystères des prêtres,
pour s'instruire à fond, de leur doctrine. Les Bracmanes ayant

ensuite attiré sa curiosité ; il alla les chercher aux bords du Gange: De retour dans sa patrie, le despotisme sous lequel elle gémissoit alors, le força de s'en exiler, et il se retira en Italie où il fonda son école. Toutes les vérités astronomiques de l'école ionienne, furent enseignées avec plus de développement, dans celle de Pythagore ; mais ce qui la distingue principalement, est la connoissance des deux mouvemens de la terre, sur elle-même et a tour du soleil. Pythagore prit soin de la cacher au vulgaire, à l'imitation des prêtres égyptiens auxquels il en étoit, probablement, redevable : elle fut exposée dans un grand jour, par son disciple Philolaus.

Suivant les Pythagoriciens, non-seulement les planètes, mais les comètes elles-mêmes, sont en mouvement autour du soleil. Ce ne sont point des météores passagers formés dans l'atmosphère, mais des ouvrages éternels de la nature. Ces notions parfaitement justes du systême du monde, ont été saisies et présentées par Sénèque, avec l'enthousiasme qu'une grande idée sur l'un des objets les plus vastes des connoissances humaines, doit exciter dans l'ame du philosophe. «Ne nous étonnons point, dit-il, que l'on ignore encore » la loi du mouvement des comètes dont le spectacle est si rare, et » qu'on ne connoisse ni le commencement ni la fin de la révolution » de ces astres qui descendent d'une énorme distance. Il n'y a pas » quinze cents ans, que la Grèce a compté les étoiles, et leur a » donné des noms..... Le jour viendra que par une étude suivie » de plusieurs siècles, les choses qui sont cachées actuellement, » paroîtront avec évidence ; et la postérité s'étonnera que des vérités » si claires nous ayent échappé ».

On pensoit encore dans la même école, que les planètes sont habitées, et que les étoiles sont des soleils disséminés dans l'espace, et les centres d'autant de systêmes planétaires. Ces vues philosophiques auroient dû par leur grandeur et leur justesse, entraîner les suffrages de l'antiquité ; mais ayant été enseignées avec des opinions systématiques, telles que l'harmonie des sphères célestes ; et manquant d'ailleurs, des preuves qu'elles ont acquises depuis, par leur accord avec toutes les observations ; il n'est pas surprenant que leur vérité contraire aux illusions des sens, ait été méconnue.

L'histoire de l'astronomie chez les Grecs, n'offre plus rien de remarquable.

remarquable, jusqu'à la fondation de l'école d'Alexandrie, à l'exception de quelques tentatives d'Eudoxe, pour expliquer les phénomènes célestes, et du cycle de dix-neuf ans, que Méton imagina pour concilier les révolutions du soleil et de la lune. Il est à-la-fois, avantageux et simple, de n'employer pour la mesure du temps, que les révolutions solaires ; mais dans le premier âge des peuples, les phases de la lune offroient à leur ignorance, une division du temps, si naturelle, qu'elle fut généralement admise. Ils réglèrent leurs fêtes et leurs jeux, sur le retour de ces phases ; et lorsque les besoins de l'agriculture les forcèrent de recourir au soleil, pour distinguer les saisons, ils ne renoncèrent point à leur ancien usage de mesurer le temps par les révolutions de la lune : ils cherchèrent à établir entr'elles et les révolutions du soleil, un accord fondé sur des périodes qui embrassent un nombre juste de révolutions de ces deux astres. La période de ce genre, la plus précise dans un court intervalle de temps, est celle de dix-neuf années solaires, ou de deux cent trente-cinq lunaisons. Lorsque Méton l'eut proposée pour base du calendrier, à la Grèce assemblée dans les jeux olympiques ; elle fut reçue avec un applaudissement universel, et unanimement adoptée par toutes les villes et les colonies grecques.

CHAPITRE II.

De l'Astronomie depuis la fondation de l'école d'Alexandrie, jusqu'aux Arabes.

Jusqu'ici, l'astronomie pratique des différens peuples, ne nous a présenté que des observations grossières, relatives aux phénomènes des saisons et des éclipses, objets de leurs besoins ou de leurs frayeurs. Quelques périodes fondées sur de très-longs intervalles de temps, et d'heureuses conjectures sur la constitution de l'univers, mêlées à beaucoup d'erreurs, formoient toute leur astronomie théorique. Nous voyons pour la première fois, dans l'école d'Alexandrie, un système combiné d'observations faites avec des instrumens propres à mesurer les angles, et calculées par les méthodes trigonométriques. L'astronomie prit alors, une forme nouvelle que les siècles suivans n'ont fait que perfectionner. La position des étoiles fut déterminée : on suivit avec soin, les planètes : les inégalités du soleil et de la lune furent mieux connues : enfin, l'école d'Alexandrie donna naissance au premier système astronomique qui ait embrassé l'ensemble des mouvemens célestes ; système, à la vérité, bien inférieur à celui de l'école de Pythagore ; mais qui fondé sur la comparaison des observations, offroit dans cette comparaison même, le moyen de le détruire, et de s'élever au vrai système de la nature.

Après la mort d'Alexandre, ses principaux capitaines se divisèrent son empire, et Ptolémée Soter eut l'Egypte en partage. Son amour pour les sciences, et ses bienfaits attirèrent à Alexandrie capitale de ses états, un grand nombre de savans de la Grèce. Héritier de son trône et de ses goûts, son fils Ptolémée Philadelphe les y fixa par une protection particulière. Un vaste édifice dans lequel ils étoient logés, renfermoit un observatoire, et cette bibliothèque fameuse que Démétrius de Phalère rassembla avec tant de soins et de dépense. Ils y trouvoient les instrumens et les livres qui leur étoient nécessaires ; et leur émulation étoit excitée par la présence du prince qui venoit souvent, s'entretenir avec eux, de leurs travaux.

Aristille et Timocharis furent les premiers observateurs de cette école naissante : ils fleurirent vers l'an 300 avant l'ère chrétienne. Leurs observations des principales étoiles du zodiaque, firent découvrir à Hipparque, la précession des équinoxes ; et Ptolémée fonda principalement sur ces observations, la théorie qu'il donna de ce phénomène.

Le premier astronome que nous offre après eux, l'école d'Alexandrie, est Aristarque de Samos. Les élémens les plus délicats de l'astronomie furent l'objet de ses recherches : il observa le solstice d'été de l'an 281, avant l'ère chrétienne, dont Hipparque se servit dans la suite, pour fixer la grandeur de l'année. Mais ce qui fait le plus d'honneur à son génie, est la manière dont il essaya de déterminer la distance du soleil à la terre. Il mesura l'angle compris entre le soleil et la lune, au moment où il jugea la moitié du disque lunaire, éclairée ; et l'ayant trouvé d'environ 96°,7, il en conclut que le soleil est dix-huit ou vingt fois plus loin que la lune ; résultat qui malgré son inexactitude, reculoit les bornes de l'univers, beaucoup au-delà de celles qu'on lui supposoit alors. Aristarque composa sur cet objet, son Traité *des grandeurs et des distances du soleil et de la lune*, qui nous est parvenu : il y suppose les diamètres apparens de ces astres, égaux entr'eux et à la 180eme partie de la circonférence, ce qui est beaucoup trop considérable ; mais il rectifia sans doute cette erreur ; car nous tenons d'Archimède, qu'il réduisit le diamètre solaire, à la 720eme partie de la circonférence, ce qui tient le milieu entre les limites qu'Archimède lui-même, peu d'années après, assigna par un procédé très-ingénieux, à ce diamètre.

Aristarque fit revivre l'opinion de l'école Pythagoricienne, sur le mouvement de la terre. Ses écrits sur cet objet, n'ayant pas été conservés, nous ignorons à quel point il avoit avancé par ce moyen, l'explication des phénomènes célestes : nous savons seulement que ce judicieux astronome, considérant que le mouvement de la terre n'affectoit point d'une manière sensible, la position apparente des étoiles, les avoit éloignées de nous, incomparablement plus que le soleil. Il paroît être ainsi dans l'antiquité, celui qui eut les plus justes notions de la grandeur de l'univers. Elles nous ont été transmises par Archimède, dans son Traité *de arenario* : ce grand géomètre avoit découvert le moyen d'exprimer tous les nombres, en les concevant formés de périodes successives de myriades de myriades ; les unités de la première étant les unités simples, celles de la seconde période étant des myriades de myriades, et ainsi de suite : il désignoit les parties de chaque période, par les mêmes caractères que les Grecs employoient dans leur numération, jusqu'à cent millions ; et pour distinguer les périodes entr'elles, il les plaçoit à la gauche les unes des autres, en commençant par la plus simple. Cette ingénieuse idée, la base de notre système d'arithmétique, paroît aujourd'hui, si facile, que nous en sentons à peine, le mérite ; mais nous pouvons l'apprécier par l'importance qu'y attachoit Archimède. Pour en faire voir les avantages, il se propose dans son traité, d'exprimer le nombre des grains de sable que la sphère céleste peut contenir, problème dont il accroît la difficulté, en choisissant l'hypothèse qui donne à cette sphère, la plus grande étendue : c'est dans ce dessein, qu'il expose le sentiment d'Aristarque.

La célébrité de son successeur Eratosthène est principalement due à sa mesure de la terre, et à son observation de l'obliquité de l'écliptique. Ayant remarqué à Syène, un puits dont le soleil éclairoit toute la profondeur, le jour du solstice d'été ; il observa la hauteur méridienne du soleil, au même solstice, à Alexandrie ; et il trouva l'arc céleste compris entre les zéniths de ces deux villes, égal à la cinquantième partie de la circonférence ; et comme leur distance étoit estimée de 5oo stades, Eratosthène fixa à 25o mille stades, la longueur de la circonférence terrestre. L'incertitude où l'on est sur la valeur du stade employé par cet astronome, ne permet pas d'apprécier l'exactitude de cette mesure.

Aristote, Cléomède, Possidonius et Ptolémée ont donné quatre autres évaluations de la circonférence de la terre, et qui la portent à 400, 3oo, 24o, et 18o mille stades. Les rapports très-simples de ces mesures entr'elles, donnent lieu de penser qu'elles sont la traduction d'une même mesure, en stades différens. Le stade alexandrin étoit de quatre cents grandes coudées de la même longueur que le nilomètre du Caire, qui, selon Freret, n'a point changé depuis un grand nombre de siècles, et remonte au-delà de Sésostris : sa grandeur est de 0me,556125, ce qui donne 222me,45o, pour la valeur du stade alexandrin auquel le côté de la base de la grande pyramide d'Egypte se trouve égal, comme si en élevant ce vaste et durable monument, on se fût proposé de conserver l'unité des mesures itinéraires. Il est naturel de supposer que ce stade est celui de Ptolémée ; et dans ce cas, la circonférence de la terre est suivant cet astronome, de 4oo41ooo mètres, ce qui diffère peu du résultat des mesures actuelles qui la fixent à 4ooooooo mètres.

Si les mesures de Possidonius, de Cléomède et d'Aristote, sont identiques avec celle de Ptolémée ; les stades correspondans sont de 166me,837 ; 133me,47o ; et 100me,1o2, en sorte que le stade d'Aristote est à fort peu près notre hectomètre ; or en comparant aux distances actuelles, les anciennes distances d'un grand nombre de lieux connus, on retrouve dans l'antiquité, ces divers stades, avec une précision qui rend vraisemblable, l'identité de ces quatre mesures de la terre ; il est donc probable qu'elles dérivent toutes, d'une mesure très-ancienne et fort exacte ; soit qu'elle ait été exécutée avec un grand soin, soit que les erreurs des observations se soient mutuellement compensées, comme il est arrivé à la mesure de la terre par Fernel, et même à celle de Picard. Nous savons, il est vrai, que Possidonius a mesuré lui-même, un arc du méridien terrestre, et son opération comporte peu d'exactitude, autant que l'on en peut juger par le détail qui nous en est parvenu ; mais on est fondé à croire qu'il ne s'est proposé que de vérifier les anciennes mesures de la terre, qu'il a conservées, en les trouvant à-peu-près d'accord avec la sienne.

L'observation de l'obliquité de l'écliptique, par Eratosthène, est précieuse, en ce qu'elle confirme sa diminution connue *à priori*, par la théorie de la pesanteur. Il trouva la distance des tropiques, moindre que 53°,o6, et plus grande que 52°,96 ; ce qui, par un milieu, donne 26°,5o pour l'obliquité de l'écliptique. Hipparque et Ptolémée ne firent dans la suite, aucun changement à ce résultat.

De tous les astronomes de l'antiquité, Hipparque de Bithynie est celui qui, par le grand nombre et la précision de ses observations, par les conséquences importantes qu'il sut tirer de leur comparaison entr'elles et avec les observations antérieures, et par la méthode qui le guida dans ses recherches, mérita le mieux de l'Astronomie. Il fleurit à Alexandrie, vers l'an 14o avant l'ère chrétienne. Peu content de ce que l'on avoit fait jusqu'alors, Hipparque voulut tout recommencer, et n'admettre que des résultats fondés sur une nouvelle discussion des observations, ou sur des observations nouvelles plus exactes que celles de ses prédécesseurs. Rien ne prouve mieux l'incertitude des observations égyptiennes et caldéennes sur le soleil et les étoiles, que la nécessité où il se trouva, d'employer les observations des premiers astronomes de l'école d'Alexandrie, pour établir ses théories du soleil et de la précession des équinoxes. Il détermina la durée de l'année tropique, en comparant une de ses observations du solstice d'été, avec celle qu'Aristarque de Samos avoit faite cent quarante-cinq ans auparavant; et il trouva cette durée de 365^j,24667. Elle est en excès, d'environ quatre minutes et demie; mais il remarqua lui-même, le peu d'exactitude d'une détermination fondée sur l'observation des solstices, et l'avantage d'employer à cet objet, les observations des équinoxes. Hipparque reconnut qu'il s'écouloit 187 jours, depuis l'équinoxe du printemps, jusqu'à celui d'automne; et 178 jours seulement, de ce dernier équinoxe, à celui du printemps; il observa encore que ces deux intervalles étoient inégalement partagés par les solstices, de manière qu'il s'écouloit 94 jours et demi, de l'équinoxe du printemps, au solstice d'été; et 92 jours et demi, de ce solstice à l'équinoxe d'automne.

Pour expliquer ces différences, Hipparque fit mouvoir le soleil uniformément dans un orbe circulaire; mais au lieu de placer la terre à son centre, il l'en éloigna de la vingt-quatrième partie du rayon, et il fixa l'apogée, au sixième degré des Gémeaux. Au moyen de ces données, il forma les premières tables du soleil, dont il est fait mention dans l'histoire de l'Astronomie. L'équation du centre

qu'elles supposent, étoit trop considérable; on peut soupçonner
que leur comparaison avec les éclipses dans lesquelles cette équation paroît augmentée de l'équation annuelle de la lune, a confirmé
Hipparque dans son erreur, et peut-être même l'a produite. Il se
trompoit encore, en regardant comme un cercle, l'orbe elliptique
du soleil; et la vîtesse réelle de cet astre, comme étant uniforme.
Nous sommes assurés aujourd'hui, du contraire, par les mesures
de son diamètre apparent; mais ce genre d'observations étoit impossible au temps d'Hipparque; et ses tables du soleil, malgré leur
imperfection, sont un monument durable de son génie, que
Ptolémée, trois siècles après, respecta sans y toucher.

Ce grand astronome considéra ensuite, les mouvemens de la
lune; il mesura la durée de sa révolution, par la comparaison des
éclipses; il détermina l'excentricité et l'inclinaison de son orbite,
les mouvemens de ses nœuds et de son apogée, et sa parallaxe dont
il essaya de conclure celle du soleil, par la largeur du cône d'ombre
terrestre, au point où la lune le traverse dans ses éclipses; ce qui le
conduisit à-peu-près, au résultat d'Aristarque. Il fit un grand
nombre d'observations des planètes; mais trop amateur de la vérité,
pour proposer sur leurs mouvemens, des théories incertaines, il
laissa le soin de les établir, à ses successeurs.

Une nouvelle étoile qui parut de son temps, lui fit entreprendre
un catalogue de ces astres, pour mettre la postérité en état de
reconnoître les changemens que le spectacle du ciel pourroit éprouver dans la suite : il sentoit d'ailleurs, l'importance de ce catalogue,
pour les observations de la lune et des planètes. La méthode dont
il se servit, est celle qu'Aristille et Timocharis avoient déjà employée, et la même que nous avons exposée dans le premier livre.
Le fruit de cette longue et pénible entreprise, fut l'importante
découverte de la précession des équinoxes. En comparant ses observations, à celles de ces astronomes; Hipparque reconnut que les
étoiles avoient changé de situation par rapport à l'équateur, et
qu'elles avoient conservé la même latitude au-dessus de l'écliptique; en sorte que pour expliquer ces changemens divers, il suf-
fisoit de donner à la sphère céleste, autour des pôles de l'écliptique,
un mouvement direct d'où résultoit un mouvement rétrograde,

dans les équinoxes comparés aux étoiles. Mais il présenta sa découverte, avec la réserve que devoit lui inspirer le peu d'exactitude
des observations d'Aristille et de Timocharis.

La géographie est redevable à Hipparque, de la méthode de fixer
les lieux sur la terre, par leur latitude, et par leur longitude pour
laquelle il employa le premier, les éclipses de lune. Les nombreux
calculs qu'exigèrent toutes ces recherches, firent naître dans ses
mains, la trigonométrie sphérique. Ses principaux ouvrages ne
nous sont point parvenus; ils ont péri avec la bibliothèque d'Alexandrie, et nous ne connoissons bien ses travaux, que par l'Almageste
de Ptolémée.

L'intervalle de près de trois siècles, qui sépare ces deux astronomes, offre quelques observateurs tels qu'Agrippa, Menelaus et
Theon de Smirne. Nous remarquons encore, dans cet intervalle,
la réforme du calendrier par Jules-César, et la connoissance précise du flux et du reflux de la mer. Possidonius reconnut les loix
de ce phénomène qui, par ses rapports évidens avec les mouvemens du soleil et de la lune, appartient à l'Astronomie, et dont
Pline le naturaliste a donné une description remarquable par son
exactitude.

Ptolémée né à Ptolémaïde en Egypte, fleurit à Alexandrie, vers
l'an 150 de l'ère chrétienne. Hipparque avoit conçu le projet de
réformer l'Astronomie, et de l'établir sur de nouveaux fondemens:
Ptolémée reprit ce projet trop vaste pour être exécuté par un seul
homme; et dans son grand ouvrage intitulé *Almageste,* il donna
un traité complet de cette science.

Sa découverte la plus importante, est celle de l'évection de la
lune. Jusqu'à lui, on n'avoit considéré les mouvemens de cet astre,
que relativement aux éclipses : en le suivant dans tout son cours,
Ptolémée reconnut que l'équation du centre de l'orbe lunaire, est
plus petite dans les sysigies que dans les quadratures; il détermina
la loi de cette différence, et il en fixa la valeur, avec une grande
précision. Pour la représenter, il fit mouvoir la lune, sur un épicicle porté par un excentrique, suivant la méthode attribuée au
géomètre Appollonius, et dont Hipparque avoit fait usage.

Ce fut dans l'antiquité, une opinion générale, que le mouvement
uniforme

uniforme et circulaire, comme le plus parfait et le plus simple, devoit être celui des astres. Cette erreur s'est maintenue jusqu'à Kepler qu'elle a, pendant long-temps, arrêté dans ses recherches. Ptolémée l'adopta, et plaçant la terre au centre des mouvemens célestes, il essaya de représenter leurs inégalités, dans ces fausses hypothèses. Eudoxe avoit déjà imaginé pour cet objet, d'attacher chaque planète, à plusieurs sphères concentriques douées de mouvemens de rotation, divers ; mais cette grossière hypothèse, incompatible d'ailleurs, avec les variations des distances des astres à la terre, mérite à peine que l'on en fasse mention dans l'histoire de l'Astronomie. Une idée beaucoup plus ingénieuse, consiste à faire mouvoir sur une première circonférence dont la terre occupe le centre, celui d'une seconde circonférence sur laquelle se meut le centre d'une troisième circonférence, et ainsi de suite, jusqu'à la dernière circonférence que l'astre décrit uniformément. Si le rayon d'une de ces circonférences, surpasse la somme des autres rayons ; le mouvement apparent de l'astre autour de la terre, est composé d'un moyen mouvement uniforme, et de plusieurs inégalités dépendantes des rapports qu'ont entr'eux, les rayons des diverses circonférences, et les mouvemens de leurs centres et de l'astre ; on peut donc, en multipliant et en déterminant convenablement ces quantités, représenter les inégalités de ce mouvement apparent. Telle est la manière la plus générale d'envisager l'hypothèse des épicicles et des excentriques, que Ptolémée adopta dans ses théories du soleil, de la lune et des planètes, qu'il eût pu rendre beaucoup plus simples, par une combinaison plus heureuse des épicicles et de leurs mouvemens. Il supposa ces astres mûs autour de la terre, dans cet ordre de distances ; la Lune, Mercure, Vénus, le Soleil, Mars, Jupiter et Saturne. Les astronomes étoient partagés sur la place que devoient occuper Vénus et Mercure : les plus anciens dont Ptolémée suivit l'opinion, les mettoient au-dessous du soleil ; quelques autres les plaçoient au-dessus ; enfin, les Egyptiens les faisoient mouvoir autour de cet astre. Il est singulier que Ptolémée n'ait pas même fait mention de cette dernière hypothèse qui revenoit à placer le soleil, au centre des épicicles de ces deux planètes, au lieu de les faire tourner autour d'un centre imaginaire. Mais

Q q

persuadé que son système pouvoit seul, convenir aux trois planètes supérieures, il est vraisemblable qu'il le transporta aux deux inférieures, égaré par une fausse application du principe de l'uniformité des loix de la nature, qui, s'il étoit parti de la découverte des Egyptiens sur les mouvemens de Mercure et de Vénus, l'auroit conduit au vrai système du monde.

Si l'on peut, au moyen des épicicles, satisfaire aux inégalités du mouvement apparent des astres; il est impossible de représenter à-la-fois, les variations de leurs distances. Au temps de Ptolémée, ces variations étoient bien peu sensibles relativement aux planètes dont on ne pouvoit pas alors mesurer avec exactitude, les diamètres apparens. Mais les observations de la lune suffisoient pour lui montrer l'erreur de ses hypothèses suivant lesquelles le diamètre de la lune périgée dans les quadratures, seroit double de son diamètre apogée dans les sysigies. Les mouvemens des planètes en latitude, formoient de nouveaux embarras dans son système; chaque inégalité nouvelle que l'art d'observer, en se perfectionnant, faisoit découvrir, le surchargeoit d'un nouvel épicicle; ainsi, au lieu d'avoir été confirmé par les progrès ultérieurs de l'Astronomie, il n'a fait que se compliquer de plus en plus, et cela seul doit nous convaincre que ce système n'est point celui de la nature. Mais en le considérant comme un moyen d'assujétir au calcul, les mouvemens célestes; cette première tentative sur un objet aussi compliqué, fait honneur à la sagacité de son auteur. Telle est la foiblesse de l'esprit humain, qu'il a souvent besoin de s'aider d'hypothèses, pour lier entr'eux les phénomènes et pour en déterminer les loix : en bornant les hypothèses à cet usage; en évitant de leur attribuer une réalité qu'elles n'ont point, et en les rectifiant sans cesse, par de nouvelles observations; on parvient enfin aux causes véritables, ou du moins, on peut y suppléer et conclure des phénomènes observés, ceux que de nouvelles circonstances doivent développer. L'histoire de la philosophie nous offre plus d'un exemple des avantages que peuvent, sous ce point de vue, procurer les hypothèses, et des erreurs auxquelles on s'expose en les réalisant.

Ptolémée confirma le mouvement des équinoxes, découvert par Hipparque : en comparant ses observations, à celles de ses prédécesseurs, il établit l'immobilité respective des étoiles, leur latitude constante au-dessus de l'écliptique, et leur mouvement en longitude, qu'il trouva de 111″ par année, comme Hipparque l'avoit soupçonné. Nous savons aujourd'hui, que ce mouvement étoit à fort peu près de 154″, ce qui, vu l'intervalle compris entre les observations d'Hipparque et de Ptolémée, semble supposer une erreur de plus d'un degré, dans leurs observations. Malgré la difficulté que la détermination de la longitude des étoiles, présentoit à des observateurs qui n'avoient point de mesure exacte du temps ; on est surpris qu'ils aient commis d'aussi grandes erreurs, sur tout, quand on considère l'accord des observations que Ptolémée cite à l'appui de son résultat. On lui a reproché de les avoir altérées ; mais ce reproche n'est point fondé : son erreur sur le mouvement annuel des équinoxes, paroît venir de sa trop grande confiance dans les résultats d'Hipparque sur la grandeur de l'année tropique, et sur le mouvement du soleil. En effet, Ptolémée a déterminé la longitude des étoiles, en les comparant au soleil par le moyen de la lune, ou à la lune elle-même, ce qui revenoit à les comparer au soleil, puisque le mouvement synodique de la lune étoit bien connu par les éclipses ; or Hipparque ayant supposé l'année trop longue, et par conséquent le mouvement du soleil en longitude, plus petit que le véritable, il est clair que cette erreur a diminué les longitudes du soleil et de la lune, dont Ptolémée a fait usage ; le mouvement annuel en longitude, qu'il attribuoit aux étoiles, est donc trop petit, de l'arc décrit par le soleil, dans un temps égal à l'erreur d'Hipparque sur la longueur de l'année. Au temps d'Hipparque, l'année tropique étoit de 365^j,24234 ; ce grand astronome la supposoit de 365^j,24667 ; la différence est de 433″, et pendant cet intervalle, le soleil décrit un arc de 47″ : en l'ajoutant à la précession annuelle de 111″, déterminée par Ptolémée, on a 158″ pour la précession qu'il auroit trouvée, s'il étoit parti de la vraie grandeur de l'année tropique ; et alors, son erreur n'eût été que de 4″.

Cette remarque nous conduit à examiner si, comme on le pense généralement, le catalogue des étoiles de Ptolémée, est celui d'Hipparque, réduit à son temps, au moyen d'une précession annuelle de 111″. On se fonde sur ce que l'erreur constante des longitudes

des étoiles, dans ce catalogue, disparoît quand on le rapporte au temps d'Hipparque. Mais l'explication que nous venons de donner de cette erreur, justifie Ptolémée, du reproche qu'on lui a fait, de s'être attribué l'ouvrage d'Hipparque; et il paroît juste de l'en croire, lorsqu'il dit positivement qu'il a observé les étoiles de son catalogue, celles même de la sixième grandeur. Il remarque en même temps, qu'il a retrouvé à très-peu près les mêmes positions des étoiles, qu'Hipparque avoit déterminées par rapport à l'écliptique; en sorte que les différences de ces positions, dans les deux catalogues, devoient être peu considérables. Ainsi, les observations de Ptolémée sur les étoiles, et la véritable valeur qu'il a assignée à l'évection, déposent en faveur de son exactitude, comme observateur. A la vérité, les trois équinoxes qu'il a observés, sont fautifs; mais il paroît que trop prévenu pour les tables solaires d'Hipparque, il fit coïncider avec elles, ses observations des équinoxes, alors très-délicates, et dont le seul dérangement de son armille, suffit pour expliquer les erreurs.

L'édifice astronomique élevé par Ptolémée, a subsisté pendant près de quatorze siècles ; aujourd'hui même, qu'il est entièrement détruit, son almageste considéré comme le dépôt des anciennes observations, est un des plus précieux monumens de l'antiquité.

Ptolémée n'a pas rendu moins de services à la géographie, en rassemblant toutes les déterminations de longitude et de latitude, des lieux connus ; et en jetant les fondemens de la méthode des projections, pour la construction des cartes géographiques. Il a fait un traité d'optique, dont on voit une traduction latine manuscrite, à la bibliothèque nationale, et dans lequel il a exposé avec étendue, le phénomène des réfractions astronomiques : il a encore écrit divers traités sur la chronologie, la musique, la gnomonique et la mécanique. Tant de travaux sur un si grand nombre d'objets, supposent un esprit vaste, et lui assurent un rang distingué dans l'histoire des sciences. Quand son système astronomique eut fait place à celui de la nature ; on se vengea sur son auteur, du despotisme avec lequel il avoit régné trop long-temps : on accusa Ptolémée, de s'être approprié les découvertes de ses prédécesseurs. Mais de son temps, les ouvrages d'Hipparque et des astronomes d'Alexandrie, étoient assez connus, pour le rendre excusable de n'avoir pas distingué ce qui leur appartenoit, de ses propres découvertes. Quant au règne trop long de ses erreurs, il faut l'attribuer aux causes qui ont replongé l'Europe dans l'ignorance. A la renaissance des lettres, son système réunissant à l'attrait de la nouveauté, l'autorité de ce qui est ancien, se seroit maintenu plus long-temps encore, si les diverses parties en eussent été mieux combinées. La réputation de Ptolémée a éprouvé le même sort, que celles d'Aristote et de Descartes : leurs erreurs n'ont pas été plutôt reconnues, que l'on a passé d'une admiration aveugle, à un injuste mépris ; car, dans les sciences mêmes, les révolutions les plus utiles n'ont point été exemptes de passion et d'injustice.

CHAPITRE III.

De l'Astronomie des Arabes, des Chinois et des Perses.

Aux travaux de Ptolémée, se terminent les progrès de l'Astronomie, dans l'école d'Alexandrie. Cette école subsista encore pendant cinq siècles ; mais les successeurs d'Hipparque et de Ptolémée se bornèrent à commenter leurs ouvrages, sans ajouter à leurs découvertes ; et si l'on excepte deux éclipses rapportées par Théon, et quelques observations de Thius à Athènes ; les phénomènes que le ciel offrit dans un intervalle de plus de six cents ans, manquèrent d'observateurs. Rome pendant long-temps, le séjour des vertus, de la gloire et des lettres, ne fit rien d'utile aux sciences. La considération attachée dans la république, à l'éloquence et aux talens militaires, entraîna tous les esprits : les sciences qui n'y présentoient aucun avantage, durent être négligées au milieu des conquêtes que son ambition lui fit entreprendre, et des troubles intérieurs qui l'agitèrent, et qui toujours croissant, produisirent enfin les guerres civiles dans lesquelles son inquiette liberté expira, pour faire place au despotisme souvent orageux de ses empereurs. Le déchirement de l'Empire, suite inévitable de sa trop vaste étendue, amena sa décadence ; et le flambeau des sciences, éteint par les irruptions des barbares, ne se ralluma que chez les Arabes.

Ce peuple exalté par le fanatisme, après avoir étendu sa religion et ses armes, sur une grande partie de la terre, se fût à peine, reposé dans la paix ; qu'il se livra aux sciences et aux lettres, avec ardeur. Peu de temps auparavant, il en avoit détruit le plus beau monument, en réduisant en cendres la fameuse bibliothèque d'Alexandrie. En vain le philosophe Philoponus demanda avec instance, qu'elle fût conservée : *Si ces livres*, répondit Omar, *sont conformes à l'alcoran, ils sont inutiles ; ils sont détestables, s'ils*

lui sont contraires. Ainsi périt ce trésor immense de l'érudition et
du génie. Bientôt, le repentir et les regrets suivirent cette exécution
barbare ; et les Arabes ne tardèrent pas à sentir que par cette perte
irréparable, ils s'étoient privés du fruit le plus précieux de leurs
conquêtes.

Vers le milieu du huitième siècle, le calife Almansor encouragea
d'une manière spéciale, l'astronomie ; mais parmi les princes Arabes
que distingua leur amour pour les sciences, l'histoire cite principalement Almamoun, de la famille des Abassides, et fils du fameux
Aaron Reschid, si célèbre dans l'Asie. Almamoun régnoit à Bagdad,
en 814 ; vainqueur de l'empereur grec, Michel III, il imposa pour
une des conditions de la paix, qu'on lui fourniroit les meilleurs
livres de la Grèce ; l'Almageste fut de ce nombre ; il le fit traduire
en arabe, et répandit ainsi, les connoissances astronomiques qui
avoient illustré l'école d'Alexandrie. Non content d'encourager les
savans, par ses bienfaits, il fut lui-même observateur : il détermina
l'obliquité de l'écliptique, et fit mesurer un degré de la terre, dans
une vaste plaine de la Mésopotamie.

Les encouragemens donnés à l'astronomie, par ce prince et ses
successeurs, produisirent un grand nombre d'astronomes recom-
mandables, parmi lesquels Albatenius occupe une des premières
places. On lui doit une observation de l'obliquité de l'écliptique,
qui corrigée de la réfraction et de la parallaxe, donne $26°,2182$ pour
cette obliquité, vers l'an 880. Toutes les observations arabes donnent à-peu-près le même résultat d'où l'on tire une diminution
séculaire d'environ $159''$.

Albatenius trouva le mouvement annuel des équinoxes, égal à
$168'',3$, et la durée de l'année tropique égale à $365^j,24056$. Le premier de ces élémens est en excès de $14''$; le second est trop foible
de plus d'une minute et demie ; mais ces erreurs dépendent uniquement des observations de Ptolémée, auxquelles Albatenius compara
ses observations : il auroit beaucoup plus approché de la vérité, en
employant celles d'Hipparque.

Ce grand astronome perfectionna la théorie du soleil ; il réduisit
à $0,03465$, la distance du centre de la terre, à celui de son orbe
supposé circulaire et d'un rayon égal à l'unité ; ce qui donne

0,017325, pour l'excentricité de l'ellipse solaire. Elle étoit 0,016814,
au commencement de 1750 ; sa diminution dans l'intervalle d'environ 870 ans, auroit donc été de 0,000511. La théorie de la pesanteur,
en adoptant les valeurs les plus probables des masses des planètes,
donne 0,0003967, pour cette diminution ; la différence est dans les
limites des erreurs dont ces valeurs et les observations d'Albatenius
sont susceptibles.

Ces mêmes observations le conduisirent à la découverte du mouvement propre de l'apogée du soleil ; il l'observa dans 24°,76 des
gémeaux, plus avancé depuis Hipparque, qu'il ne devoit l'être à
raison du mouvement seul des équinoxes. Suivant nos meilleures
tables, le lieu de l'apogée étoit dans 26°,23 des gémeaux, en 880 ;
la détermination d'Albatenius n'est donc en erreur que d'un degré
et demi, ce qui, par rapport à un élément aussi délicat, est d'une
grande précision pour son siècle. Ces résultats sont précieux par
leur exactitude, et sur-tout parce qu'ils confirment directement la
diminution de l'excentricité de l'orbe solaire, démontrée par la
théorie de la pesanteur, et par l'équation séculaire de la lune. Ils
doivent inspirer une grande confiance dans l'observation de l'obliquité de l'écliptique, qu'Albatenius dit avoir faite avec soin, en
prenant toutes les précautions indiquées dans l'Almageste. Enfin,
il rectifia au moyen des éclipses, les élémens des tables de la lune
de Ptolémée.

Ces travaux d'Albatenius, consignés dans son ouvrage *sur la
science des étoiles*, et quelques observations de l'obliquité de l'écliptique, ont été, pendant long-temps, les seuls monumens connus de
l'astronomie arabe. Un fragment précieux d'Ib Junis, traduit par le
citoyen Caussin, vient d'accroître nos connoissances en ce genre.
Ib Junis astronome du calife d'Egypte, Aziz-ben-hakim, observa au
Caire, vers l'an mil. Il rédigea un grand traité d'astronomie, et
construisit des tables des mouvemens célestes, célèbres dans l'orient,
par leur exactitude, et qui paroissent avoir servi de fondement aux
tables formées depuis, par les Arabes et les Perses. La bibliothèque
nationale de France, possède une partie de ces tables : les vingt-deux
premiers chapitres du traité d'astronomie, sont en manuscrit, dans
la bibliothèque de Leyde ; c'est de-là qu'est extrait le fragment dont
je

je viens de parler. On y voit depuis le siècle d'Almanzor, jusqu'au temps d'Ib Junis, une longue suite d'observations d'éclipses, d'équinoxes, de solstices, de conjonctions des planètes, et d'occultations d'étoiles, observations extrêmement importantes pour la perfection des théories astronomiques, et qui ont mis hors de doute, les équations séculaires de la lune, par rapport au soleil, à son périgée et à ses nœuds, les diminutions séculaires de l'excentricité de l'orbe terrestre, et de son inclinaison à l'équateur, et le mouvement du périgée de cet orbe, dont Ib Junis a déterminé la position, plus exactement encore, qu'Albatenius. Les astronomes arabes étoient parvenus à reconnoître l'inexactitude des observations de Ptolémée sur les équinoxes; et en comparant leurs propres observations, soit entr'elles, soit à celles d'Hipparque, ils avoient fixé avec une grande précision, la longueur de l'année : celle d'Ib Junis, n'excède la nôtre que de 4″,2. Il paroît par cet ouvrage, et par les titres de plusieurs manuscrits existans dans nos bibliothèques, que les Arabes se sont spécialement occupés de la perfection des instrumens astronomiques : les traités qu'ils ont laissés sur cet objet, prouvent l'importance qu'ils y attachoient, et cette importance garantit la justesse de leurs observations. Ils apportèrent encore un soin particulier, à la mesure du temps, par les clepsidres à eau, par d'immenses cadrans solaires, et même par les vibrations du pendule. Mais leur activité pour les observations, ne s'étendit point à la recherche des causes; et sur ce point, ils ne firent aucun changement au systême de Ptolémée.

Les Perses soumis long-temps, aux mêmes souverains que les Arabes, et professant la même religion, secouèrent vers le milieu de l'onzième siècle, le joug des califes. A cette époque, leur calendrier reçut par les soins de l'astronome Omar Cheyam, une forme nouvelle fondée sur l'intercalation ingénieuse de huit années bissextiles en trente-trois ans, intercalation que Dominique Cassini proposa vers la fin du dernier siècle, comme plus exacte et plus simple que l'intercalation Grégorienne, ignorant que les Perses depuis long-temps, en faisoient usage. Holagu Ilecoukan, un de leurs souverains, rassembla les astronomes les plus instruits, à Maragha où il fit construire un magnifique observatoire dont il confia la direction

R r

à Nassir-Eddin. Mais aucun prince de cette nation ne se distingua
plus par son zèle pour l'astronomie, qu'Ulugh-Beigh que l'on doit
mettre au rang des plus grands observateurs. Il dressa lui-même, à
Samarcande capitale de ses états, un nouveau catalogue d'étoiles,
et les meilleures tables du soleil et des planètes, que l'on ait eues
avant Ticho Brahé. Il fixa la précession annuelle des équinoxes, à
159″, et mesura en 1437, avec un grand appareil d'instrumens,
l'obliquité de l'écliptique, qu'il trouva égale à 26°,1475.

Un siècle et demi auparavant, l'astronomie chinoise nous offre
plusieurs observations du soleil, faites avec beaucoup de soin, au
moyen d'un gnomon fort élevé, par Cocheouking astronome très-
recommandable. La Caille en a conclu la longueur de l'année, conforme à celle que nous avons adoptée; et l'obliquité de l'écliptique,
égale à 26°,1519, en 1278, époque de ces observations; d'où résulte
une diminution séculaire de 153″. C'est en me fondant principalement sur ces observations et sur celles d'Albatenius, que j'ai évalué
cette diminution, à 154″,3. L'histoire de l'astronomie chinoise fait
encore mention de quelques occultations des étoiles par les planètes,
et d'un assez grand nombre d'éclipses de soleil et de lune. Il existe
sans doute, dans les manuscrits que renferment nos bibliothèques;
d'autres observations qui répandroient un grand jour sur la théorie
des inégalités séculaires des mouvemens célestes, et sur la vraie
valeur des masses des planètes, l'une des principales choses que
laisse à desirer l'astronomie moderne. La recherche de ces observations doit fixer particulièrement l'attention des savans versés dans
les langues orientales; car les grandes variations du systême du
monde, ne sont pas moins intéressantes à connoître, que les révolutions des empires.

CHAPITRE IV.

De l'Astronomie dans l'Europe moderne.

C'est aux Arabes, que l'Europe moderne doit les premiers rayons de lumière, qui ont dissipé les ténèbres dont elle a été enveloppée pendant plus de douze siècles. Ils nous ont transmis avec gloire, le dépôt des connoissances qu'ils avoient reçu des Grecs disciples eux-mêmes des Egyptiens : mais par une fatalité déplorable, les sciences et les arts ont disparu chez tous ces peuples, à mesure qu'ils les ont communiqués. Depuis long-temps, le despotisme étend sa barbarie sur les belles contrées qui en ont été le berceau ; et les noms qui les ont autrefois rendues célèbres, y sont maintenant inconnus.

Alphonse, roi de Castille, fut un des premiers souverains qui encouragèrent l'astronomie renaissante en Europe. Cette science compte peu de protecteurs aussi zélés ; mais il fut mal secondé par les astronomes qu'il avoit rassemblés à grands frais ; et les tables qu'ils publièrent, ne répondirent point aux dépenses excessives qu'elles avoient occasionnées. Doué d'un esprit juste, Alphonse étoit choqué de l'embarras de tous les cercles dans lesquels on faisoit mouvoir les corps célestes ; il sentoit que les moyens de la nature devoient être beaucoup plus simples : *si Dieu*, disoit-il, *m'avoit appelé à son conseil, les choses eussent été dans un meilleur ordre.* Par ces mots taxés d'impiété, il faisoit entendre que l'on étoit encore loin de connoître le mécanisme de l'univers. Au temps d'Alphonse, l'Europe dut aux encouragemens de Frédéric ɪɪ, empereur d'Allemagne, la première traduction latine de l'Almageste de Ptolémée, que l'on fit sur la version arabe.

Nous arrivons enfin à l'époque célèbre où l'Astronomie sortant de la sphère étroite qui l'avoit renfermée jusqu'alors, s'éleva par

des progrès rapides et continus, à la hauteur où nous la voyons.
Purbach, Regiomontanus, et Waltherus, préparèrent ces beaux
jours de la science; et Copernic les fit naître par l'explication heureuse des phénomènes célestes, au moyen des mouvemens de la
terre sur elle-même et autour du soleil. Choqué comme Alphonse,
de l'extrême complication du système de Ptolémée; il chercha dans
les anciens philosophes, une disposition plus simple de l'univers.
Il reconnut que plusieurs d'entr'eux, avoient mis Vénus et Mercure en mouvement autour du soleil; que Nicétas, au rapport de
Cicéron, faisoit tourner la terre sur son axe, et par ce moyen,
affranchissoit la sphère céleste, de l'inconcevable vîtesse qu'il falloit lui supposer pour accomplir sa révolution diurne. Aristote et
Plutarque lui apprirent que les pythagoriciens faisoient mouvoir
la terre et les planètes, autour du soleil qu'ils plaçoient au centre
du monde. Ces idées lumineuses le frappèrent : il les appliqua aux
observations astronomiques que le temps avoit multipliées; et il
eut la satisfaction de les voir se plier sans effort, à la théorie des
mouvemens de la terre. La révolution diurne du ciel ne fut qu'une
illusion due à la rotation de la terre, et la précession des équinoxes
se réduisit à un léger mouvement dans l'axe terrestre. Les cercles
imaginés par Ptolémée, pour expliquer les mouvemens alternativement directs et rétrogrades des planètes, disparurent : Copernic
ne vit dans ces singuliers phénomènes, que des apparences produites par la combinaison du mouvement de la terre autour du
soleil, avec celui des planètes; et il en conclut les dimensions respectives de leurs orbes, jusqu'alors ignorées. Enfin, tout annonçoit
dans ce système, cette belle simplicité qui nous charme dans les
moyens de la nature, quand nous sommes assez heureux pour les
connoître. Copernic le publia dans son ouvrage *sur les révolutions
célestes* : pour ne pas révolter les préjugés reçus, il le présenta
comme une hypothèse. « Les astronomes, dit-il, dans sa dédicace
» au pape Paul III, s'étant permis d'imaginer des cercles, pour
» expliquer les mouvemens des astres; j'ai cru pouvoir également
» examiner si la supposition du mouvement de la terre, rend plus
» exacte et plus simple, la théorie de ces mouvemens ».

Ce grand homme ne fut pas témoin du succès de son ouvrage : il mourut presque subitement d'un flux de sang, à l'âge de soixante-onze ans, peu de jours après en avoir reçu le premier exemplaire. Né à Thorn dans la Prusse polonaise, le 19 février 1473, il apprit dans la maison paternelle, les langues grecque et latine, et il alla continuer ses études à Cracovie. Ensuite, entraîné par son goût pour l'Astronomie, et par la réputation que Regiomontanus avoit laissée; le desir de s'illustrer dans la même carrière, lui fit entreprendre le voyage de l'Italie où cette science étoit enseignée avec succès. Il suivit à Bologne, les leçons de Dominique Maria : venu à Rome, ses talens lui méritèrent une place de professeur : enfin, il quitta cette ville, pour se fixer à Fravenberg où son oncle alors évêque de Warmie, le pourvut d'un canonicat. Ce fut dans ce tranquille séjour, que par trente-six ans d'observations et de méditations, il établit sa théorie du mouvement de la terre. A sa mort, il fut inhumé dans la cathédrale de Fravenberg, sans pompe et sans épitaphe : mais sa mémoire subsistera aussi long-temps que les grandes vérités qu'il a reproduites avec une évidence qui a enfin, dissipé les illusions des sens, et surmonté les difficultés que leur opposoit l'ignorance des loix de la mécanique.

Ces vérités eurent encore à vaincre des obstacles d'un autre genre, et qui naissant d'un fonds respecté, les auroient étouffées; si les progrès rapides de toutes les sciences mathématiques n'eussent concouru à les affermir. La religion fut invoquée pour détruire un système astronomique; et l'on tourmenta par des persécutions réitérées, l'un de ses défenseurs, dont les découvertes honoroient son siècle et sa patrie. Rethicus disciple de Copernic, fut le premier qui en adopta les idées; mais elles ne prirent une grande faveur, que vers le commencement du dix-septième siècle, et elles la durent principalement aux travaux et aux malheurs de Galilée.

Un hasard heureux venoit de faire connoître le plus merveilleux instrument que l'industrie humaine ait découvert, et qui en donnant aux observations astronomiques, une étendue et une précision inespérée, a fait appercevoir dans les cieux, des inégalités nouvelles et de nouveaux mondes. Galilée eut à peine connoissance des premiers essais sur le télescope, qu'il s'attacha à le perfectionner. En le dirigeant vers les astres, il découvrit les quatre satellites de Jupiter, qui lui montrèrent une nouvelle analogie de la terre avec les planètes : il reconnut ensuite, les phases de Vénus, et dès-lors, il ne douta plus de son mouvement autour du soleil. La voie lactée lui offrit un nombre infini de petites étoiles que l'irradiation confond à la vue simple, dans une lumière blanche et continue : les points lumineux qu'il apperçut au-delà de la ligne qui sépare la partie éclairée, de la partie obscure de la lune, lui firent connoître l'existence et la hauteur de ses montagnes. Enfin, il observa les apparences occasionnées par l'anneau de Saturne, les taches et la rotation du soleil. En publiant ces découvertes, il fit voir qu'elles prouvoient incontestablement, le mouvement de la terre ; mais la pensée de ce mouvement, fut déclarée hérétique, par une congré-gation de cardinaux ; et Galilée, son plus célèbre défenseur, fut cité au tribunal de l'inquisition, et forcé de se rétracter, pour échapper à une prison rigoureuse.

Une des plus fortes passions, est l'amour de la vérité, dans l'homme de génie. Plein de l'enthousiasme qu'une grande décou-verte lui inspire, il brûle de la répandre, et les obstacles que lui opposent l'ignorance et la superstition armées du pouvoir, ne font que l'irriter et accroître son énergie. Galilée convaincu par ses propres observations, du mouvement de la terre, médita long-temps un nouvel ouvrage dans lequel il se proposoit d'en développer les preuves. Mais pour se dérober à la persécution dont il avoit failli être victime, il imagina de les présenter sous la forme de dialogues entre trois interlocuteurs dont l'un défendoit le systême de Copernic, combattu par un péripatéticien. On sent que l'avan-tage restoit au défenseur de ce systême ; mais Galilée ne pronon-çant point entr'eux, et faisant valoir autant qu'il étoit possible, les objections des partisans de Ptolémée, devoit s'attendre à jouir d'une tranquillité que lui méritoient ses travaux et son grand âge. Le succès de ces dialogues, et la manière triomphante avec laquelle toutes les difficultés contre le mouvement de la terre, y étoient résolues, réveillèrent l'inquisition. Galilée à l'âge de soixante et dix ans, fut de nouveau cité à ce tribunal. La protection du grand-duc de Toscane ne put empêcher qu'il y comparût. On l'enferma dans une prison où l'on exigea de lui, un second désaveu de ses sentimens, avec menace de la peine de relaps, s'il continuoit d'enseigner le système de Copernic. On lui fit signer cette formule d'abjuration ; *Moi, Galilée, à la soixante et dixième année de mon âge, constitué personnellement en justice, étant à genoux, et ayant devant les yeux, les saints évangiles que je touche de mes propres mains ; d'un cœur et d'une foi sincère, j'abjure, je maudis et je déteste l'absurdité, l'erreur, l'hérésie du mouvement de la terre, etc.* Quel spectacle, que celui d'un vénérable vieillard, illustre par une longue vie consacrée toute entière à l'étude de la nature, abjurant à genoux, contre le témoignage de sa propre conscience, la vérité qu'il avoit prouvée avec évidence ! Un décret de l'inquisition le condamna à une prison perpétuelle : il fut élargi après une année, par les sollicitations du grand-duc; mais pour l'empêcher de se soustraire au pouvoir de l'inquisition, on lui défendit de sortir du territoire de Florence. Né à Pise en 1564, il annonça de bonne heure, les talens qu'il développa dans la suite. La mécanique lui doit plusieurs découvertes dont la plus importante est sa théorie de la chute des graves. Galilée étoit occupé de la libration de la lune, lorsqu'il perdit la vue; il mourut trois ans après, à Arcetri, en 1642, emportant avec lui, les regrets de l'Europe éclairée par ses travaux, et indignée du jugement porté contre un aussi grand homme, par un odieux tribunal.

Pendant que ces choses se passoient en Italie; Kepler dévoiloit en Allemagne, les loix des mouvemens planétaires. Mais avant que d'exposer ses découvertes; il convient de remonter plus haut, et de faire connoître les progrès de l'astronomie, dans le nord de l'Europe, depuis la mort de Copernic.

L'histoire de cette science nous offre à cette époque, un grand nombre d'excellens observateurs. L'un des plus illustres, fut Guillaume IV, landgrave de Hesse-Cassel. Il fit bâtir à Cassel, un observatoire qu'il munit d'instrumens travaillés avec soin, et dans lequel il observa long-temps, lui-même. Il s'attacha deux astronomes distingués, Rothman, et Juste Byrge ; et Ticho fut redevable à ses pressantes sollicitations, des avantages que lui procura Frédéric, roi de Dannemarck.

Ticho Brahé, l'un des plus grands observateurs qui aient existé, naquit à Knudsturp en Norwège. Son goût pour l'astronomie se manifesta dès l'âge de quatorze ans, à l'occasion d'une éclipse de soleil, arrivée en 1560. A cet âge où il est si rare de réfléchir, la justesse du calcul qui avoit annoncé ce phénomène, lui inspira le vif desir d'en connoître les principes ; et ce desir s'accrut encore, par les oppositions qu'il éprouva de la part de son gouverneur et de sa famille. Il voyagea en Allemagne où il contracta des liaisons de correspondance et d'amitié avec les savans et les amateurs les plus distingués de l'astronomie, et particulièrement avec le landgrave de Hesse-Cassel, qui le reçut de la manière la plus flatteuse. De retour dans sa patrie, il y fut fixé par Frédéric son souverain, qui lui donna la petite île d'Huene, à l'entrée de la mer Baltique. Ticho y fit bâtir un observatoire célèbre sous le nom d'*Uranibourg* : là, pendant un séjour de vingt-un ans, il fit un amas prodigieux d'observations, et plusieurs découvertes importantes. A la mort de Frédéric, l'envie déchaînée contre Ticho, le força d'abandonner sa retraite. Son retour à Copenhague n'assouvit point la rage de ses persécuteurs ; un ministre, (son nom, comme celui de tous les hommes qui ont abusé de leur pouvoir, pour arrêter le progrès de la raison, doit être livré à l'exécration de tous les âges) Walchendorp lui fit défendre de continuer ses observations. Heureusement, Ticho retrouva un protecteur puissant dans l'empereur Rodolphe 11, qui se l'attacha par une pension considérable, et le logea commodément à Prague. Une mort imprévue l'enleva dans cette ville, le 24 octobre 1601, au milieu de ses travaux, et dans un âge où l'astronomie pouvoit encore en attendre de grands services.

De nouveaux instrumens inventés, et des perfections nouvelles ajoutées aux anciens ; une précision beaucoup plus grande dans les observations ; un catalogue d'étoiles fort supérieur à ceux d'Hipparque et d'Ulug-Beigh ; la découverte de l'inégalité de la lune, nommée *variation* ; celle des inégalités du mouvement des nœuds et de l'inclinaison de l'orbe lunaire ; la remarque intéressante que les comètes sont au-delà de cet orbe ; une connoissance plus parfaite des réfractions astronomiques ; enfin, des observations très-nombreuses des planètes, qui ont servi de base aux découvertes de Kepler

Kepler; tels sont les principaux services que Ticho Brahé a rendus à l'astronomie. Frappé des objections que les adversaires de Copernic opposoient au mouvement de la terre, et peut-être entraîné par la vanité de donner son nom à un système astronomique, il méconnut celui de la nature. Suivant lui, la terre est immobile au centre de l'univers; tous les astres se meuvent chaque jour, autour de l'axe du monde; et le soleil, dans sa révolution annuelle, emporte avec lui les planètes. Dans ce système déjà connu, les apparences sont les mêmes que dans celui du mouvement de la terre. On peut généralement considérer tel point que l'on veut, par exemple, le centre de la lune, comme immobile; pourvu que l'on transporte en sens contraire, à tous les astres, le mouvement dont il est animé. Mais n'est-il pas physiquement absurde, de supposer la terre sans mouvement dans l'espace, tandis que le soleil entraîne les planètes au milieu desquelles elle est comprise? La distance de la terre au soleil, si bien d'accord avec la durée de sa révolution, dans l'hypothèse du mouvement de la terre, pouvoit-elle laisser sur la vérité de cette hypothèse, des doutes à un esprit fait pour sentir la force de l'analogie? Il faut l'avouer, Ticho, quoique grand observateur, ne fut pas heureux dans la recherche des causes : son esprit peu philosophique fut même imbu des préjugés de l'astrologie qu'il a essayé de défendre. Il seroit, cependant, injuste de le juger avec la même rigueur, que celui qui se refuseroit, de nos jours, à la théorie du mouvement de la terre, confirmée par les découvertes nombreuses faites depuis, en astronomie. Les difficultés que les illusions des sens opposoient alors à cette théorie, n'avoient point encore été complètement résolues : le diamètre apparent des étoiles, supérieur à leur parallaxe annuelle, donnoit à ces astres, dans cette théorie, un diamètre réel, plus grand que celui de l'orbe terrestre. Le télescope, en les réduisant à des points lumineux, a fait disparoître cette grandeur invraisemblable. On ne concevoit pas comment les corps détachés de la terre, pouvoient en suivre les mouvemens. Les loix de la mécanique, ont expliqué ces apparences : elles ont fait voir, ce que Ticho révoquoit en doute, qu'un corps, en partant d'une grande hauteur, et abandonné à la seule action de la gravité, doit retomber à très-peu près, au pied de la

S s

verticale, en ne s'en écartant à l'orient, que d'une quantité très-
difficile à observer, par sa petitesse; en sorte que l'on éprouve maintenant, à s'assurer par une expérience directe, du mouvement de
la terre, autant de difficulté que l'on en trouvoit alors, à prouver
qu'il doit être insensible.

Dans ses dernières années, Ticho Brahé eut pour disciple, et
pour aide, Kepler né en 1571 à Viel, dans le duché de Wirtemberg,
et l'un de ces hommes rares que la nature donne de temps en temps
aux sciences, pour en faire éclore les grandes théories préparées
par les travaux de plusieurs siècles. La carrière des sciences lui
parut d'abord peu propre à satisfaire l'ambition qu'il avoit de s'illustrer; mais l'ascendant de son génie, et les exhortations de Mœstlin,
le rappelèrent à l'astronomie, et il y porta toute l'activité d'une
ame passionnée pour la gloire.

Impatient de connoître la cause des phénomènes, le savant doué
d'une imagination vive, l'entrevoit souvent, avant que les observations aient pu l'y conduire. Sans doute, il est plus sûr de remonter
des phénomènes aux causes; mais l'histoire des sciences nous prouve
que cette marche lente n'a pas toujours été celle des inventeurs.
Que d'écueils doit craindre celui qui prend son imagination pour
guide! Prévenu pour la cause qu'elle lui présente, loin de la rejeter
lorsque les faits lui sont contraires, il les altère pour les plier à ses
hypothèses; il mutile, si je puis ainsi dire, l'ouvrage de la nature,
pour le faire ressembler à celui de son imagination; sans réfléchir
que le temps détruit d'une main, ces vains phantômes, et de l'autre
affermit les résultats du calcul et de l'expérience. Le philosophe
vraiment utile au progrès des sciences, est celui qui réunissant à
une imagination profonde, une grande sévérité dans le raisonnement et dans les observations, est à-la-fois tourmenté par le desir
de s'élever à la cause des phénomènes, et par la crainte de se tromper
sur celle qu'il leur assigne.

Kepler dut à la nature, le premier de ces avantages; et le second
à Ticho Brahé. Ce grand observateur qu'il alla voir à Prague, et
qui, dans les premiers ouvrages de Kepler, avoit démêlé son génie
à travers les analogies mystérieuses des figures et des nombres dont
ils étoient remplis, l'exhorta à observer, et lui procura le titre de

mathématicien impérial. La mort de Ticho, arrivée peu d'années après, mit Kepler en possession de la collection précieuse de ses observations; et il en fit l'emploi le plus utile, en fondant sur elles, trois des plus importantes découvertes que l'on ait faites dans la philosophie naturelle.

Ce fut une opposition de Mars, qui détermina Kepler à s'occuper de préférence, des mouvemens de cette planète. Son choix fut heureux, en ce que l'orbe de Mars étant un des plus excentriques du système planétaire, les inégalités de son mouvement sont plus sensibles, et doivent plus facilement et plus sûrement en faire découvrir les loix. Quoique la théorie du mouvement de la terre, eût fait disparoître la plupart des cercles dont Ptolémée avoit embarrassé l'astronomie; cependant Copernic en avoit laissé subsister plusieurs, pour expliquer les inégalités réelles des corps célestes. Kepler trompé comme lui, par l'opinion que leurs mouvemens devoient être circulaires et uniformes, essaya long-temps de représenter ceux de Mars, dans cette hypothèse. Enfin, après un grand nombre de tentatives qu'il a rapportées en détail, dans son fameux ouvrage de *Stella Martis*, il franchit l'obstacle que lui opposoit une erreur accréditée par le suffrage de tous les siècles : il reconnut que l'orbe de Mars est une ellipse dont le soleil occupe un des foyers, et que la planète s'y meut de manière que le rayon vecteur mené de son centre à celui du soleil, décrit des aires proportionnelles au temps. Kepler étendit ces résultats à toutes les planètes, et publia en 1626, d'après cette théorie, les tables rudolphines, à jamais mémorables en astronomie, comme ayant été les premières fondées sur les véritables loix des mouvemens planétaires.

Sans les spéculations des Grecs, sur les courbes que forme la section du cône par un plan; ces belles loix seroient peut-être, encore ignorées. L'ellipse étant une de ces courbes, sa figure alongée fit naître dans l'esprit de Kepler, la pensée d'y mettre en mouvement, la planète Mars dont il avoit reconnu que l'orbite étoit ovale ; et bientôt, au moyen des nombreuses propriétés que les anciens géomètres avoient trouvées sur les sections coniques, il s'assura de la vérité de cette hypothèse. L'histoire des sciences nous offre beaucoup d'exemples de ces applications de la géométrie pure, et de ses avantages ; car tout se tient dans la chaîne immense des vérités et souvent une seule observation a suffi pour faire passer les plus stériles en apparence, de notre entendement, dans la nature dont les phénomènes ne sont que les résultats mathématiques d'un petit nombre de loix invariables.

Le sentiment de cette vérité donna probablement, naissance aux analogies mystérieuses des pythagoriciens : elles avoient séduit Kepler, et il leur fut redevable d'une de ses plus belles découvertes. Persuadé que les distances moyennes des planètes au soleil devoient être réglées conformément à ces analogies ; il les compara long-temps, soit avec les corps réguliers de la géométrie, soit avec les intervalles des tons. Enfin, après dix-sept ans de méditations et de calculs, ayant eu l'idée de comparer les puissances des nombres qui les expriment ; il trouva que les quarrés des temps des révolutions des planètes, sont entr'eux comme les cubes des grands axes de leurs orbes ; loi très-importante, qu'il eut l'avantage de reconnoître dans le systême des satellites de Jupiter, et qui s'étend à tous les systêmes de satellites.

On doit être étonné que Kepler n'ait pas appliqué aux comètes, les loix générales du mouvement elliptique. Mais égaré par une imagination ardente, il laissa échapper le fil de l'analogie qui devoit le conduire à cette grande découverte. Les comètes, suivant lui, n'étant que des météores engendrés dans l'éther ; il négligea d'étudier leurs mouvemens, et il s'arrêta au milieu de la carrière qu'il avoit ouverte, abandonnant à ses successeurs, une partie de la gloire qu'il pouvoit encore acquérir. De son temps, on commençoit à peine, à entrevoir la méthode de procéder dans la recherche de la vérité à laquelle le génie ne parvenoit que par instinct, en alliant souvent à ses découvertes, beaucoup d'erreurs. Au lieu de s'élever péniblement par une suite d'inductions, des phénomènes particuliers, à d'autres plus étendus, et de ceux-ci, aux loix générales de la nature ; il étoit plus facile et plus agréable de subordonner tous les phénomènes, à des rapports de convenance et d'harmonie, que l'imagination créoit et modifioit à son gré. Ainsi, Kepler expliqua la disposition du systême solaire, par les loix de l'harmonie musicale. On le voit, même dans ses derniers ouvrages, se complaire dans ces chimériques spéculations, au point de les regarder comme l'*ame et la vie* de l'astronomie. Il en a déduit l'excentricité de l'orbe terrestre, la densité du soleil, sa parallaxe, et d'autres résultats dont l'inexactitude aujourd'hui reconnue est une preuve des erreurs auxquelles on s'expose, en s'écartant de la route tracée par l'observation.

Après avoir détruit les épicicles que Copernic avoit conservés ; après avoir déterminé la courbe que les planètes décrivent autour du soleil , et découvert les loix de leurs mouvemens ; Kepler touchoit de trop près, au principe dont ces loix dérivent, pour ne pas le pressentir. La recherche de ce principe exerça souvent son imagination active ; mais le moment n'étoit pas venu, de faire ce dernier pas qui demandoit une connoissance plus approfondie de la mécanique, et une géométrie plus perfectionnée. Cependant, au milieu des tentatives infructueuses de Kepler, et de ses nombreux écarts ; l'enchaînement des vérités l'a conduit à des vues saines sur cet objet, dans l'ouvrage où il a présenté ses principales découvertes. « La gravité," dit-il dans son *Commentaire sur Mars,*" n'est » qu'une affection corporelle et mutuelle entre les corps semblables. » Les corps graves ne tendent point au centre du monde, mais à » celui du corps rond dont ils font partie ; et si la terre n'étoit pas » sphérique , les graves ne tomberoient point vers son centre, mais » vers différens points. Si la lune et la terre n'étoient pas retenues » dans leurs distances respectives ; elles tomberoient l'une sur » l'autre, la lune faisant les $\frac{54}{54}$ du chemin, et la terre faisant le reste, » en les supposant également denses ». Il croit encore que l'attraction de la lune est la cause du flux et du reflux de la mer, et il soupçonne que les irrégularités du mouvement lunaire, sont produites par les actions combinées du soleil et de la terre, sur la lune.

L'Astronomie doit encore à Kepler, plusieurs découvertes utiles. Son ouvrage sur l'optique, est plein de choses neuves et intéressantes ; il y explique le mécanisme de la vision, inconnu avant lui ; il y donne la vraie cause de la lumière cendrée de la lune ; mais il en fait hommage à son maître Mœstlin recommandable par cette découverte, et pour avoir rappelé Kepler à l'astronomie , et converti Galilée, au système de Copernic. Enfin, Kepler, dans son ouvrage intitulé *Stereometria doliorum*, a présenté sur l'infini, des vues qui ont influé sur la révolution que la géométrie a éprouvée à la fin du dernier siècle.

Avec autant de droits à l'admiration, ce grand homme vécut dans la misère ; tandis que l'astrologie judiciaire, par-tout en honneur, étoit magnifiquement récompensée. Les astronomes de son temps, Descartes lui-même et Galilée qui pouvoient tirer le parti le plus avantageux de ses découvertes, ne paroissent pas en avoir senti l'importance. Heureusement, la jouissance de la vérité qui se dévoile à l'homme de génie, et la perspective de la postérité juste et reconnoissante, le consolent de l'ingratitude de ses contemporains. Kepler avoit obtenu des pensions qui lui furent toujours mal payées : étant allé à la diète de Ratisbonne, pour en solliciter les arrérages ; il mourut dans cette ville, le 15 novembre 1630. Il eut dans ses dernières années, l'avantage de voir naître et d'employer la découverte des logarythmes, due à Neper, baron écossois ; artifice admirable, ajouté à l'ingénieux algorythme des Indiens, et qui en réduisant à quelques jours, le travail de plusieurs mois, double, si l'on peut ainsi dire, la vie des astronomes, et leur épargne les erreurs et les dégoûts inséparables des longs calculs ; invention d'autant plus satisfaisante pour l'esprit humain, qu'il l'a tirée en entier, de son propre fonds : dans les arts, l'homme se sert des matériaux et des forces de la nature, pour accroître sa puissance ; mais ici, tout est son ouvrage.

Les travaux d'Huyghens suivirent de près, ceux de Kepler et de Galilée. Très-peu d'hommes ont aussi bien mérité des sciences, par l'importance et la sublimité de leurs recherches. L'application du pendule aux horloges, est un des plus beaux présens que l'on ait faits à l'astronomie et à la géographie qui sont redevables de leurs progrès rapides, à cette heureuse invention, et à celle du télescope, dont il perfectionna considérablement la pratique et la théorie. Il reconnut au moyen des excellens objectifs qu'il parvint à construire, que les singulières apparences de Saturne, sont produites par un anneau fort mince dont cette planète est environnée : son assiduité à les observer, lui fit découvrir un des satellites de Saturne. La géométrie et la méçanique lui doivent un grand nombre de découvertes; et si ce rare génie eût eu l'idée de combiner ses théorêmes sur la force centrifuge, avec ses belles recherches sur les développées, et avec les loix de Kepler; il eût enlevé à Newton, sa théorie des mouvemens curvilignes, et celle de la pesanteur universelle. Mais c'est dans de semblables rapprochemens, que consistent les découvertes.

Vers le même temps, Hevelius se rendit utile à l'astronomie, par d'immenses travaux. Il a existé peu d'observateurs aussi infatigables : on regrette qu'il n'ait pas voulu adopter l'application des lunettes aux quarts de cercle, invention qui a donné aux observations, une précision jusqu'alors inconnue.

A cette époque, l'astronomie prit un nouvel essor, par l'établissement des sociétés savantes. La nature est tellement variée dans ses productions et dans ses phénomènes, elle est si difficile à pénétrer dans ses causes; que pour la connoître et la forcer à nous dévoiler ses loix, il faut qu'un grand nombre d'hommes réunissent leurs lumières et leurs efforts. Cette réunion est sur-tout nécessaire, quand les sciences, en s'étendant, se touchent et se demandent de mutuels secours. Alors, le physicien a recours au géomètre, pour s'élever aux causes générales des phénomènes qu'il observe; et le géomètre interroge à son tour, le physicien, pour rendre ses recherches utiles, en les appliquant à l'expérience, et pour se frayer par ces applications mêmes, de nouvelles routes dans l'analyse. Mais le principal avantage des sociétés savantes, est l'esprit philosophique qui doit s'y introduire, et de-là, se répandre dans toute une nation, et sur tous les objets. Le savant isolé peut se livrer sans crainte, à l'esprit de systême; il n'entend que de loin, la contradiction : mais dans une société savante, le choc des opinions systématiques finit bientôt par les détruire; et le désir de se convaincre mutuellement, établit entre les membres, la convention de n'admettre que les résultats de l'observation et du calcul. Aussi, l'expérience a prouvé que depuis l'origine de ces établissemens, la vraie philosophie s'est généralement répandue. En donnant l'exemple de tout soumettre à l'examen d'une raison sévère; ils ont fait disparoître les préjugés qui avoient régné trop long-temps dans les sciences, et que les meilleurs esprits des siècles précédens, avoient partagés. Leur utile influence sur l'opinion, a dissipé des erreurs accueillies de nos jours, avec un enthousiasme qui, dans d'autres temps, les auroit perpétuées. Enfin, c'est dans leur sein ou par leurs encouragemens, que se sont formées ces grandes théories que leur généralité met au-dessus de la portée du vulgaire; et qui, se répandant par de nombreuses applications, sur la nature et sur les arts, sont d'inépuisables sources de lumières et de jouissances.

De toutes les sociétés savantes, les deux plus célèbres par le grand nombre et l'importance des découvertes dans les sciences, et en particulier dans l'astronomie, sont l'Académie des Sciences de Paris , et la Société royale de Londres. La première fut créée en 1666, par Louis XIV qui pressentit l'éclat que les sciences et les arts devoient répandre sur son règne. Ce monarque dignement secondé par Colbert, invita plusieurs savans étrangers, à venir se fixer dans sa capitale. Huyghens se rendit à cette invitation flatteuse; il publia dans le sein de l'Académie dont il fut un des premiers membres, son admirable ouvrage *De horologio oscillatorio.* Il auroit fini ses jours dans sa nouvelle patrie, sans l'édit désastreux qui, vers la fin du dernier siècle, priva la France de tant de citoyens utiles. Huyghens, en s'éloignant d'un pays dans lequel on proscrivoit la religion de ses ancêtres, se retira à la Haye où il étoit né le 14 avril 1629; il y mourut le 15 juin 1695.

Dominique Cassini fut pareillement attiré à Paris, par les bienfaits de Louis XIV. Pendant quarante ans d'utiles travaux, il enrichit l'astronomie , d'une foule de découvertes ; telles sont, la théorie des satellites de Jupiter, dont il détermina les mouvemens par les observations de leurs éclipses; la découverte de quatre satellites de Saturne; celles de la rotation de Jupiter, des bandes parallèles à son équateur, de la rotation de Mars, de la lumière zodiacale; la connoissance fort approchée de la parallaxe du soleil; une table des réfractions, très-exacte; et sur-tout, la théorie complète de la libration de la lune.

Le grand nombre d'académiciens astronomes d'un rare mérite, et les bornes de ce précis historique, ne me permettent pas de rendre compte de leurs travaux; je me contenterai d'observer que l'application du télescope au quart de cercle, l'invention du

micromètre

micromètre et de l'héliomètre, la propagation successive de la lumière, la grandeur de la terre, son applatissement, et la diminution de la pesanteur à l'équateur, sont autant de découvertes sorties du sein de l'Académie des Sciences.

L'astronomie n'est pas moins redevable à la Société royale de Londres, dont l'origine est de quelques années, antérieure à celle de l'Académie des Sciences. Parmi les astronomes qu'elle a produits, je citerai Flamsteed, l'un des plus grands observateurs qui aient paru; Halley, illustre par des voyages entrepris pour l'avancement des sciences, par son beau travail sur les comètes, qui lui a fait découvrir le retour de la comète de 1759, et par l'idée ingénieuse d'employer les passages de Vénus sur le soleil, à la détermination de sa parallaxe. Je citerai enfin, Bradley, le modèle des observateurs, et célèbre à jamais par deux des plus belles découvertes que l'on ait faites en astronomie, l'aberration des fixes et la nutation de l'axe de la terre.

Quand l'application du pendule aux horloges, et des lunettes au quart de cercle, eut rendu sensibles aux observateurs, les plus petits changemens dans la position des corps célestes, ils cherchèrent à déterminer la parallaxe annuelle des étoiles; car il étoit naturel de penser qu'une aussi grande étendue que le diamètre de l'orbe terrestre, est encore sensible à la distance de ces astres. En les observant avec soin, dans toutes les saisons de l'année; ils apperçurent de légères variations, quelquefois favorables, mais le plus souvent contraires aux effets de la parallaxe. Pour déterminer la loi de ces variations, il falloit un instrument d'un grand rayon, et divisé avec une précision extrême. L'artiste qui l'exécuta, mérite de partager la gloire de l'astronome qui lui doit ses découvertes. Graham, fameux horloger anglais, construisit un grand secteur avec lequel Bradley reconnut en 1727, l'aberration des étoiles. Pour l'expliquer, ce grand astronome eut l'heureuse idée de combiner le mouvement de la terre, avec celui de la lumière, que Roëmer avoit découvert à la fin du dernier siècle, au moyen des éclipses des satellites de Jupiter. On doit être surpris qu'aucun des savans distingués qui existoient alors, et qui connoissoient le mouvement de la lumière, n'ait fait attention aux effets très-simples

T t

qui en résultent sur la position apparente des étoiles. Mais l'esprit humain si actif dans la formation des systêmes, a presque toujours attendu que l'observation et l'expérience lui aient fait connoître d'importantes vérités que le simple raisonnement eût pu lui découvrir. C'est ainsi que l'invention du télescope, a suivi de plus de trois siècles, celle des verres lenticulaires, et n'a même été due qu'au hasard.

En 1745, Bradley reconnut par l'observation, la nutation de l'axe terrestre. Dans toutes ces variations apparentes des étoiles, observées avec un soin extraordinaire, il n'apperçut rien qui indiquât une parallaxe sensible.

Les mesures des degrés des méridiens terrestres et du pendule, multipliées dans les diverses parties du globe, opérations dont la France a donné l'exemple, en mesurant l'arc total du méridien, qui la traverse, et en envoyant des académiciens au nord et à l'équateur pour y observer la grandeur de ces degrés et l'intensité de la pesanteur; l'arc du méridien, compris entre Dunkerque et Barcelone, déterminé par des opérations très-précises, et servant de base au systême de mesures, le plus naturel et le plus simple; les voyages entrepris pour observer les deux passages de Vénus sur le soleil, en 1761 et 1769, et la connoissance exacte des dimensions du système solaire, fruit de ces voyages; l'invention des lunettes achromatiques, des montres marines, de l'octant et du cercle répétiteur; la découverte de la planète Uranus, faite par Herschel, en 1781; celles de ses satellites, et de deux nouveaux satellites de Saturne, dues au même observateur; enfin, toutes les théories astronomiques perfectionnées, et tous les phénomènes célestes sans exception, ramenés au principe de la pesanteur universelle; telles sont, avec les découvertes de Bradley, les principales obligations dont l'astronomie est redevable à notre siècle qui en sera toujours avec le précédent, la plus glorieuse époque.

CHAPITRE V.

De la découverte de la pesanteur universelle.

APRÈS avoir montré par quels efforts successifs, l'esprit humain s'est élevé à la connoissance des loix des mouvemens célestes ; il me reste à faire voir comment il est parvenu à découvrir le principe général dont ces loix dépendent.

Descartes essaya le premier, de ramener à la mécanique, les mouvemens des corps célestes : il imagina des tourbillons de matière subtile, au centre desquels il plaça ces corps ; les tourbillons des planètes entraînoient les satellites ; et le tourbillon du soleil entraînoit les planètes, les satellites et leurs tourbillons divers. Les mouvemens des comètes, dirigés dans tous les sens, ont fait disparoître ces tourbillons, comme ils avoient anéanti les cieux solides, et tout l'appareil des cercles imaginés par les anciens astronomes. Ainsi, Descartes ne fut pas plus heureux dans la mécanique céleste, que Ptolémée, dans l'astronomie ; mais leurs travaux n'ont point été inutiles aux sciences. Ptolémée nous a transmis à travers quatorze siècles d'ignorance, le petit nombre de vérités astronomiques que les anciens avoient découvertes. Descartes venu dans un temps où tous les esprits éprouvoient une fermentation qu'il avoit encore augmentée, et substituant aux vieilles erreurs, des erreurs plus séduisantes, soutenues de l'autorité de ses découvertes géométriques, a détruit l'empire d'Aristote et de Ptolémée, qu'une philosophie plus sage eût difficilement ébranlé. Mais en posant en principe, qu'il falloit commencer par douter de tout ; il nous a lui-même avertis de soumettre ses opinions, à un examen sévère ; et son système n'a pas résisté long-temps, aux vérités nouvelles qui lui étoient opposées.

Il étoit réservé à Newton, de nous faire connoître le principe général des mouvemens célestes. La nature, en le douant d'un profond génie, prit encore soin de le placer à l'époque la plus favorable. Descartes avoit changé la face des sciences mathématiques, par l'application féconde de l'algèbre à la théorie des courbes et des fonctions variables : la géométrie de l'infini, dont cette théorie renfermoit le germe, commençoit à percer de toutes parts : Wallis, Wren et Huyghens venoient de trouver les loix du mouvement : les découvertes de Galilée sur la chute des graves, et d'Huyghens sur les développées et sur la force centrifuge, conduisoient à la théorie du mouvement dans les courbes : Kepler avoit déterminé celles que décrivent les planètes, et entrevu la gravitation universelle : enfin, Hook avoit très-bien vu que leurs mouvemens sont le résultat d'une force de projection, combinée avec la force attractive du soleil. La mécanique céleste n'attendoit ainsi pour éclore, qu'un homme de génie qui en généralisant ces découvertes, sût en tirer la loi de la pesanteur : c'est ce que Newton exécuta dans son immortel ouvrage des principes mathématiques de la philosophie naturelle.

Cet homme célèbre à tant de titres, naquit à Woolstrop en Angleterre, sur la fin de 1642, l'année même de la mort de Galilée. Ses premières études en mathématiques, annoncèrent ce qu'il seroit, un jour ; une lecture rapide des livres élémentaires, lui suffit pour les entendre ; il parcourut ensuite, la géométrie de Descartes, l'optique de Kepler et l'arithmétique des infinis de Wallis ; et s'élevant bientôt à des inventions nouvelles, il fut avant l'âge de vingt-sept ans, en possession de son calcul des fluxions, et de sa théorie de la lumière. Jaloux de son repos, et redoutant les querelles littéraires qu'il eût mieux évitées, en publiant plutôt ses découvertes ; il ne se pressa point de les mettre au jour. Le docteur Barrow dont il fut le disciple et l'ami, se démit en sa faveur, de la place de professeur de mathématiques dans l'université de Cambridge. Ce fut pendant qu'il la remplissoit, que cédant aux instances de la Société royale de Londres, et aux sollicitations de Halley, il publia son ouvrage des principes. L'université dont il étoit membre, le choisit pour son représentant, dans le parlement de convention de 1688, et dans celui qui fut convoqué en 1701. Il fut nommé direc-

teur de la monnoie, et créé chevalier par la reine Anne; élu en
1703, président de la Société royale, il le fut sans interruption
jusqu'à sa mort arrivée en 1727. Enfin, il jouit de la plus haute
considération pendant sa longue vie; et sa nation dont il avoit fait
la gloire, lui décerna les honneurs funèbres les plus distingués.

En 1666, Newton retiré à la campagne, dirigea pour la première
fois, ses réflexions vers le système du monde. La chute des corps,
à très-peu près la même au sommet des plus hautes montagnes,
comme à la surface de la terre, lui fit conjecturer que la pesanteur
s'étend jusqu'à la lune, et qu'en se combinant avec le mouvement
de projection de ce satellite, elle lui fait décrire un orbe elliptique,
autour de la terre. Pour vérifier cette conjecture, il falloit connoître
la loi de diminution de la pesanteur. Newton considéra que si la
pesanteur terrestre retient la lune dans son orbite, les planètes
doivent être pareillement retenues dans leurs orbes, par leur pesanteur vers le soleil, et il en démontra l'existence, par la loi des aires
proportionnelles aux temps; or il résulte du rapport entre les
quarrés des temps des révolutions des planètes, et les cubes des
grands axes de leurs orbes, que leur force centrifuge, et par conséquent, leur tendance vers le soleil, diminue en raison du quarré
de leurs distances à cet astre; Newton transporta donc à la terre,
cette loi de diminution de la pesanteur. En partant des expériences
sur la chute des graves; il détermina la hauteur dont la lune abandonnée à elle-même, descendroit vers la terre, dans un court
intervalle de temps. Cette hauteur est le sinus verse de l'arc qu'elle
décrit dans le même intervalle, sinus que la parallaxe lunaire donne
en parties du rayon terrestre; ainsi, pour comparer à l'observation, la loi de la pesanteur réciproque au quarré des distances, il
étoit nécessaire de connoître la grandeur de ce rayon. Mais Newton
n'ayant alors, qu'une mesure fautive du méridien terrestre, parvint
à un résultat différent de celui qu'il attendoit; et soupçonnant que
les forces inconnues se joignoient à la pesanteur de la lune, il
abandonna ses premières idées. Quelques années après, une lettre
du docteur Hook lui fit rechercher la nature de la courbe décrite
par les projectiles, autour du centre de la terre. Picard venoit de
mesurer en France, un degré du méridien; Newton reconnut au

moyen de cette mesure, que la lune étoit retenue dans son orbite, par le seul pouvoir de la gravité supposée réciproque au quarré des distances. D'après cette loi, il trouva que la ligne décrite par les corps, dans leur chute, est une ellipse dont le centre de la terre occupe un des foyers : en considérant ensuite que les orbes des planètes sont pareillement des ellipses au foyer desquelles est placé le centre du soleil ; il eut la satisfaction de voir que la solution qu'il avoit entreprise par curiosité, s'appliquoit aux plus grands objets de la nature. Il rédigea plusieurs propositions relatives au mouvement elliptique des planètes ; et le docteur Halley l'ayant engagé à les publier, il composa son ouvrage des principes, qui parut en 1687. Ces détails que nous tenons de Pemberton contemporain et ami de Newton qui les a confirmés par son témoignage, prouvent que ce grand géomètre avoit trouvé en 1666, les principaux théorêmes sur la force centrifuge, qu'Huyghens ne publia que six ans après, à la fin de l'ouvrage *de horologio oscillatorio*. Il est très-croyable, en effet, que l'auteur de la méthode des fluxions, qui paroît avoir été dès-lors, en possession de cette méthode, a facilement découvert ces théorêmes.

Newton étoit parvenu à la loi de diminution de la pesanteur, au moyen du rapport entre les quarrés des temps des révolutions des planètes, et les cubes des axes de leurs orbes supposés circulaires il démontra que ce rapport a généralement lieu dans les orbes elliptiques, et qu'il indique une égale pesanteur des planètes vers le soleil, en les supposant à la même distance de son centre. La même égalité de pesanteur vers la planète principale, existe dans tous les systêmes de satellites ; et Newton la vérifia sur les corps terrestres par des expériences très-précises.

En généralisant ensuite ces recherches, ce grand géomètre fi voir qu'un projectile peut se mouvoir dans une section coniqu quelconque, en vertu d'une force dirigée vers son foyer, et réciproque au quarré des distances ; il développa les diverses propriété du mouvement dans ce genre de courbes ; il détermina les conditions nécessaires pour que la section soit un cercle, une ellipse une parabole ou une hyperbole, conditions qui ne dépendent qu de la vîtesse et de la position primitive du corps. Quelles que soien

cette vîtesse, cette position et la direction initiale du mouvement;
Newton assigna une section conique que le corps peut décrire, et
dans laquelle il doit conséquemment, se mouvoir; ce qui répond au
reproche que lui fit Jean Bernoulli, de n'avoir point démontré que
les sections coniques sont les seules courbes que puisse décrire un
corps sollicité par une force réciproque au quarré des distances.
Ces recherches appliquées au mouvement des comètes, lui apprirent
que ces astres se meuvent autour du soleil, suivant les mêmes loix
que les planètes, avec la seule différence que leurs ellipses sont très-
alongées; et il donna les moyens de déterminer par les observations,
les élémens de ces ellipses.

La comparaison de la distance et de la durée des révolutions des
satellites, à celles des planètes, lui fit connoître les masses et les
densités respectives du soleil et des planètes accompagnées de satellites, et l'intensité de la pesanteur à leur surface.

En considérant que les satellites se meuvent autour de leurs
planètes, à fort peu près comme si ces planètes étoient immobiles;
il reconnut que tous ces corps obéissent à la même pesanteur vers le
soleil. L'égalité de l'action et de la réaction ne lui permit point de
douter que le soleil pèse vers les planètes, et celles-ci vers leurs
satellites; et même, que la terre est attirée par tous les corps qui
pèsent sur elle. Il étendit ensuite par analogie, cette propriété, à
toutes les parties des corps célestes; et il établit en principe, que
*chaque molécule de matière attire tous les corps, en raison de sa
masse, et réciproquement au quarré de sa distance au corps attiré.*

Parvenu à ce principe, Newton en vit découler les grands phénomènes du système du monde. En envisageant la pesanteur à la
surface des corps célestes, comme la résultante des attractions de
toutes leurs molécules; il parvint à ces vérités remarquables,
savoir: que la force attractive d'un corps ou d'une couche sphérique, sur un point placé au-dehors, est la même que si sa masse
étoit réunie à son centre; et qu'un point placé au-dedans d'une
couche sphérique, et généralement d'une couche terminée par deux
surfaces elliptiques semblables et semblablement placées, est également attiré de toutes parts. Il prouva que le mouvement de
rotation de la terre, a dû l'applatir à ses pôles; et il détermina les

loix de la variation des degrés et de la pesanteur, en la supposant homogène. Il vit que l'action du soleil et de la lune sur le sphéroïde terrestre, doit produire un mouvement dans son axe de rotation, faire rétrograder les équinoxes, soulever les eaux de l'océan, et entretenir dans cette grande masse fluide, les oscillations que l'on y observe sous le nom de *flux et reflux de la mer*. Enfin, il s'assura que les inégalités du mouvement de la lune, sont dues aux actions combinées du soleil et de la terre, sur ce satellite. Mais à l'exception de ce qui concerne le mouvement elliptique des planètes et des comètes, l'attraction des corps sphériques, et l'intensité de la pesanteur à la surface du soleil et des planètes accompagnées de satellites; toutes ces découvertes n'ont été qu'ébauchées par Newton. Sa théorie de la figure des planètes, est limitée par la supposition de leur homogénéité. Sa solution du problème de la précession des équinoxes, quoique fort ingénieuse, et malgré l'accord apparent de son résultat avec les observations, est défectueuse à plusieurs égards. Dans le grand nombre des perturbations des mouvemens célestes, il n'a considéré que celles du mouvement lunaire dont la plus considérable, l'évection a échappé à ses recherches. Il a parfaitement établi l'existence du principe qu'il a découvert; mais le développement de ses conséquences et de ses avantages, a été l'ouvrage des successeurs de ce grand géomètre. L'imperfection où le calcul de l'infini devoit être dans les mains de son inventeur, ne lui a pas permis de résoudre complètement, les problèmes difficiles qu'offre la théorie du système du monde; et il a été souvent forcé de ne donner que des apperçus toujours incertains, jusqu'à ce qu'ils soient vérifiés par un calcul rigoureux. Malgré ces défauts inévitables; l'importance et la généralité des découvertes, un grand nombre de vues originales et profondes qui ont été le germe des plus brillantes théories des géomètres de ce siècle, tout cela présenté avec beaucoup d'élégance, assure à l'ouvrage des principes mathématiques de la philosophie naturelle, la prééminence sur les autres productions de l'esprit humain. Il n'en est pas des sciences, comme de la littérature : celle-ci a des limites qu'un homme de génie peut atteindre, lorsqu'il employe une langue perfectionnée : on le lit avec le même intérêt, dans tous les âges; et le temps ne fait qu'ajouter

à

à sa réputation, par les vains efforts de ceux qui cherchent à l'imiter. Les sciences, au contraire, sans bornes, comme la nature, s'accroissent à l'infini, par les travaux des générations successives : le plus parfait ouvrage, en les portant à une hauteur d'où elles ne peuvent désormais descendre, donne naissance à des découvertes qui les élèvent au-dessus, et prépare ainsi des ouvrages qui doivent l'effacer. D'autres présenteront sous un point de vue plus général et plus simple, les théories exposées dans le livre des principes, et toutes les vérités qu'il a fait éclore; mais il restera comme un monument éternel de la profondeur du génie qui nous a révélé la plus grande loi de l'univers.

Cet ouvrage, et le traité non moins original du même auteur sur l'optique, ont encore le mérite d'être les meilleurs modèles que l'on puisse se proposer dans les sciences, et dans l'art délicat de faire les expériences, et de les assujétir au calcul. On y voit les plus heureuses applications de la méthode qui consiste à s'élever par une suite d'inductions, des principaux phénomènes aux causes, et à redescendre ensuite de ces causes, à tous les détails des phénomènes.

Les loix générales sont empreintes dans tous les cas particuliers; mais elles y sont compliquées de tant de circonstances étrangères, que la plus grande adresse est souvent nécessaire, pour les faire ressortir. Il faut choisir ou faire naître les phénomènes les plus propres à cet objet, les multiplier pour en varier les circonstances, et observer ce qu'ils ont de commun entr'eux. Ainsi, l'on s'élève successivement à des rapports de plus en plus étendus, et l'on parvient enfin aux loix générales que l'on vérifie, soit par des preuves ou par des expériences directes, lorsque cela est possible, soit en examinant si elles satisfont à tous les phénomènes connus.

Telle est la méthode la plus sûre qui puisse nous guider dans la recherche de la vérité. Aucun philosophe n'a été plus que Newton, fidèle à cette méthode : elle l'a conduit à ses découvertes dans l'analyse, comme elle l'a fait parvenir au principe de la pesanteur universelle, et aux propriétés de la lumière. Les savans anglais contemporains de Newton, l'adoptèrent à son exemple; et elle fut la base d'un grand nombre d'excellens ouvrages qui parurent alors. Les philosophes de l'antiquité, suivant une route contraire, et se

V v

plaçant à la source de tout, imaginèrent des causes générales pour tout expliquer. Leur méthode qui n'avoit enfanté que de vains systêmes, n'eut pas plus de succès entre les mains de Descartes. Au temps de Newton; Leibnitz, Malebranche et d'autres philosophes l'employèrent avec aussi peu d'avantage. Enfin, l'inutilité des hypothèses qu'elle a fait imaginer, et les progrès dont les sciences sont redevables à la méthode des inductions, ont ramené les bons esprits, à cette dernière méthode que le chancelier Bacon avoit établie avec toute la force de la raison et de l'éloquence, et que Newton a plus fortement encore, recommandée par ses découvertes.

C'est au moyen de la synthèse, que ce grand géomètre a exposé sa théorie du systême du monde. Il paroît cependant, qu'il avoit trouvé la plupart de ses théorêmes, par l'analyse dont il a considérablement reculé les limites, et à laquelle il convient lui-même, qu'il étoit redevable de ses résultats généraux sur les quadratures. Mais sa prédilection pour la synthèse, et sa grande estime pour la géométrie des anciens, lui firent traduire sous une forme synthétique, ses théorêmes et sa méthode même des fluxions; et l'on voit par les règles et les exemples qu'il a donnés de ces traductions, dans plusieurs ouvrages, combien il y attachoit d'importance. On doit regretter avec les géomètres de son temps, qu'il n'ait pas suivi dans l'exposition de ses découvertes, la route par laquelle il y étoit parvenu, et qu'il ait supprimé les démonstrations de plusieurs résultats, tels que l'équation du solide de moindre résistance, préférant le plaisir de se faire deviner, à celui d'éclairer ses lecteurs. La connoissance de la méthode qui a guidé l'homme de génie, n'est pas moins utile au progrès des sciences, et même à sa propre gloire, que ses découvertes; et le principal avantage que l'on a retiré de la fameuse dispute élevée entre Leibnitz et Newton, touchant l'invention du calcul infinitésimal, a été de faire connoître la marche de ces deux grands hommes, dans leurs premiers travaux analytiques.

La préférence de Newton pour la synthèse, peut s'expliquer par l'élégance avec laquelle il a pu lier sa théorie des mouvemens curvilignes, aux recherches des anciens sur les section coniques, et aux belles découvertes qu'Huyghens venoit de publier suivant cette méthode. La synthèse géométrique a d'ailleurs la propriété de ne faire jamais perdre de vue son objet, et d'éclairer la route entière qui conduit des premiers axiomes, à leurs dernières conséquences ; au lieu que l'analyse algébrique nous fait bientôt oublier l'objet principal, pour nous occuper de combinaisons abstraites ; et ce n'est qu'à la fin, qu'elle nous y ramène. Mais en s'isolant ainsi des objets, après en avoir pris ce qui est indispensable pour arriver au résultat que l'on cherche ; en s'abandonnant ensuite aux opérations de l'analyse, et réservant toutes ses forces pour vaincre les difficultés qui se présentent ; on est conduit par la généralité de cette méthode, et par l'inestimable avantage de transformer le raisonnement, en procédés mécaniques, à des résultats souvent inaccessibles à la synthèse. La théorie du système du monde, offre un grand nombre d'exemples de ce pouvoir de l'analyse à laquelle cette théorie doit une perfection qu'elle n'eut jamais acquise, si l'on se fût obstiné à suivre la route tracée par Newton. Telle est la fécondité de l'analyse, qu'il suffit de traduire dans cette langue universelle, les vérités particulières ; pour voir sortir de leurs seules expressions, une foule de vérités nouvelles et inattendues. Aucune langue n'est autant susceptible de l'élégance qui naît du développement d'une longue suite d'expressions enchaînées les unes aux autres, et découlant toutes, d'une même idée fondamentale. L'analyse réunit encore à ces avantages, celui de pouvoir toujours conduire aux méthodes les plus simples ; il ne s'agit que de l'appliquer d'une manière convenable, par un choix heureux des inconnues, et en donnant aux résultats, la forme la plus facile à construire géométriquement, ou à réduire en calcul numérique. Aussi les géomètres de ce siècle, convaincus de sa supériorité, se sont principalement appliqués à étendre son domaine, et à reculer ses bornes.

Cependant, les considérations géométriques ne doivent point être abandonnées : elles sont de la plus grande utilité dans les arts. D'ailleurs, il est curieux de se figurer dans l'espace, les divers résultats de l'analyse ; et réciproquement, de lire toutes les affections des lignes et des surfaces, et toutes les variations du mouvement des corps, dans les équations qui les expriment. Ce rapprochement de la géométrie et de l'analyse, répand un nouveau jour sur ces deux

sciences : les opérations intellectuelles de celle-ci, rendues sensibles
par les images de la première, sont plus faciles à saisir, plus intéressantes à suivre ; et quand l'observation réalise ces images, et
transforme les résultats géométriques, en loix de la nature; quand
ces loix, en embrassant l'univers, dévoilent à nos yeux, ses états
passés et à venir ; la vue de ce sublime spectacle, nous fait éprouver
le plus noble des plaisirs réservés à la nature humaine.

Environ cinquante ans s'écoulèrent depuis la découverte de la
pesanteur, sans que l'on y ajoutât rien de remarquable : il fallut
tout ce temps à cette grande vérité, pour être généralement comprise, et pour surmonter les obstacles que lui opposoient le systême des tourbillons, et l'autorité des géomètres contemporains de
Newton, qui la combattirent, peut-être par amour-propre; mais
qui cependant, en ont hâté le progrès, par leurs travaux sur l'analyse infinitésimale. Ensuite, leurs successeurs ont eu l'heureuse
idée d'appliquer cette analyse aux mouvemens célestes, en les
ramenant à des équations différentielles qu'ils ont intégrées rigoureusement, ou par des approximations convergentes : ils sont ainsi
parvenus à expliquer par la loi de la pesanteur, tous les phénomènes connus du système du monde, et à donner aux théories et
aux tables astronomiques, une précision inespérée. Il a été nécessaire pour cet objet, de perfectionner à-la-fois, la mécanique,
l'optique, et l'analyse, qui sont principalement redevables de leurs
accroissemens rapides , aux besoins de la physique céleste. On
pourra la rendre encore plus exacte et plus simple; mais la postérité verra sans doute avec reconnoissance, que les géomètres de ce
siècle ne lui auront transmis aucun phénomène astronomique,
dont ils n'ayent déterminé la cause et les loix. On doit à la France,
la justice d'observer que si l'Angleterre a eu l'avantage de donner
naissance à la découverte de la pesanteur universelle; c'est principalement aux géomètres français, et aux encouragemens de l'académie des sciences, que sont dus les nombreux développemens de
cette découverte, et la révolution qu'elle a produite dans l'astronomie.

CHAPITRE VI.

Considérations sur le Systéme du monde, et sur les progrès futurs de l'Astronomie.

Arrêtons présentement nos regards sur la disposition du système solaire, et sur ses rapports avec les étoiles. Le globe immense du soleil foyer de ses mouvemens, tourne en vingt-cinq jours et demi, sur lui-même; sa surface est recouverte d'un océan de matière lumineuse dont les vives effervescences forment des taches variables, souvent très-nombreuses, et quelquefois plus larges que la terre. Au-dessus de cet océan, s'élève une vaste atmosphère : c'est au-delà que les planètes avec leurs satellites, se meuvent dans des orbes presque circulaires, et sur des plans peu inclinés à l'équateur solaire. D'innombrables comètes, après s'être approchées du soleil, s'en éloignent à des distances qui prouvent que son empire s'étend beaucoup plus loin que les limites connues du système planétaire. Non-seulement cet astre agit par son attraction sur tous ces globes, en les forçant à se mouvoir autour de lui; mais il répand sur eux, sa lumière et sa chaleur. Son action bienfaisante fait éclore les animaux et les plantes qui couvrent la terre, et l'analogie nous porte à croire qu'elle produit de semblables effets sur les planètes ; car il n'est pas naturel de penser que la matière dont nous voyons la fécondité se développer en tant de façons, est stérile sur une aussi grosse planète que Jupiter qui, comme le globe terrestre, a ses jours, ses nuits et ses années, et sur lequel les observations indiquent des changemens qui supposent des forces très-actives. L'homme fait pour la température dont il jouit sur la terre, ne pourroit pas, selon toute apparence, vivre sur les autres planètes : mais ne doit-il pas y avoir une infinité d'organisations relatives aux diverses températures des globes de cet univers ? Si la seule différence des élémens et des climats, met tant de variété dans les productions terrestres ; combien plus doivent différer celles des diverses planètes et de leurs satellites? L'imagination la plus active ne peut s'en former aucune idée; mais leur existence est très-vraisemblable.

Quoique les élémens du système des planètes, soient arbitraires ; cependant, ils ont entr'eux, des rapports très-remarquables qui peuvent nous éclairer sur son origine. En le considérant avec attention, on est étonné de voir toutes les planètes se mouvoir autour du soleil, d'occident en orient, et presque dans le même plan ; les satellites en mouvement autour de leurs planètes, dans le même sens et à-peu-près dans le même plan que ces planètes ; enfin, le soleil, les planètes et les satellites dont on a observé les mouvemens de rotation, tournant sur eux-mêmes, dans le sens et à-peu-près dans le plan de leurs mouvemens de projection.

Un phénomène aussi extraordinaire n'est point l'effet du hasard ; il indique une cause générale qui a déterminé tous ces mouvemens. Pour avoir par approximation, la probabilité avec laquelle cette cause est indiquée ; nous remarquerons que le système planétaire, tel que nous le connoissons aujourd'hui, est composé de sept planètes et de dix-huit satellites ; on a observé les mouvemens de rotation du soleil, de cinq planètes, de la lune, des satellites de Jupiter, de l'anneau de Saturne et de son dernier satellite : ces mouvemens, avec ceux de révolution, forment un ensemble de trente-huit mouvemens dirigés dans le même sens, du moins, lorsqu'on les rapporte au plan de l'équateur solaire, auquel il paroît naturel de les comparer. Si l'on conçoit le plan d'un mouvement quelconque direct, couché d'abord sur celui de cet équateur, s'inclinant ensuite à ce dernier plan, et parcourant tous les degrés d'inclinaison, depuis zéro jusqu'à la demi-circonférence ; il est clair que le mouvement sera direct dans toutes les inclinaisons inférieures à cent degrés, et qu'il sera rétrograde dans les inclinaisons au-dessus ; en sorte que par le changement seul d'inclinaison, on peut représenter les mouvemens directs et rétrogrades. Le système solaire, envisagé sous ce point de vue, nous offre donc trente-sept mouvemens dont les plans sont inclinés à celui de l'équateur solaire, tout

au plus, du quart de la circonférence; or en supposant que leurs
inclinaisons aient été l'effet du hasard, elles auroient pu s'étendre
jusqu'à la demi-circonférence; et la probabilité que l'une d'elles,
au moins, en eût surpassé le quart, seroit $1 - \dfrac{1}{2^{37}}$ ou $\dfrac{137438953471}{137438953472}$;
il est donc extrêmement probable que la direction des mouvemens
planétaires n'est point l'effet du hasard, et cela devient plus probable encore, si l'on considère que l'inclinaison du plus grand
nombre de ces mouvemens à l'équateur solaire, est très-petite, et
fort au-dessous du quart de la circonférence.

Un autre phénomène également remarquable du système solaire,
est le peu d'excentricité des orbes des planètes et des satellites,
tandis que ceux des comètes, sont fort alongés ; les orbes de ce
système n'offrant point de nuances intermédiaires entre une grande
et une petite excentricité. Nous sommes encore forcés de reconnoître ici, l'effet d'une cause régulière; le hasard seul n'eût point
donné une forme presque circulaire, aux orbes de toutes les planètes; il est donc nécessaire que la cause qui a déterminé les mouvemens de ces corps, les ait rendus presque circulaires. Il faut
encore que cette cause ait influé sur la grande excentricité des orbes
des comètes, et, ce qui est fort extraordinaire, sans avoir influé
sur les directions de leurs mouvemens; car en regardant les orbes
des comètes rétrogrades, comme étant inclinés de plus de cent
degrés, à l'écliptique, on trouve que l'inclinaison moyenne des
orbes de toutes les comètes observées, approche beaucoup de cent
degrés; comme cela doit être, si ces corps ont été lancés au hasard.

Ainsi l'on a, pour remonter à la cause des mouvemens primitifs
du système planétaire, les cinq phénomènes suivans : 1°. les mouvemens des planètes dans le même sens, et à-peu-près dans un
même plan; 2°. les mouvemens des satellites dans le même sens que
ceux des planètes; 3°. les mouvemens de rotation de ces différens
corps et du soleil, dans le même sens que leurs mouvemens de projection, et dans des plans peu différens; 4°. le peu d'excentricité des
orbes des planètes et des satellites; 5°. enfin, la grande excentricité
des orbes des comètes, quoique leurs inclinaisons aient été abandonnées au hasard.

Buffon est le seul que je connoisse, qui, depuis la découverte du vrai systême du monde, ait essayé de remonter à l'origine des planètes et des satellites. Il suppose qu'une comète, en tombant sur le soleil, en a chassé un torrent de matière qui s'est réunie au loin, en divers globes plus ou moins grands, et plus ou moins éloignés de cet astre. Ces globes sont les planètes et les satellites qui, par leur refroidissement, sont devenus opaques et solides.

Cette hypothèse satisfait au premier des cinq phénomènes précédens; car il est clair que tous les corps ainsi formés, doivent se mouvoir à-peu-près dans le plan qui passoit par le centre du soleil, et par la direction du torrent de matière qui les a produits : les quatre autres phénomènes me paroissent inexplicables par son moyen. A la vérité, le mouvement absolu des molécules d'une planète, doit être alors dirigé dans le sens du mouvement de son centre de gravité; mais il ne s'ensuit point que le mouvement de rotation de la planète, soit dirigé dans le même sens; ainsi, la terre pourroit tourner d'orient en occident, et cependant, le mouvement absolu de chacune de ses molécules seroit dirigé d'occident en orient; ce qui doit s'appliquer au mouvement de révolution des satellites, dont la direction, dans l'hypothèse dont il s'agit, n'est pas nécessairement la même que celle du mouvement de projection des planètes.

Le peu d'excentricité des orbes planétaires est non-seulement très-difficile à expliquer dans cette hypothèse; mais ce phénomène lui est contraire. On sait par la théorie des forces centrales, que si un corps mu dans un orbe rentrant autour du soleil, rase la surface de cet astre, il y reviendra constamment à chacune de ses révolutions; d'où il suit que si les planètes avoient été primitivement détachées du soleil, elles le toucheroient à chaque révolution, et leurs orbes, loin d'être circulaires, seroient fort excentriques. Il est vrai qu'un torrent de matière, chassé du soleil, ne peut pas être exactement comparé à un globe qui rase sa surface; l'impulsion que les parties de ce torrent, reçoivent les unes des autres, et l'attraction réciproque qu'elles exercent entr'elles, peut, en changeant la direction de leurs mouvemens, éloigner leurs périhélies, du soleil. Mais leurs orbes devroient toujours être fort excen-

triques,

triques, ou du moins, ils n'auroient pu avoir de petites excentricités, que par le hasard le plus extraordinaire. Enfin, on ne voit pas dans l'hypothèse de Buffon, pourquoi les orbes d'environ quatre-vingt-dix comètes déjà observées, sont tous fort alongés; cette hypothèse est donc très-éloignée de satisfaire aux phénomènes précédens. Voyons s'il est possible de s'élever à leur véritable cause.

Quelle que soit sa nature; puisqu'elle a produit ou dirigé les mouvemens des planètes et des satellites, il faut qu'elle ait embrassé tous ces corps; et vu la distance prodigieuse qui les sépare, elle ne peut avoir été qu'un fluide d'une immense étendue. Pour leur avoir donné dans le même sens, un mouvement presque circulaire autour du soleil; il faut que ce fluide ait environné cet astre, comme une atmosphère. La considération des mouvemens planétaires nous conduit donc à penser qu'en vertu d'une chaleur excessive, l'atmosphère du soleil s'est primitivement étendue au-delà des orbes de toutes les planètes, et qu'elle s'est resserrée successivement, jusqu'à ses limites actuelles; ce qui peut avoir eu lieu par des causes semblables à celle qui fit briller du plus vif éclat, pendant plusieurs mois, la fameuse étoile que l'on vit tout-à-coup, en 1572, dans la constellation de Cassiopée.

La grande excentricité des orbes des comètes, conduit au même résultat. Elle indique évidemment, la disparition d'un grand nombre d'orbes moins excentriques; ce qui suppose autour du soleil, une atmosphère qui s'est étendue au-delà du périhélie des comètes observables, et qui, en détruisant les mouvemens de celles qui l'ont traversée pendant la durée de sa grande étendue, les a réunies au soleil. Alors, on voit qu'il ne doit exister présentement, que les comètes qui étoient au-delà, dans cet intervalle; et comme nous ne pouvons observer que celles qui approchent assez près du soleil, dans leur périhélie; leurs orbes doivent être fort excentriques. Mais, en même temps, on voit que leurs inclinaisons doivent offrir les mêmes irrégularités, que si ces corps ont été lancés au hasard; puisque l'atmosphère solaire n'a point influé sur leurs mouvemens. Ainsi, la longue durée des révolutions des comètes, la grande excentricité de leurs orbes, et la variété de leurs

X x

inclinaisons, s'expliquent très-naturellement, au moyen de cette atmosphère.

Mais comment a-t-elle déterminé les mouvemens de révolution et de rotation des planètes ? Si ces corps avoient pénétré dans ce fluide, sa résistance les auroit fait tomber sur le soleil ; on peut donc conjecturer qu'ils ont été formés aux limites successives de cette atmosphère, par la condensation des zônes qu'elle a dû abandonner dans le plan de son équateur, en se refroidissant et en se condensant à la surface de cet astre ; comme on l'a vu dans le livre précédent. On peut conjecturer encore que les satellites ont été formés d'une manière semblable, par les atmosphères des planètes. Les cinq phénomènes exposés ci-dessus, découlent naturellement de ces hypothèses auxquelles les anneaux de Saturne ajoutent un nouveau degré de vraisemblance. Enfin, si dans les zônes abandonnées successivement par l'atmosphère solaire, il s'est trouvé des molécules trop volatiles pour s'unir entr'elles ou aux corps célestes ; elles doivent, en continuant de circuler autour du soleil, nous offrir toutes les apparences de la lumière zodiacale, sans opposer une résistance sensible aux mouvemens des planètes.

Quoi qu'il en soit de cette origine du système planétaire, que je présente avec la défiance que doit inspirer tout ce qui n'est point un résultat de l'observation ou du calcul ; il est certain que ses élémens sont ordonnés de manière qu'il doit jouir de la plus grande stabilité, si des causes étrangères ne viennent point la troubler. Par cela seul que les mouvemens des planètes et des satellites sont presque circulaires, et dirigés dans le même sens et dans des plans peu différens ; ce système ne fait qu'osciller autour d'un état moyen dont il ne s'écarte jamais que de quantités très-petites ; les moyens mouvemens de rotation et de révolution de ses différens corps, sont uniformes, et leurs distances moyennes aux foyers des forces principales qui les animent, sont constantes. Il semble que la nature ait tout disposé dans le ciel, pour assurer la durée de ce système, par des vues semblables à celles qu'elle nous paroît suivre si admirablement sur la terre, pour la conservation des individus et la perpétuité des espèces. Cette considération seule expliqueroit la disposition du système planétaire, si le philosophe ne devoit pas étendre plus loin sa vue, et chercher dans les loix primordiales de la nature, la cause des phénomènes le mieux indiqués par l'ordre de l'univers. Déjà, quelques-uns de ces phénomènes ont été ramenés à ces loix : ainsi, la stabilité de l'axe de la terre à sa surface, et celle de l'équilibre des mers, l'une et l'autre, si nécessaires à la conservation des êtres organisés, ne sont qu'un simple résultat du mouvement de rotation, et de la pesanteur universelle. Par sa rotation, la terre a été applatie à ses pôles, et son axe de révolution est devenu l'un des axes principaux autour desquels le mouvement de rotation est invariable. En vertu de leur pesanteur, les couches les plus denses se sont rapprochées du centre de la terre dont la moyenne densité surpasse ainsi celle des eaux qui la recouvrent; ce qui suffit pour assurer la stabilité de l'équilibre des mers, et mettre un frein à la fureur des flots. Enfin, si les conjectures que je viens de proposer sur l'origine du système planétaire, sont fondées; la stabilité de ce système est encore une suite des loix générales du mouvement. Ces phénomènes et quelques autres semblablement expliqués, nous autorisent à penser que tous dépendent de ces loix, par des rapports plus ou moins cachés, qui doivent être le principal objet de nos recherches; mais dont il est plus sage d'avouer l'ignorance, que d'y substituer des causes imaginaires.

Portons maintenant, nos regards, au-delà du système solaire. D'innombrables soleils qui peuvent être les foyers d'autant de systèmes planétaires, sont répandus dans l'immensité de l'espace, à un éloignement de la terre, tel que le diamètre entier de l'orbe terrestre, vu de leur centre, est insensible. Plusieurs étoiles éprouvent dans leur couleur et dans leur clarté, des variations périodiques très-remarquables : il en est d'autres qui ont paru tout-à-coup, et qui ont disparu, après avoir, pendant quelque temps, répandu une vive lumière. Quels prodigieux changemens ont dû s'opérer à la surface de ces grands corps, pour être aussi sensibles à la distance qui nous en sépare? Combien ils doivent surpasser ceux que nous observons à la surface du soleil, et nous convaincre que la nature est loin d'être toujours et par-tout la même? Tous ces corps devenus invisibles, sont à la place où ils ont été observés, puisqu'ils n'en ont point changé, durant leur apparition; il existe

donc dans l'espace céleste, des corps obscurs aussi considérables,
et peut-être en aussi grand nombre, que les étoiles. Un astre lumineux de même densité que la terre, et dont le diamètre seroit deux
cent cinquante fois plus grand que celui du soleil, ne laisseroit en
vertu de son attraction, parvenir aucun de ses rayons jusqu'à nous;
il est donc possible que les plus grands corps lumineux de l'univers,
soient par cela même, invisibles. Une étoile qui, sans être de cette
grandeur, surpasseroit considérablement le soleil; affoibliroit sensiblement la vîtesse de la lumière, et augmenteroit ainsi l'étendue
de son aberration. Cette différence dans l'aberration des étoiles; un
catalogue de celles qui ne font que paroître, et leur position observée
au moment de leur éclat passager; la détermination de toutes les
étoiles changeantes, et des variations périodiques de leur lumière;
enfin les mouvemens propres de tous ces grands corps qui, obéissant à leur attraction mutuelle, et probablement à des impulsions
primitives, décrivent des orbes immenses; tels seront, relativement aux étoiles, les principaux objets de l'astronomie future.

Il paroît que ces astres, loin d'être disséminés dans l'espace, à des
distances à-peu-près égales, sont rassemblés en divers groupes
formés chacun, de plusieurs milliards d'étoiles. Notre soleil et les
plus brillantes étoiles font problablement partie d'un de ces groupes, qui vu du point où nous sommes, semble entourer le ciel,
et forme la voie lactée. Le grand nombre d'étoiles que l'on apperçoit
à-la-fois, dans le champ d'un fort télescope dirigé vers cette voie,
nous prouve son immense profondeur qui surpasse mille fois, la
distance de Sirius à la terre. En s'en éloignant, elle finiroit par offrir
l'apparence d'une lumière blanche et continue, d'un petit diamètre;
car alors, l'irradiation qui subsiste, même dans les meilleurs télescopes, couvriroit et feroit disparoître les intervalles des étoiles; il
est donc vraisemblable que les nébuleuses sont, pour la plupart,
des groupes d'étoiles, vus de très-loin, et dont il suffiroit de s'approcher, pour qu'ils présentassent des apparences semblables à la
voie lactée. Les distances mutuelles des étoiles qui forment chaque
groupe, sont au moins, cent mille fois plus grandes que la distance
du soleil à la terre: ainsi l'on peut juger de la prodigieuse étendue de
ces groupes, par la multitude innombrable d'étoiles que l'on observe

dans la voie lactée. Si l'on réfléchit ensuite, au peu de largeur et au grand nombre des nébuleuses qui sont séparées les unes des autres, par un intervalle incomparablement plus grand que la distance mutuelle des étoiles dont elles sont formées ; l'imagination étonnée de l'immensité de l'univers, aura peine à lui concevoir des bornes.

De ces considérations fondées sur les observations télescopiques, il résulte que les nébuleuses qui paroissent assez bien terminées, pour que l'on puisse observer leurs centres avec précision, sont par rapport à nous, les objets célestes les plus fixes, et ceux auxquels il convient de rapporter la position de tous les astres. Il en résulte encore, que les mouvemens des corps de notre système solaire, sont très-composés. La lune décrit un orbe presque circulaire autour de la terre ; mais vue du soleil, elle décrit une suite d'épicicloïdes dont les centres sont sur la circonférence de l'orbe terrestre : pareillement, la terre décrit une suite d'épicicloïdes dont les centres sont sur la courbe que le soleil décrit autour du centre de gravité de notre nébuleuse : enfin, le soleil décrit lui-même, une suite d'épicicloïdes dont les centres sont sur la courbe tracée par le centre de gravité de notre nébuleuse, autour de celui de l'univers. L'Astronomie a déjà fait un grand pas, en nous faisant connoître le mouvement de la terre, et la suite des épicicloïdes que la lune et les satellites décrivent sur les orbes des planètes. Il reste à déterminer l'orbe du soleil, et celui du centre de gravité de sa nébuleuse : mais s'il a fallu des siècles, pour connoître les mouvemens du système planétaire ; quelle durée prodigieuse exige la détermination des mouvemens du soleil et des étoiles ? Les observations commencent à les faire appercevoir : on a essayé de les expliquer par le seul déplacement du soleil, que paroît indiquer son mouvement de rotation. Plusieurs observations sont assez bien représentées, en supposant le système solaire, emporté vers la constellation d'Hercule : d'autres observations semblent prouver que ces mouvemens apparens des étoiles, sont une combinaison de leurs mouvemens réels, avec celui du soleil. Le temps découvrira sur cet objet, des vérités curieuses et importantes.

Il reste encore à faire sur notre propre système, de nombreuses découvertes. La planète Uranus et ses satellites, nouvellement

reconnus, donnent lieu de soupçonner l'existence de quelques
planètes jusqu'ici non observées. On n'est point encore parvenu à
déterminer les mouvemens de rotation, et l'applatissement de plusieurs planètes, et de la plupart des satellites ; on ne connoît pas
avec une précision suffisante, les masses de tous ces corps. La
théorie de leurs mouvemens, est une suite d'approximations dont
la convergence dépend à-la-fois, de la perfection des instrumens,
et du progrès de l'analyse ; et qui par là, doit acquérir de jour en
jour, de nouveaux degrés d'exactitude. On déterminera par des
mesures précises et multipliées, toutes les inégalités de la figure de
la terre, et de la pesanteur à sa surface. Le retour des comètes déjà
observées ; les nouvelles comètes qui paroîtront ; l'apparition de
celles qui, mues dans des orbes hyperboliques, doivent errer de
système en système ; les perturbations que tous ces astres éprouvent, et qui à l'approche d'une grosse planète, peuvent changer
entièrement leurs orbites ; les accidens que la proximité et même
le choc de ces corps, peuvent occasionner dans les planètes et dans
les satellites ; enfin, les altérations que les mouvemens du système
solaire, éprouvent de la part des étoiles, et le développement de
ses grandes inégalités séculaires, indiquées par la théorie de la
pesanteur, et que déjà, l'observation fait entrevoir ; tels sont les
principaux objets que ce système offre aux recherches des astronomes et des géomètres futurs.

L'Astronomie considérée dans son ensemble, est le plus beau monument de l'esprit humain, le titre le plus noble de son intelligence.
Séduit par les illusions des sens et de l'amour-propre, il s'est regardé
long-temps, comme le centre du mouvement des astres ; et son
vain orgueil a été puni par les frayeurs qu'ils lui ont inspirées.
Enfin, plusieurs siècles de travaux ont fait tomber le voile qui
couvroit le système du monde. L'homme alors, s'est vu sur une
planète presqu'imperceptible dans la vaste étendue du système
solaire qui lui-même, n'est qu'un point insensible dans l'immensité
de l'espace. Les résultats sublimes auxquels cette découverte l'a
conduit, sont bien propres à le consoler de l'extrême petitesse et du
rang qu'elle assigne à la terre. Conservons avec soin, augmentons
le dépôt de ces hautes connoissances, les délices des êtres pensans.

Elles ont rendu d'importans services, à l'agriculture, à la navigation et à la géographie; mais leur plus grand bienfait est d'avoir dissipé les craintes occasionnées par les phénomènes célestes, et détruit les erreurs nées de l'ignorance de nos vrais rapports avec la nature, erreurs d'autant plus funestes, que l'ordre social doit reposer uniquement sur ces rapports. VÉRITÉ, JUSTICE : voilà ses loix immuables. Loin de nous, la dangereuse maxime, qu'il est quelquefois utile de s'en écarter, et de tromper ou d'asservir les hommes, pour assurer leur bonheur : de fatales expériences ont prouvé dans tous les temps, que ces loix sacrées ne sont jamais impunément enfreintes.

FIN.

Printed in the United States
By Bookmasters